清华电脑学堂

Linux 操作系统 标准教程
(CentOS Stream 9)

微课视频版　钱慎一　李代祎　◎ 编著

清华大学出版社
北京

内容简介

本书以应用较广的针对服务器的Linux发行版——CentOS Stream 9为蓝本，遵循"易学易用、全面灵活"的指导思想，全面系统地介绍Linux的相关知识、操作方法以及使用技巧。

全书共9章，内容涵盖Linux的发展与特点、CentOS与同系列系统的关系、CentOS的特点及安装过程、终端窗口及命令的使用、软件的管理、目录和文件系统的管理、文本编辑器的使用、压缩与归档、用户与用户组的管理、目录和文件权限、磁盘的分区和格式化、文件系统的挂载与卸载、逻辑卷的管理、网络参数的配置、常见网络服务的搭建和管理、综合环境的搭建与使用、Docker容器的部署、进程管理、防火墙技术、远程管理、Shell编程的相关知识等。在讲解过程中，穿插"知识点拨""注意事项""动手练"板块，读者可以更方便全面地了解对应的知识点，完善自己的知识体系。每章的结尾处安排"知识延伸"板块，用来开阔读者视野，让读者了解及掌握更多的实用技术。

本书结构严谨、内容丰富、易教易学、实践性强，是学习Linux的必备工具和指导用书，适合包括服务器管理员、系统开发人员、编程人员、网站开发者、网络工程师、系统运维人员等学习使用，也可作为高等院校计算机相关专业及计算机培训机构的教学指导用书。

版权所有，侵权必究。举报：010-62782989，beiqinquan@tup.tsinghua.edu.cn。

图书在版编目（CIP）数据

Linux操作系统标准教程：CentOS Stream 9：微课视频版 / 钱慎一，李代祎编著. -- 北京：清华大学出版社，2025.5.
（清华电脑学堂）. -- ISBN 978-7-302-68738-2

Ⅰ. TP316.85

中国国家版本馆CIP数据核字第202532149G号

责任编辑：袁金敏
封面设计：阿南若
责任校对：胡伟民
责任印制：曹婉颖

出版发行：清华大学出版社
网　　址：https://www.tup.com.cn，https://www.wqxuetang.com
地　　址：北京清华大学学研大厦A座　　邮　编：100084
社 总 机：010-83470000　　邮　购：010-62786544
投稿与读者服务：010-62776969，c-service@tup.tsinghua.edu.cn
质 量 反 馈：010-62772015，zhiliang@tup.tsinghua.edu.cn
课 件 下 载：https://www.tup.com.cn，010-83470236

印 装 者：三河市天利华印刷装订有限公司
经　　销：全国新华书店
开　　本：170mm×240mm　　印　张：16.5　　字　数：415千字
版　　次：2025年5月第1版　　印　次：2025年5月第1次印刷
定　　价：69.80元

产品编号：109703-01

前 言

目前，绝大多数的桌面操作系统为Windows系统，而在服务器中，Linux的使用更为广泛。从Linux出现到现在短短三十多年时间，已经凭借其开源、免费、良好的安全性和高效率，在服务器、工作站等设备上被广泛使用。而不断完善的Linux生态环境，使其更加灵活、易用，并被更多的使用者所认可，在操作系统市场上的占有率逐年提高。

Linux的发行版非常多。在服务器操作系统方面，RHEL因其稳定、安全、高效而尤为突出，但其属于商业操作系统，学习和使用成本较高。随着Red Hat公司的战略调整，CentOS Stream系列成为RHEL的上游版本。两者的功能、操作基本相同，但却完全免费，所以很多公司将该系统作为RHEL的替代产品。同时用户学习成本也极大降低，而且学习的知识可直接应用到Red Hat公司的其他发行版中，如RHEL、Fedora等。在非Stream版本的CentOS Linux 7、8等版本均停止支持的情况下，CentOS Stream系列成为唯一的选择。

▍主要特点

本书以Linux的实际使用为基础，本着活学活用的指导思想，从初学者的角度出发，将使用中所需的各种知识、遇到的各种问题进行归纳总结，并以案例的形式展现给读者。从多个角度提升读者的学习兴趣和学习方法，增强读者的自学能力、发散思维能力、专业思考能力和实际动手能力。

- **全面翔实，易教易学**。根据Linux操作系统的特点，对Linux学习中各种重要的知识点和对应的操作进行科学的总结与归纳，全面翔实地呈现到读者面前。通过本书的学习，读者可以快速熟悉、全面掌握Linux的学习思想、各种常见操作和使用技巧。
- **与时俱进，前沿实用**。基于CentOS较新的发行版CentOS Stream 9，加入最新的前沿实用知识。按照本书的介绍，各种示例都可以做得出，用得到；并与新的科技应用紧密联系，开阔读者的视野。
- **博采众长，拓展思维**。本书将晦涩的理论融会于操作中，通过案例的形式呈现给读者。通过分析操作及结果的含义，读者不仅能掌握该知识点，而且具备了实际应用的能力。另外加入大量的实用新技术，如虚拟机的使用、综合环境的搭建、Docker的部署、安全管理技术等。

▍内容概述

本书共分为9章，主要内容见表1。

表1

章序	内容导读
第1章	主要介绍Linux的特点与应用、Linux系统的组成、Linux发行版、Red Hat系列Linux、CentOS Stream 9的特点和下载、虚拟机的知识与环境配置、CentOS Stream 9的安装等
第2章	主要介绍终端窗口的设置和使用技巧、命令的格式、帮助信息的获取、命令的常见用法和使用技巧、软件源的配置与管理、软件的几种常见安装方式、软件的安装命令和用法、软件的管理操作等
第3章	主要介绍文件系统的概念、常见的文件系统类型、Linux文件系统的特点和文件类型、Linux的目录结构和目录功能、绝对路径与相对路径、目录的常见操作、文件命名规则、文件的常见操作、文本编辑工具及使用、文件与目录的归档与压缩等
第4章	主要介绍Linux用户账户的概念、用户账户配置文件、用户组的概念和配置文件、用户与用户组的常见管理操作、文件与目录权限的含义、权限的管理与修改等
第5章	主要介绍Linux磁盘的种类与工作原理、分区命名规则与查看、分区的常见操作、分区文件系统的创建与格式化、磁盘的挂载与卸载、逻辑卷的创建与管理等
第6章	主要介绍网络信息的查看、网络参数的修改、网络控制命令的使用、DHCP服务的搭建和配置、Samba服务的搭建与配置、FTP服务的搭建与配置、NFS服务的搭建与配置、DNS服务的搭建与配置、Web服务的搭建与配置等
第7章	主要介绍LNMP一键部署工具的下载、虚拟主机的创建、LNMP部署工具的命令及配置、网站的快速搭建、网站应用的安装、Docker容器的部署、Podman技术、容器的创建、部署Nginx容器等
第8章	主要介绍进程的查看与管理、Linux防火墙技术、iptables简介、SELinux简介、远程管理Linux的几种常见方法、系统日志的查看与分析、计划任务的管理、服务的查看与管理、系统资源的监控等
第9章	主要介绍Shell编程与Shell脚本、Shell脚本的运行、Shell变量、Shell数组与表达式、几种常见的Shell控制结构、Shell函数的定义、Shell函数的调用与返回值、Shell条件测试等

本书的配套素材和教学课件可扫描下面的二维码获取,如果在下载过程中遇到问题,请联系袁老师,邮箱: yuanjm@tup.tsinghua.edu.cn。书中重要的知识点和关键操作均配备高清视频,读者可扫描书中二维码边看边学。

本书由钱慎一、李代祎编写。在编写过程中得到了郑州轻工业大学教务处的大力支持,在此表示衷心的感谢。作者虽力求严谨细致,但由于时间与精力有限,书中疏漏之处在所难免。如果读者在阅读过程中有任何疑问,请扫描下面的技术支持二维码,联系相关技术人员解决。教师在教学过程中有任何疑问,请扫描下面的教学支持二维码,联系相关技术人员解决。

附赠资源

教学课件

配套视频

技术支持

教学支持

编者
2025年3月

目录

第1章 Linux操作系统概述

- 1.1 Linux概述 ··············· 2
  - 1.1.1 GNU计划与Linux ········ 2
  - 1.1.2 Linux的特点 ············ 3
  - 1.1.3 Linux的应用 ············ 4
- 1.2 Linux系统的组成与发行版 ······ 5
  - 1.2.1 Linux系统的组成 ········· 5
  - 1.2.2 Linux发行版与衍生版 ······ 6
  - 1.2.3 常见Linux发行版及特色 ···· 6
  - 1.2.4 Linux的版本号 ··········· 8
- 1.3 Red Hat系列Linux ············ 10
  - 1.3.1 Red Hat Linux ············ 10
  - 1.3.2 RHEL ···················· 10
  - 1.3.3 Fedora Linux ············· 11
  - 1.3.4 CentOS Linux ············ 12
  - 1.3.5 CentOS Stream Linux ····· 12
- 1.4 认识CentOS Stream ············ 13
  - 1.4.1 CentOS Stream的特点 ····· 13
  - 1.4.2 CentOS Stream 9的新特性 ················ 14
  - 1.4.3 CentOS Stream的下载 ···· 15
- 1.5 安装CentOS Stream ············ 16
  - 1.5.1 环境部署工具 ············ 16
  - 1.5.2 配置CentOS Stream的安装环境 ··············· 17
  - 1.5.3 安装CentOS Stream ······ 19
  - 动手练 创建CentOS Stream 9安装介质 ·············· 22
- 知识延伸：熟悉CentOS Stream桌面环境 ················ 22

第2章 命令基础

- 2.1 终端窗口 ··············· 26
  - 2.1.1 终端窗口的演变 ········· 26
  - 2.1.2 Shell环境简介 ··········· 28
  - 2.1.3 启动终端窗口 ··········· 28
  - 动手练 设置终端窗口快捷按钮 ··· 29
  - 2.1.4 终端窗口的常见设置和使用 ··· 30
- 2.2 命令的基础用法 ·············· 32
  - 2.2.1 命令的语法格式 ········· 32
  - 2.2.2 获取命令的帮助信息 ····· 33
  - 动手练 使用"--help"查看帮助信息 ····················· 35
  - 2.2.3 命令的补全功能 ········· 36
  - 2.2.4 使用root权限 ··········· 36
  - 2.2.5 历史命令 ················ 37
  - 2.2.6 连续执行命令 ··········· 37
  - 2.2.7 管道 ···················· 38
  - 2.2.8 重定向 ·················· 39
  - 动手练 命令别名 ············· 40
- 2.3 软件的安装与卸载 ············ 41
  - 2.3.1 认识软件源 ············· 41
  - 2.3.2 更改软件源及软件 ······· 42
  - 2.3.3 使用RPM管理软件包 ····· 45
  - 2.3.4 使用YUM工具管理软件包 ··· 47
  - 动手练 卸载软件 ············· 49
  - 2.3.5 使用DNF工具管理软件包 ·· 50
  - 动手练 使用dnf命令安装QQ的RPM包 ··················· 53
- 知识延伸：使用软件商店安装及管理软件 ················ 54

第3章 文件与文件系统

- 3.1 认识文件系统 ········· 57
  - 3.1.1 文件系统简介 ········· 57
  - 3.1.2 文件系统的类型 ········· 57
  - 3.1.3 Linux文件系统特点 ········· 59
  - 3.1.4 Linux文件类型 ········· 60
- 3.2 Linux目录 ········· 61
  - 3.2.1 Linux的目录结构与功能 ········· 61
  - 3.2.2 认识路径 ········· 64
  - 3.2.3 查看与切换目录 ········· 65
  - 动手练 显示文件或文件夹的详细信息 ········· 66
  - 3.2.4 目录的常见操作 ········· 67
  - 动手练 创建目录及子目录 ········· 67
  - 动手练 删除非空目录 ········· 70
- 3.3 Linux文件 ········· 71
  - 3.3.1 Linux中的文件命名规则 ········· 71
  - 3.3.2 文件的创建与查看 ········· 71
  - 3.3.3 文件的管理 ········· 75
  - 动手练 创建文件及目录的链接 ········· 78
  - 3.3.4 文件的搜索与筛选 ········· 78
- 3.4 文件的编辑 ········· 81
  - 3.4.1 认识文本编辑器 ········· 81
  - 3.4.2 vim的工作模式 ········· 81
  - 3.4.3 文档的编辑操作 ········· 83
  - 3.4.4 其他编辑器 ········· 86
- 3.5 文件的归档与压缩 ········· 87
  - 3.5.1 认识归档与压缩 ········· 87
  - 3.5.2 常见压缩工具的使用 ········· 88
  - 动手练 bzip2的压缩与解压 ········· 89
  - 3.5.3 归档压缩 ········· 89
  - 动手练 解压与解包 ········· 90
- 知识延伸：ZIP与RAR格式的压缩与解压 ········· 90

第4章 用户与权限

- 4.1 Linux的用户与组 ········· 94
  - 4.1.1 用户与用户账户 ········· 94
  - 4.1.2 用户账户的配置文件 ········· 95
  - 4.1.3 用户组与组账户 ········· 97
  - 4.1.4 组账户配置文件 ········· 98
  - 4.1.5 默认配置文件 ········· 99
- 4.2 用户与用户组的管理 ········· 101
  - 4.2.1 用户的管理 ········· 101
  - 动手练 强制更改及删除用户密码 ········· 107
  - 4.2.2 用户的切换 ········· 108
  - 动手练 切换到root用户，并执行root命令 ········· 109
  - 4.2.3 用户组的管理 ········· 109
  - 动手练 删除用户组 ········· 111
- 4.3 文件及目录的权限 ········· 112
  - 4.3.1 查看文件及目录权限 ········· 112
  - 4.3.2 认识权限的含义 ········· 112
  - 4.3.3 修改文件及目录的归属 ········· 114
  - 动手练 同时修改文件及目录的所属 ········· 116
  - 4.3.4 修改文件及目录的权限 ········· 117
  - 4.3.5 修改默认权限 ········· 118
- 知识延伸：提升普通用户的权限 ········· 120

第5章 磁盘配置与管理

- 5.1 磁盘简介 ········· 122
  - 5.1.1 认识磁盘 ········· 122
  - 5.1.2 硬盘的分区及命名规则 ········· 123
  - 5.1.3 磁盘及分区信息的查看 ········· 124
  - 动手练 通过parted命令查看磁盘信息 ········· 126

5.2 磁盘的分区操作 ························· 126
  5.2.1 添加硬盘 ···························· 127
  5.2.2 分区命令 ···························· 127
  5.2.3 分区操作 ···························· 128
  动手练 删除MBR分区并创建GPT
       分区表 ································ 131
5.3 创建分区文件系统及格式化 ····· 132
  5.3.1 为分区创建文件系统
       并格式化 ························· 132
  动手练 创建ext4与ntfs文件系统并
       格式化 ····························· 134
  5.3.2 检查文件系统 ················· 135
5.4 挂载与卸载 ································ 136
  5.4.1 了解挂载与卸载 ············· 136
  5.4.2 查看分区的挂载信息 ····· 136
  5.4.3 文件系统的挂载 ············· 137
  5.4.4 文件系统的卸载 ············· 138
  动手练 通过挂载点卸载文件系统 ····· 138
  5.4.5 文件系统的自动挂载 ····· 139
5.5 创建与管理逻辑卷 ···················· 140
  5.5.1 认识逻辑卷 ···················· 140
  5.5.2 部署逻辑卷 ···················· 141
  5.5.3 管理逻辑卷 ···················· 142
知识延伸：其他介质的使用 ················ 144

第6章
网络与网络服务

6.1 网络的基本配置 ······················· 147
  6.1.1 网络信息的查看 ············· 147
  动手练 使用ifconfig查看网卡信息 ··· 149
  6.1.2 网络参数的修改 ············· 149
  动手练 添加及删除地址 ··················· 153
  6.1.3 网络控制命令的使用 ····· 155

6.2 常见网络服务的搭建 ················ 156
  6.2.1 DHCP服务的搭建与使用 ····· 156
  6.2.2 Samba服务的搭建与访问 ···· 158
  动手练 提高Samba服务的安全性 ····· 160
  6.2.3 FTP服务的搭建与访问 ······· 162
  动手练 使用更安全的账户登录 ········· 165
  6.2.4 NFS服务的搭建与访问 ······· 166
  动手练 挂载使用NFS共享 ················· 167
  6.2.5 DNS服务的搭建与使用 ····· 168
  动手练 使用其他方式验证DNS
       服务器 ······························· 170
  6.2.6 Web服务的搭建与使用 ····· 171
知识延伸：MySQL数据库的搭建 ······· 173

第7章
综合环境的搭建与应用

7.1 LNMP的部署 ···························· 176
  7.1.1 认识LNMP ······················· 176
  7.1.2 LNMP一键部署工具 ······· 176
  动手练 检测运行环境 ······················· 179
  7.1.3 虚拟主机 ·························· 180
  动手练 删除默认目录 ······················· 182
  7.1.4 LNMP部署工具的命令及
       配置 ··································· 183
  7.1.5 在LNMP环境中搭建网站 ···· 184
  动手练 安装WordPress ···················· 187
7.2 Docker容器 ······························· 189
  7.2.1 认识Docker ····················· 189
  7.2.2 部署Docker ····················· 192
  7.2.3 Podman技术 ·················· 194
  动手练 创建容器 ······························· 195
  7.2.4 部署Nginx容器 ··············· 195
  动手练 使用命令修改文件 ··············· 197
知识延伸：Java环境的搭建 ················ 198

第8章 安全与管理

8.1 进程管理 ·················· 200
    8.1.1 认识进程 ·················· 200
    8.1.2 进程状态监测 ············ 202
    8.1.3 进程的管理 ·············· 204
    动手练 终止进程 ·············· 208
8.2 Linux常见安全技术 ········· 209
    8.2.1 防火墙简介 ·············· 209
    8.2.2 iptables简介 ············· 211
    8.2.3 SELinux简介 ············· 214
8.3 远程管理Linux ············· 216
    8.3.1 使用SSH远程管理Linux ····· 216
    动手练 基于密码的SSH远程连接 ···· 217
    动手练 使用第三方的SSH客户端
            远程登录服务器 ·············· 220
    8.3.2 使用RDP远程管理Linux ····· 221
    8.3.3 使用第三方工具进行远程
          桌面连接 ···················· 222
8.4 系统状态的监控 ············ 224
    8.4.1 系统日志 ················· 225
    8.4.2 管理任务计划 ············ 227
    8.4.3 服务的查看与管理 ········ 228
    8.4.4 系统资源的监控 ·········· 229
知识延伸：Linux杀毒工具的使用 ······ 231

第9章 Shell编程

9.1 Shell编程简介 ·············· 235
    9.1.1 认识Shell编程 ············ 235
    9.1.2 认识Shell脚本 ············ 235
    9.1.3 Shell脚本的运行 ········· 236
9.2 Shell编程基础 ·············· 237
    9.2.1 Shell变量 ················ 237
    9.2.2 变量的定义与访问 ········ 239
    9.2.3 Shell数组 ················ 241
    9.2.4 Shell表达式 ·············· 242
9.3 Shell控制结构 ·············· 242
    9.3.1 分支结构：if语句 ········ 242
    9.3.2 分支结构：case语句 ····· 243
    9.3.3 循环结构：for语句 ······ 244
    9.3.4 循环结构：while语句和
          until语句 ···················· 245
9.4 Shell函数 ··················· 246
    9.4.1 Shell函数的定义 ········· 247
    9.4.2 Shell函数的调用 ········· 247
    9.4.3 Shell函数的返回值 ······· 248
9.5 Shell的条件测试 ············ 250
    9.5.1 数值比较运算符 ·········· 250
    9.5.2 逻辑运算符 ·············· 251
    9.5.3 字符串比较运算符 ········ 251
    9.5.4 文件测试运算符 ·········· 252
知识延伸：CentOS Stream 9
            编译程序 ···················· 253

第1章
Linux操作系统概述

  Linux是自由且开源的操作系统，由Linus Torvalds于1991年开发。Linux的源代码是公开的，任何人都可以查看、修改和分发，使其具有高度的灵活性和可定制性。其众多的发行版也满足了不同领域人群的需求。在Linux的众多发行版中，CentOS是性价比较高的服务器系统。本章将向读者介绍Linux以及CentOS的基础知识。

重点难点

- Linux的组成与发行版
- Red Hat系列Linux发行版
- 认识CentOS Stream系统
- 安装CentOS Stream系统

1.1 Linux概述

Linux的诞生，可以说是一段充满传奇色彩的故事。它不仅改变了操作系统的发展轨迹，更深刻地影响了整个计算机产业。

1.1.1 GNU计划与Linux

Linux操作系统的诞生、发展和成长过程始终依赖五个重要支柱：UNIX操作系统、Minux操作系统、GNU计划、POSIX标准和Internet，其中GNU计划提供了许多自由软件，为Linux铺平了发展的道路。

> **知识拓展**
>
> **POSIX标准**
>
> POSIX表示可移植操作系统接口（Portable Operating System Interface of UNIX，缩写为POSIX），POSIX标准定义了操作系统应该为应用程序提供的接口标准。

1983年，理查德·斯托曼（Richard Stallman）发起GNU项目。GNU项目的创立，标志着自由软件运动的开始，致力于通过自由软件使计算机用户获得自由计算的权利。

开源软件在发行时会附上软件的源代码，并允许用户更改、传播或者二次开发。开源软件不抵触商业，而是希望通过更多人的参与，减少软件的缺陷，丰富软件的功能。开源软件最终还会反哺商业，让商业公司为用户提供更好的产品。很多著名的开源项目背后都有商业公司支撑。

更精确地说，自由软件赋予软件使用者四项基本自由。
- 不论目的为何，有运行该软件的自由。
- 有研究该软件如何工作以及按需改写该软件的自由。
- 有重新发布备份的自由。
- 有向公众发布改进版软件的自由，这样整个社群都可因此受益。

GNU本身是一个自由的操作系统，其内容及软件完全以GPL（GNU General Public License，GNU通用公共许可证）方式发布。这个操作系统是GNU计划的主要目标，名称来自GNU's Not UNIX的缩写。因为GNU的设计类似UNIX，但它不包含具有著作权的UNIX代码。GNU的许多程序在GNU工程下发布，称之为GNU软件包。类UNIX操作系统中用于资源分配和硬件管理的程序称为"内核"。GNU所用的典型内核就是Linux。该组合叫作GNU/Linux操作系统，然而许多人习惯称之为Linux。

GNU其实可以使用多种内核，只不过Linux是其中最重要的一种，并且太有名了。其实GNU也有自己的内核GNU Hurd，开始于1990年（早于Linux）。

1.1.2　Linux的特点

Linux在短短数年内得到迅速发展，与其良好的特性是分不开的。下面介绍Linux的特点。

（1）开放性。Linux是开源的操作系统，意味着它的代码是公开的，任何人都可以在其基础上修改、扩展或重新发布。这使得新特性和功能也比较容易被开发者接受和使用。

> **知识拓展**
>
> **开源软件如何正当获利**
>
> 　　一部分开源软件分为免费版与付费版。免费版可享受基础服务，可以通过植入广告获得收益。收费版可以享受更多功能，并提供使用中的技术支持和售后服务，还可以提供有偿的技术培训。可以通过在设备上安装免费系统来增加设备销量，软件的部分组件收费。如果开源软件被商用，也可以收取版权费，或通过大型科技公司及爱好者的捐助等获得收益。

（2）多平台、可移植。Linux可以运行在多种硬件平台上，能够在从微型计算机到大型计算机的任何平台上运行，如X64、X86、680X0、SPARC、Alpha等处理器平台。可移植性为运行Linux的计算机平台与其他计算机进行准确而有效的通信提供了手段，不需要另外增加特殊和昂贵的通信接口。此外Linux还是一种嵌入式操作系统，可以运行在掌上计算机、机顶盒、工控机或游戏机上。

（3）多用户、多任务。Linux操作系统允许多个用户同时使用同一台计算机，并且每个用户都可以有自己的设置。每个用户对自己的资源（文件、设备等）有特定的权限，互不影响。这在服务器上会经常用到。另外Linux可以使多个程序同时、独立地运行。

（4）性能出色。Linux在服务器中使用较广，最大的优势是可以使用最少的软硬件及网络资源，把设备的性能发挥到极致，以实现其丰富的功能和服务。更少的资源占用，使Linux在通信和网络功能方面的运行效率要远高于Windows服务器系统。

（5）高可靠性。在配置无误的情况下，Linux系统可长时间正常工作而无须重新启动设备。这得益于Linux的高可靠的框架结构及简单化的实现方式，使得该系统更加专业且不易崩溃。

（6）自由度高、可操作性强。Linux的各种服务、功能的配置，可以根据实际需求，自由选择并搭配组合。虽然与Windows相比需要一定的基础和适应时间，但其可操作性要比Windows服务器系统高很多。

（7）良好的界面。提到Linux，有些读者可能想到的就是复杂的命令行界面。Linux本身并没有图形界面，但提供了图形界面的功能接口。很多Linux发行版使用开源的图形化程序，提供丰富的图形用户界面，利用鼠标、菜单、窗口、滚动条等设施，呈现直观、易操作、交互性强的、友好的图形化界面。其实经过多年的发展，Linux的命令行界面也非常友好，提供了大量的命令提示功能以及帮助文件，让用户使用更加方便，而且效率更高。

（8）可靠的安全性。Linux操作系统通常被认为是安全性较高的操作系统。因为包含许多安全功能，并且是开源，所以社区中的专家可以对其源代码进行安全审查来确保安全性。Linux系统也采取了许多安全技术措施，包括读写控制、带保护的子系统、审计跟踪、核心授权等，为用户提供了必要的安全保障。

（9）可扩展性。Linux操作系统提供许多可扩展的功能，例如支持多种编程语言、能够连接到大型网络、能够处理大量的数据等。

（10）设备独立性。Linux是具有设备独立性的操作系统，内核具有高度适应能力，把所有外部设备统一当作文件看待。只要安装了设备的驱动程序，用户都可以像使用文件一样操作、使用这些设备，而不必知道设备的具体存在形式。

1.1.3 Linux的应用

Linux的应用领域很广泛，从桌面应用到服务器应用应有尽有，其中最常见的应用领域如下。

（1）桌面应用。Linux操作系统可以作为桌面操作系统使用，虽然相对于桌面领域的霸主Windows而言市场份额不高，但随着Linux操作系统的生态化逐步完善，再加上Linux的先天优势，Linux在桌面领域必将迎来爆发式的发展。

（2）服务器应用。Linux作为服务器操作系统应用非常广泛，可用于局域网和互联网的各个领域，如数据库服务器、Web服务器、邮件服务器、文件服务器以及云计算服务器等。由于使用Linux的性价比较高，且具有价格低、高稳定性、高安全性、硬件要求低、可以任意定制等特点，因此Linux在服务器领域一直处在绝对领先的地位。

（3）嵌入式系统。Linux作为嵌入式操作系统的应用也很广泛，可用于各种电子设备，如常见的路由器、智能手环、手表、智能家居、安防报警系统、监控系统、网络系统（交换机、防火墙等）、物联网设备、工业控制设备等。

（4）手机系统。Linux也被广泛应用在智能手机和平板电脑中。这就要提到大名鼎鼎的安卓（Android）系统。安卓系统是一种基于Linux内核（不包含GNU组件）的、开放源代码的操作系统，提供的核心系统服务包括安全、内存管理、进程管理等内容。主要用于移动设备，由Google公司和开放手机联盟开发。

（5）超级计算机。Linux在超级计算机领域占据主导地位，用于处理大规模科学计算任务。

知识拓展

其他领域

许多大型在线游戏采用Linux作为服务器操作系统，此外，Linux在视频编辑、音频制作、图像处理、工业自动化、机器人控制等领域也有广泛应用。

1.2 Linux系统的组成与发行版

Linux系统并不只包含Linux内核，还有其他组成部分。日常使用的Linux系统是依托于内核，经过修改和完善后的发行版。接下来对Linux系统的组成和发行版进行介绍。

1.2.1 Linux系统的组成

Linux系统一般由内核、Shell、文件系统、应用程序四部分组成。

1. 内核

常说的Linux从专业角度来说，指的是Linux内核，而不是整个Linux操作系统。Linux内核加上基于Linux内核运行的应用共同组成Linux操作系统。

内核是操作系统的核心，具有很多最基本功能，负责管理系统的进程、内存、设备驱动程序、文件和网络系统，决定着系统的性能和稳定性。

Linux内核由如下几部分组成：内存管理、进程管理、设备驱动程序、文件系统和网络管理等。

用户可以到www.kernel.org网站中查看并下载Linux的各版本内核，如图1-1所示。可以从中查看内核的发布日期等信息。

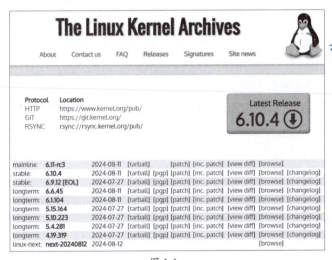

图 1-1

知识拓展

Linux的历史版本

1991年发布了Linux 0.01；1994年发行了Linux 1.0；1996年Linux 2.0内核发布，开始支持多内核处理器；2011年Linux 3.0内核发布；2015年Linux 4.0内核发布；2019年，Linux 5.0内核发布；2022年，Linux 6.0内核发布。

2. Shell

Shell是系统的用户界面，提供用户和内核进行交互操作的接口，接收用户输入的命令，并把命令送入内核去执行，所以可以将Shell理解为一个命令解释器。而且Shell不仅是命令解释器，还是一种高级编程语言——Shell编程。该内容将在后面的章节重点介绍。

Bash是GNU操作系统上默认的Shell，大部分Linux发行版使用的都是这种Shell。

3. 文件系统

文件系统是文件存放在磁盘等存储设备上的组织方法。Linux支持多种文件系统，如XFS、EXT 4、EXT 3、EXT 2、NFS、FAT、ISO 9660、NTFS等。

4. 应用程序

标准的Linux操作系统会自带一套应用程序。这些应用程序是用户经常使用的，例如文本编辑器、编程语言、X-Window、Open Office、Internet工具、数据库等。用户也可以根据需要下载安装各种应用程序。

1.2.2 Linux发行版与衍生版

只有内核的操作系统用户是无法正常使用的。一个完整的、用户可以使用的操作系统还应包括交互环境以及各种应用程序等。所以很多组织或厂商通过将内核、桌面程序、管理程序、应用程序、服务程序等组合在一起，再经过各种优化与测试后，发布给用户使用。这种建立在Linux内核基础上的不同类型的操作系统就叫作Linux发行版。

时至今日，以Linux内核为基础，有超过300个发行版被开发，被普遍使用的发行版大约有十多个。较为知名的有Debian、Ubuntu、Fedora、Red Hat Enterprise Linux、Arch Linux和openSUSE等。UNIX、类UNIX、Linux、Windows等操作系统共同组成了现在庞大又异彩纷呈的操作系统家族。

Linux发行版之间存在着复杂的家族关系，主要源于它们所基于的共同基础（通常是Linux内核）以及软件包管理系统等。也就是说，同一个家族的系统之间，界面、操作、管理方法、命令，甚至安装界面等都非常类似。在学习时，掌握了某家族中一个发行版的操作，那么家族中的其他发行版使用起来就非常顺手了。Linux庞大的发行版中，比较常见的有以下几个家族。

（1）Debian家族。Debian是一个非常古老且稳定的发行版，也是许多其他发行版的基础，包括常见的Ubuntu、Linux Mint、Kali Linux等。

（2）Red Hat家族。Red Hat是一个商业化的Linux发行版，也是许多企业级Linux发行版的基础。包括本书重点介绍的CentOS、Fedora、Oracle Linux等。

（3）Arch Linux家族。Arch Linux是一个高度灵活的发行版，用户需要手动编译安装软件包，衍生版本有Manjaro、Antergos等。

1.2.3 常见Linux发行版及特色

由于Linux系统开源、免费，且可以通过不同的途径自由获得，大幅降低了购买软件的成本，且允许自由开发和发行，可以避开版权问题，使得发行版越来越多，也因此成为不少企业、开发者及学习者的选择。使用比较多的Linux发行版有如下几种。

1. Debian

Debian GNU／Linux（简称Debian）是目前使用较多的非商业性Linux发行版之一，由全世界范围为1000多名计算机业余爱好者和专业人员在业余时间研究和维护。Debian是最稳定的Linux发行版之一，优点是对用户友好、轻量级，并且与其他环境兼容。Debian团队有更长的工作周期，这使得他们可以在发布新版本之前修复大部分的Bug。图1-2所示为Debian 11。

图 1-2

2. Ubuntu

Ubuntu较新桌面版是24.04，如图1-3所示。Ubuntu基于Debian发展而来，界面友好，容易上手，对硬件的支持非常全面，是目前最适合作为桌面系统的Linux发行版本，而且Ubuntu的所有发行版本都免费提供，很多设备的预装系统也选择了Ubuntu。

图 1-3

> **知识拓展**
>
> **LTS**
>
> LTS意为"长期支持"，一般为5年。如24.04的LTS版本将提供免费的安全和维护更新至2029年4月。

3. SuSE

SuSE Linux以Slackware Linux为基础，原来由德国SuSE Linux AG公司发布1994年发行了第一版，早期只有商业版本，2004年被Novell公司收购后，成立了OpenSUSE社区，推出了自己的社区版OpenSUSE。

SuSE Linux在欧洲较为流行，在我国国内也有较多应用。值得一提的是，它吸取了Red Hat Linux的很多特质。SuSE Linux可以非常方便地实现与Windows操作系统的交互，硬件检测非常优秀，拥有界面友好的安装过程和图形管理工具，对于终端用户和管理员来说使用非常方便。

4. Kali

Kali Linux界面如图1-4所示，是Debian的一款衍生版。Kali Linux主要用于安全测试，其前身是Backtrack。用于Debian的所有Binary软件包都可以安装到Kali Linux上，而其魅力或威力正来自于此。此外，支持Debian的用户论坛为Kali Linux加分不少。Kali Linux附带许多渗透测试工具，无论是WiFi、数据库还是其他工具，都被集成在系统中，可以直接使用。Kali Linux使用APT管理软件包。

5. Deepin

Deepin（深度操作系统）界面如图1-5所示，是由武汉深之度科技有限公司在Debian基础上开发的Linux操作系统。2022年5月18日由统信公司发布，在系统根社区Deepin线上发布会上，统信公司宣布，将以深度（Deepin）社区为基础，建设立足中国、面向全球的桌面操作系统根社区，打造中国桌面操作系统根系统。

图 1-4

图 1-5

深度操作系统和统信UOS，前者服务于社区用户；后者更加专注于服务商业用户。深度操作系统适用于个人免费用户，而统信UOS是Deepin的商业版，其提供的软件及服务更加稳定。

1.2.4 Linux的版本号

Linux分为内核以及发行版，所以了解Linux版本号，就需要知道Linux的内核版本号以及发行版的版本号。

1. 内核版本号

内核版本号，如"6.10.4"，其中6为主版本号，很少发生变化，只有当内核发生重大变化时才会更新。

10是次版本号，又称小版本号，是在主版本的基础上，内核的一些重大修改会更新次版本号。一般认为次版本号为奇数时，该版本的内核为开发中的版本，但不一定稳定，相当于测试版。而此版本号为偶数时，表示其是一个稳定版本。

4为修订版本号，也叫子版本号，指轻微修订的内核。一般在加入了安全补丁、修复Bug、增加新功能或驱动时，会更新此版本号。

2. 查看内核版本号

根据不同的发行版，查看内核版本号的命令也不相同，如在CentOS中查看系统及内核详细信息的命令为"uname -a"，可以显示内核信息、架构、处理器类型等，如图1-6所示。在后面的章节会介绍命令的相关使用方法。

图 1-6

图1-6中，Linux代表这是一个Linux系统；CentOS表示这是CentOS Linux发行版；5.14.0是该发行版使用的Linux内核版本号。480.el9代表针对CentOS 9的第480个补丁版本。x86_64代表采用的是64位的CPU。#1代表这是该内核的第一个编译版本。SMP表示支持对称多处理器，表示内核支持多核心、多处理器。PREEMPT_DYNAMIC表示内核支持动态抢占，即内核可以被终端来执行其他任务，提高系统的响应性。"Fri Jul 12 20:45:27 UTC 2024"表示内核编译的时间。"x86_64 x86_64 x86_64 GNU/Linux"再次强调了系统的架构类型，以及GNU/Linux的基础。

> **知识拓展**
>
> **内核关键信息的查看**
>
> 只查看内核的关键信息，可以使用"uname –r"命令，如图1-7所示。
>
>
>
> 图 1-7

3. 查看发行版本号

除了内核外，每个发行版都有其不同的发行版本号，不同发行版采用的名称定义不同。如CentOS，可以使用命令"cat /etc/centos-release"查看，如图1-8所示。可以看到当前使用的CentOS Stream版本为9。也可以使用命令"cat /etc/redhat-release"，输出内容相同，从这里也可以看到CentOS和Red Hat的关系非常密切。

图 1-8

1.3 Red Hat系列Linux

Red Hat（红帽）公司是一个以Linux为核心的开源解决方案提供商，其产品和服务在企业级市场拥有广泛的应用。Red Hat家族中的主要发行版包括Fedora、CentOS和RHEL，它们之间有着密切的联系。

1.3.1 Red Hat Linux

Red Hat公司在开源软件界非常知名，该公司发布了最早的（之一）Linux商业版本Red Hat Linux。Red Hat公司的总部设在美国北卡罗来纳州首府罗利，创建于1994年，以源码开发作为业务模式的核心，也代表了软件开发行业的一次根本转变。所有人都可以获得软件的原始代码，使用该软件的开发人员可以自由地对其进行改进。Red Hat解决方案包括开发工具和嵌入式技术，以及培训、管理和技术支持。Red Hat公司一直领导着Linux的开发、部署和经营，从嵌入式设备到安全网页服务器，都是以开源软件为基础，引领互联网基础设施解决方案的发展，一度被作为Linux发行版本的事实标准。

2003年4月，在Red Hat Linux 9.0发布后，该公司将全部力量投入服务器版本系统的开发中，并于2004年停止对Red Hat Linux 9.0的支持，标志着Red Hat Linux的正式完结。

1.3.2 RHEL

Red Hat公司在发布Red Hat Linux系列版本的同时，还发布了Red Hat Enterprise Linux，即Red Hat Linux企业版，简写为RHEL。在停止了Red Hat Linux系统的支持后，Red Hat公司的主要Linux发行产品就是RHEL。RHEL系列面向企业级客户，主要应用在Linux服务器领域。Red Hat公司对RHEL系列产品采用了收费使用的策略，即用户需要付费才能够使用RHEL产品并获得技术服务。

RHEL系统界面如图1-9所示，可以在桌面、服务器、虚拟机管理程序或云中运行，是世界上使用最广泛的Linux发行版之一。该系统内置多种Red Hat公司的软件工具，因为它具备友好的图形界面，无论是安装、配置还是使用都十分方便，每18个月发行一个新版本。

图 1-9

与同一家族的Fedora和CentOS不同，RHEL属于商业支持版本，由Red Hat公司提供长期的支持和维护，稳定性和安全性都非常高，主要应用在数据中心、云计算等。

1.3.3 Fedora Linux

Fedora Linux系统界面如图1-10所示，由Red Hat公司赞助、Fedora社区开发。Fedora有一个更新的、文档良好的软件存储库，Fedora被认为是比较可靠的系统，并广泛应用于云平台，为客户提供更好的解决方案。安全方便、灵活稳定是其特点。

Fedora基于Red Hat Linux，在Red Hat Linux停止支持后，原本的桌面版开发套件与来自社区的Fedora计划合并，成为新的Fedora。此后，Fedora成为了RHEL的上游，很多新技术和新功能首先会在Fedora上进行实验，经过稳定性测试后，才会引入RHEL中。所以相对于RHEL，其稳定性较低，可能存在一些Bug，但完全免费，主要用于个人开发者、测试人员和喜欢尝鲜的用户。Fedora大约每6个月发布一次新版本，一般支持到后面两个版本发布后一个月左右（也就是约13个月）。Fedora版本更新频繁，性能和稳定性相对较低，因此一般不推荐在服务器上使用。

图 1-10

1.3.4 CentOS Linux

CentOS Linux是一个由开源软件贡献者、技术社区和用户共同支持的开源操作系统，它对RHEL源代码进行重新编译，成为众多发布新发行版本的社区中的一个，并且在发展过程中不断与其他的同类社区合并，使CentOS Linux逐渐成为使用最广泛的RHEL兼容版本。CentOS Linux的稳定性不比RHEL差，唯一不足的就是缺乏技术支持，因为它是由社区发布的免费版。

CentOS Linux是对RHEL源代码再编译的产物，也可以称之为RHEL的社区版本，属于社区维护的企业级操作系统。由于Linux是开放源代码的操作系统，并不排斥这样基于源代码的再分发，CentOS Linux就是将商业的Linux操作系统RHEL进行源代码再编译后分发，并在RHEL的基础上修正了不少已知的漏洞。由于出自同样的源代码，因此有些要求高度稳定性的服务器以CentOS代替RHEL。两者的不同，在于CentOS并不包含封闭源代码软件。CentOS与RHEL高度兼容，并且完全免费，主要针对个人用户、中小企业以及对成本敏感的企业。

> **知识拓展**
>
> **再编译的合法性**
>
> RHEL在发行时有两种方式，一种是二进制的发行方式；另一种是源代码的发行方式。无论哪种发行方式，都可以免费获得（例如从网上下载），并再次发布。但如果用户使用了在线升级（包括补丁）或咨询服务，就必须付费。RHEL一直都提供源代码的发行方式，CentOS就是将RHEL发行的源代码重新编译一次，形成一个可使用的二进制版本。由于Linux的源代码是GNU，所以从获得RHEL的源代码到编译成新的二进制文件，都是合法的。只是Red Hat是商标，所以必须在新的发行版里将Red Hat的商标去掉。

1.3.5 CentOS Stream Linux

由于CentOS的出色表现，在2014年，Red Hat公司与CentOS团队建立了紧密的合作关系，并在2014年将CentOS纳入其旗下，CentOS成为了Red Hat的一个官方社区项目，并将其作为RHEL的上游项目。2020年，CentOS团队决定停止CentOS Linux版本的开发，并将最后一个主要版本——CentOS Linux 8的支持结束日期修改为2021年底（原计划为2029年）。CentOS Linux 7也在2024年6月30日结束了支持。

取而代之的是在2019年推出的新的滚动版本的CentOS，也就是CentOS Stream Linux，其系统界面如图1-11所示。新的CentOS Stream不再是RHEL原生代码的重新编译版本。

图 1-11

在CentOS Linux时代，Red Hat家族三个发行版的关系是Fedora→RHEL→CentOS。Fedora是RHEL的上游，CentOS是RHEL的下游。而CentOS Stream Linux时代，三者的关系是Fedora→CentOS Stream→RHEL。

新的CentOS Stream是一个持续交付的发行版，它从Fedora的稳定版本发展而来，并与RHEL保持一致的版本号，如RHEL 9从CentOS Stream 9发展而来。发布到CentOS Stream 9的更新与发布到RHEL 9子版本的更新也是相同的。也就是说现在看到的CentOS Stream与未来RHEL相应版本是相同的。

通过CentOS Stream，开源社区成员能够与Red Hat开发人员一起，共同为RHEL的上游持续交付发行版进行开发和测试。在发布新的RHEL版本之前，Red Hat会在CentOS Stream开发平台中开发RHEL源代码。RHEL 9 是在CentOS Stream中构建的第一个主要版本。而最新的CentOS Stream 9就是本书重点介绍的内容。

> **知识拓展**
>
> **常见Linux发行版本的选择**
>
> 如果用户需要的是一个服务器系统，而且已经厌烦了各种配置，只是想要一个比较稳定的服务器系统，那么建议选择CentOS或RHEL。
>
> 如果用户只是需要一个桌面系统，而且既不想使用盗版，又不想花大价钱购买商业软件；不想自己定制，也不想在系统上浪费太多时间，则可以选择Ubuntu或者Deepin。
>
> 如果要学习网络安全及黑客攻防，可以选用Kali。

1.4 认识CentOS Stream

CentOS Stream的出现，是Red Hat公司在Linux发行版生态系统中的一个重大战略调整。它标志着CentOS项目进入了新的发展阶段，也为社区和开发者提供了一个全新的参与方式。因为社区开发者希望能够更早地参与RHEL的开发中，并获得更快的反馈。

1.4.1 CentOS Stream的特点

CentOS Stream的出现，是Red Hat公司对开源社区的一种积极响应，也是Linux发行版发展的一个新方向。它为开发者和用户提供了一个更开放、更灵活的平台，促进了Linux生态系统的繁荣。CentOS Stream的特点有以下几点。

1. 滚动发布

CentOS Stream采用滚动发布的方式，软件包会持续更新，没有固定的发布周期。这意味着用户可以随时获得最新的软件和功能。相比于传统的CentOS版本，CentOS Stream的更新频率更高，用户可以更快地体验到新特性。

2. 社区驱动

CentOS Stream 鼓励社区开发者积极参与，贡献代码、报告问题和提出建议。开发过程更加透明，社区成员可以实时了解 RHEL 的开发进展。社区反馈可以快速影响 RHEL 的开发方向。

3. RHEL 的上游

CentOS Stream 是 RHEL 的上游，用户可以在 RHEL 正式发布之前体验到其中的新功能和特性。社区在 CentOS Stream 上的反馈和贡献，直接影响 RHEL 的开发方向。

4. 稳定性与创新并重

CentOS Stream 基于 RHEL 的稳定基础，保证了系统的稳定性。同时，CentOS Stream 又是一个不断创新的平台，引入最新的技术和功能。

5. 完全免费

CentOS Stream 在使用、发布、升级、安装软件等方面都无须付费，非常适合对成本比较敏感的企业使用。

6. 适合学习

对于非常渴望学习 Red Hat 家族发行版的 Linux 新手，尤其是准备使用 RHEL 系统的用户来说，CentOS Stream 非常适合用来学习和研究使用。它比 Fedora 更加稳定，Bug 较少，学习的功能和操作可以平滑过渡到 RHEL 中使用。学习成本低且应用广泛，性价比极高。

1.4.2　CentOS Stream 9 的新特性

CentOS Stream 是 RHEL 的开发分支，它的版本号会随着 RHEL 的开发而不断变化。CentOS Stream 9 的新特性如下。

- **GNOME 40 桌面环境**：CentOS Stream 9 采用 GNOME 40 桌面环境，带来了全新的用户界面和更流畅的用户体验。
- **Linux 5.14 内核**：基于 Linux 5.14 内核，提供更好的硬件支持、性能提升和新的功能。
- **EPEL 9**：扩展企业 Linux 包（EPEL）9 的引入，为用户提供更广泛的软件选择。
- **Btrfs 文件系统**：Btrfs 文件系统作为默认文件系统，提供更强大的数据管理功能。
- **Systemd-nspawn**：该容器化工具的改进，使得在 CentOS Stream 中创建和管理容器更加方便。
- **更强的安全基线**：CentOS Stream 9 采用更严格的安全基线，提供更好的系统安全性。
- **最新的安全补丁**：由于滚动发布的特性，用户可以更快地获得最新的安全补丁。

- **SELinux的增强**：提供更细粒度的访问控制，提高系统安全性。

1.4.3 CentOS Stream的下载

CentOS Stream可以到官网中下载，也可以到第三方的镜像站下载。下面介绍这两种下载方式。

1. 官网下载

进入CentOS的官网www.centos.org中，单击Download按钮，如图1-12所示。在弹出的界面中单击x86_64链接，如图1-13所示。

图 1-12

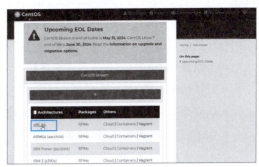

图 1-13

接下来会弹出下载对话框，指定保存位置后下载即可。

2. 开源镜像站下载

除了官网提供下载，很多国内的科研、高等教育机构、互联网企业都提供Linux各种发行版的开源镜像站，通过开源镜像站下载可以提高下载速度，而且此后指定镜像源也可以使用这些镜像站，从而快速更新补丁以及下载软件。

比较常用的开源镜像站很多，如清华大学、中国科学技术大学、华为、阿里云、网易、腾讯等镜像站。用户可以选择距离较近、网速较高的镜像站来下载或配置镜像源。下面以南京大学镜像站为例进行介绍。进入南京大学镜像站后，搜索需要的Linux发行版的名称，如图1-14所示，进入并找到镜像文件，如图1-15所示，单击后即可启动下载工具进行下载。

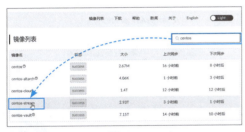

图 1-14

图 1-15

1.5 安装CentOS Stream

用户可以在计算机、笔记本电脑、工作站、服务器等设备上安装CentOS Stream，但为了学习方便，一般使用虚拟机，通过在本地部署实验环境来安装该系统。

1.5.1 环境部署工具

虚拟机就是让宿主计算机模拟其他的计算机供用户使用。常见的虚拟机软件有VirtualBox、VMware Workstation Pro、Microsoft Hyper-V等，其中比较稳定、功能较全、使用比较多的是VMware Workstation Pro（以下简称VM，中文名称为"威睿工作站"）。VM可使用户在一台计算机上同时运行不同的操作系统，是进行开发、测试、部署新的应用程序的最佳解决方案，可以快速打造实验环境和网络环境。VM的特点如下。

- 可以在VM中安装Linux系统来进行学习，而不必担心会对Windows系统有影响。
- 默认情况下VM是与真实机是独立的，用户可以在虚拟机中测试系统、测试病毒。
- 在网络学习或者需要搭建靶机进行网络测试时，使用VM是非常方便快捷的选择。
- VM可以拍摄当前任意时刻的快照，在出现各种问题后，可以随时还原到该状态。

VM对个人用户免费，用户可到BROADCOM官网中注册并下载该软件，如图1-16所示。

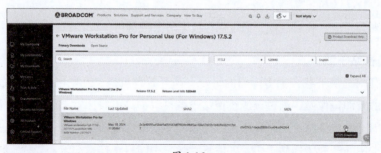

图 1-16

下载完毕后，用户可以启动安装程序，通过安装向导进行安装，如图1-17所示。安装完毕后就可以启动并进行设置和系统安装，如图1-18所示。

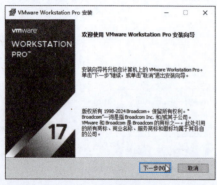

图 1-17

图 1-18

1.5.2 配置CentOS Stream的安装环境

虚拟机对于不同的系统需要配置不同的安装参数，如硬盘、内存、CPU、网络等。在之前介绍了CentOS Stream镜像的下载，通过该ISO镜像，就可以在VM中安装CentOS Stream了。下面介绍如何配置CentOS Stream的安装环境。由于篇幅有限，这里只介绍需要设置的关键步骤，其他按照默认选项设置的步骤省略。

步骤01 启动VM虚拟机，在主界面中，从"文件"下拉列表中选择"新建虚拟机"选项，如图1-19所示。在弹出的向导中选中"自定义（高级）"单选按钮，单击"下一步"按钮，如图1-20所示。

图 1-19

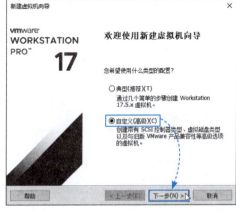

图 1-20

步骤02 选中"稍后安装操作系统"单选按钮，单击"下一步"按钮，如图1-21所示。

步骤03 选择需要安装的操作系统的类型以及版本，此处选择Linux单选按钮的"CentOS 8 64位"，单击"下一步"按钮，如图1-22所示。

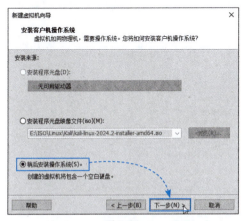

图 1-21

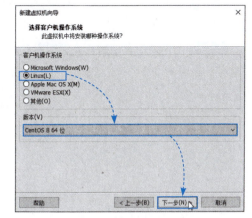

图 1-22

步骤04 设置虚拟机名称及保存的位置，单击"下一步"按钮，如图1-23所示。

步骤05 根据计算机的实际情况，设置处理器的数量以及内核数量，如图1-24所示。

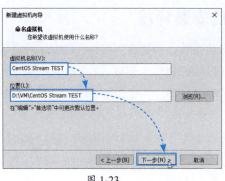
图 1-23

图 1-24

步骤06 根据计算机的实际情况，设置内存的大小，如图1-25所示。

步骤07 设置网络的类型，为了方便实验和更新，可以选择"使用桥接网络"单选按钮，单击"下一步"按钮，如图1-26所示。

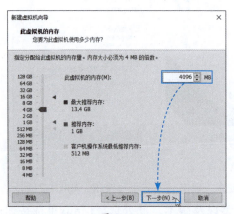
图 1-25

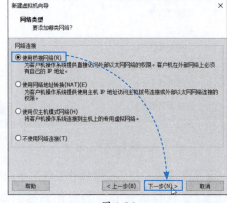
图 1-26

步骤08 设置磁盘类型时，建议选择"SCSI"单选按钮，以方便此后的学习和实验（磁盘名称的识别），如图1-27所示。

步骤09 创建新的虚拟磁盘，设置磁盘的大小，并选择"将虚拟磁盘拆分成多个文件"单选按钮，单击"下一步"按钮，如图1-28所示。

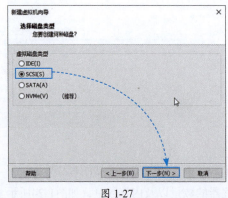
图 1-27

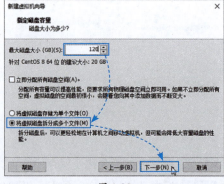
图 1-28

将虚拟磁盘拆分为多个文件

虽然分配了120G空间,但虚拟机运行时并不会立即占满120G的实际硬盘空间,而是会根据实际情况逐渐增加。所以选择该单选按钮后可以节省磁盘空间。

步骤10 在完成界面中单击"自定义硬件"按钮,如图1-29所示。

步骤11 选择"新CD/DVD (IDE)"单选按钮,找到并选择下载的CentOS Stream镜像,单击"关闭"按钮,如图1-30所示。最后返回如图1-30所示的界面,单击"完成"按钮,完成环境配置。

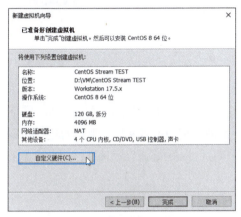

图 1-29　　　　　　　　　　图 1-30

1.5.3　安装CentOS Stream

在配置好安装环境后,接下来像启动计算机一样启动虚拟机,就可以进行CentOS Stream的安装了。接下来介绍安装过程。

步骤01 在VM主界面中,选择刚配置好的虚拟机CentOS Stream TEST选项,单击"启动"按钮,启动虚拟机,如图1-31所示。

步骤02 启动后,会自动读取ISO镜像中的文件,并启动安装向导,这里选择Install CentOS Stream 9选项,并按Enter键,如图1-32所示。

图 1-31　　　　　　　　　　图 1-32

步骤03 设置安装向导使用的语言,此处选择"简体中文(中国)",单击"继续"按钮,如图1-33所示。

步骤04 进入配置大厅,单击"安装目标位置"按钮,如图1-34所示。

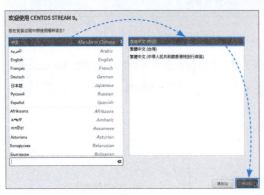

图 1-33

图 1-34

步骤05 选择安装的磁盘,新手保持默认设置,单击"完成"按钮,如图1-35所示。

步骤06 在图1-35中单击"root密码"按钮,为Root用户设置密码,取消勾选"锁定root账户"复选框,并勾选"允许root用户使用密码进行SSH登录"复选框,结束后单击"完成"按钮两次,如图1-36所示。

图 1-35

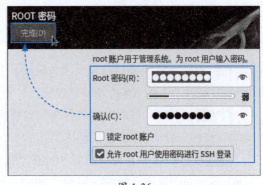

图 1-36

步骤07 在图1-34中单击"软件选择"按钮,进入软件选择界面,选择需要的"基本环境"和附加的软件。因为该系统作为服务器使用,所以这里选择Server with GUI,就是带有图形界面的服务器,右侧根据需要选择附加的软件,完成后单击"完成"按钮,如图1-37所示。

步骤08 其他项目保持默认,完成配置后单击"开始安装"按钮,如图1-38所示。

步骤09 CentOS Stream 9开始安装,并显示安装进度,完成后单击"重启系统"按钮,如图1-39所示。重启后进入设置向导中,为系统进行基础配置,单击"开始配置"按钮,如图1-40所示。

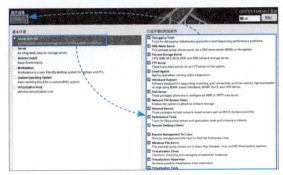

图 1-37　　　　　　　　　　　　　　　　图 1-38

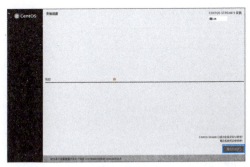
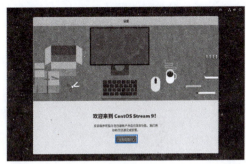

图 1-39　　　　　　　　　　　　　　　　图 1-40

步骤10 其他保持默认即可，配置用户名，单击"前进"按钮，如图1-41所示。

步骤11 设置用户密码，完成后单击"前进"按钮，如图1-42所示。

图 1-41　　　　　　　　　　　　　　　　图 1-42

到此配置完成，用户可以正常进入系统中了。

知识拓展

VM快照的使用

在VM中，可以根据需要随时创建快照，在系统出现问题时，或者根据实验要求，可以随时恢复到创建快照时的状态。

动手练　创建CentOS Stream 9安装介质

前面介绍了CentOS Stream 9的镜像下载与在虚拟机中的安装配置和安装过程。如果要在真实的计算机中安装CentOS Stream 9，可以将该系统的镜像文件刻录到U盘上，通过U盘在真实计算机中安装。这里使用的工具就是常用的刻录工具Rufus，使用该工具也可以创建Windows和其他Linux系统的安装介质，下面介绍操作步骤。

将U盘插入计算机中，U盘大小必须为16GB及以上。下载并启动Rufus写盘工具，在主界面中单击"选择"按钮，如图1-43所示。找到并选择下载好的CentOS Stream 9镜像文件，其他参数保持默认，单击"开始"按钮，如图1-44所示。

图1-43　　　　　　　　图1-44

在弹出的对话框中保持默认，单击"OK"按钮启动制作，如图1-45所示。

制作完毕后，就可以将U盘插入计算机中，并设置从U盘启动，接下来计算机会读取U盘中的文件，并启动安装向导，其余步骤和在VM中安装一致。这里就不再赘述了。

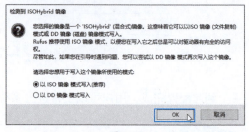

图1-45

知识延伸：熟悉CentOS Stream桌面环境

现在大部分Linux系统带有桌面环境，很多操作可以通过桌面环境中的相关选项进行。但为了更好地使用Linux，更大程度上节省资源，很多操作是使用命令完成的，尤其是服务器系统。所以图形环境的介绍和使用不是本书的重点。在此将对CentOS Stream 9

的桌面环境及基本操作进行简单介绍。

默认桌面上是无图标的，主界面上方显示日期和时间。在桌面上单击左上角的"活动"按钮，或者单击Win键，可以显示收藏夹，这里可以切换不同的桌面环境，如图1-46所示。在下方的"收藏夹"中显示了很多程序的快捷方式，如火狐浏览器、文件管理、硬件商店、帮助、终端窗口以及显示所有程序。可以单击程序图标来快速启动应用。

单击"显示应用程序"，或者快速按两次Win键，可以进入并查看所有程序的界面，在这里可以启动程序，或者将常用的程序添加到收藏夹中。如果程序较多，可以在上方的搜索框中输入程序名称来查找对应的程序，如图1-47所示。

图 1-46

图 1-47

在界面右上方是系统功能的入口，左侧是输入法切换按钮，可以单击该按钮切换输入法，如图1-48所示。右侧为功能按钮，从中可以打开或关闭网络连接，如果有无线网卡，可以连接无线网络、设置电源模式、进入"设置"界面、锁定、关机，如图1-49所示。

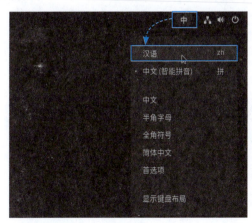

图 1-48

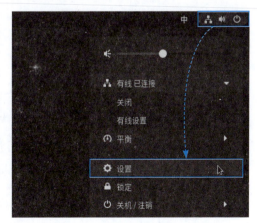

图 1-49

知识拓展

输入法的快速切换

可以按住Win键，再按空格键切换输入法。在中文状态下，可以按Shift键来切换中英文输入，这一点和在Windows中使用的输入法类似。

通过图1-49进入"设置"界面，也可以在桌面上右击，在弹出的快捷菜单中选择"设置"选项，进入"设置"界面，如图1-50所示。在"设置"界面中，在左侧可以选择设置的功能大类，在右侧可设置具体参数或者进入子功能区。图1-51所示为设置网络参数。

图 1-50

图 1-51

在"显示器"选项组中可以设置显示器的分辨率，如图1-52所示。

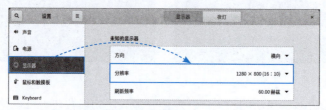

图 1-52

在"隐私"中可以设置各种设备的权限，以及锁屏时间和自动锁屏，如图1-53所示。

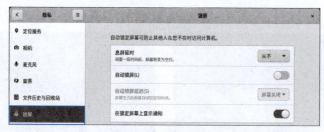

图 1-53

在"用户"中可以对系统中的用户进行管理，如图1-54所示。

图 1-54

第 2 章
命令基础

在Linux的使用中，可以使用命令的方式与系统和设备进行交互，如管理设备、服务、配置参数等都是非常常见的操作。虽然Linux也有图形化界面，但使用命令的效率更高、占用资源更少，而且可以实现的功能也更多。所以学习Linux，有必要掌握各种常见命令的使用方法。本章向读者介绍命令的使用环境、使用方法，以及一些常见命令的操作。

重点难点

- 终端窗口
- 命令的基础用法
- 软件的安装与卸载

2.1 终端窗口

第1章介绍了使用命令查看内核版本号、发行版本号。使用命令来操作Linux是非常常见的操作。运行命令的窗口或者环境就叫作终端窗口,其实还有很多其他的叫法,如命令行界面、终端、字符操作界面等。本节将对这个特殊的环境进行全面介绍。

> **知识拓展**
>
> **命令行模式**
>
> 命令行模式也叫作命令行界面(Command Line Interface,CLI),是与图形用户界面(Graphical User Interface,GUI)相对应的。命令行模式一般不能使用鼠标操作,而是通过键盘输入指令,获得返回结果,完成人机交互。如常见的Windows的命令行模式(图2-1),以及功能更加强大的PowerShell(图2-2)。
>
>
>
> 图 2-1　　　　　　　　　　图 2-2
>
> 图形界面友好,操作方便、简单,更容易上手。与图形界面相比,命令行模式需要记住大量的命令、命令的选项与参数,门槛相对较高。但占用资源少,命令的执行效率高,开发配置方便,可以适配各种设备。所以在各种操作系统中都有命令行模式提供给用户使用。尤其在远程管理时更加方便。

2.1.1 终端窗口的演变

终端窗口的出现与终端、终端模拟器的发展是密切相关的。

1. 终端与控制台

终端是一种将用户输入指令及信息传送给计算机,并将计算机的计算结果呈现给用户的设备,如图2-3所示。最早的计算机价格很高,因此为了充分利用计算机资源,一台计算机需要连接很多终端来提供给多个人使用。在终端和计算机之间使用简单的通信电路进行连接(通常是串口),这个电路只是用来提供数据的传输和显示,没有处理数据的能力,只负责连接到计算机上登录。通过串口连接到计算机的设备就叫作终端。

图 2-3

而控制台是一种特殊终端，与计算机主机是一体的，是计算机的一个组成部分，系统管理员用来管理计算机，权限比普通终端要大很多，一台计算机只有一个控制台。也就是说，控制台是计算机的基本组成设备，而终端是为了充分利用计算机多出来的附加设备。后来随着个人计算机的普及，终端和控制台的界限逐渐模糊，现在被看作同义词。

2. 终端模拟器

随着计算机技术的发展及设备的普及，终端硬件逐渐消失。但也造成了无法与图形接口兼容的命令程序，不能直接读取输入设备的输入，也无法将结果在显示设备上显示。此时需要一个特殊的程序来模拟传统终端的功能，终端模拟器（也叫作终端仿真器）就出现了，现在人们所说的终端一般指的就是终端模拟器。

对于命令行程序，终端模拟器会"假装"成一个传统的终端设备；而对于现代的图形接口程序，终端模拟器会"假装"成一个GUI程序。一个终端模拟器的标准工作流程如下。

（1）捕获用户的键盘输入。
（2）将输入发送给命令行程序（程序认为这是从一个真正的终端设备输入的）。
（3）拿到命令行程序的输出结果。
（4）调用图形接口，将输出结果渲染并显示至显示器。

常见的终端模拟器如Linux的Konsole、GNOME的Teminal程序（图2-4），macOS的Terminal.app、iTerm2，Windows的Win控制台、ConEmu等。

3. 终端窗口与虚拟控制台

大部分的终端模拟器是在GUI环境中运行的，还可以通过使用键盘上的Ctrl+Alt+F1～F6键来切换图形界面和一种特殊的全屏终端界面，如图2-5所示。虽然这些终端界面不在GUI中运行，但它们也是终端模拟器的一种。这些全屏的终端界面与那些运行在GUI中的终端模拟器的唯一区别是前者是由操作系统内核直接提供的。这些由内核直接提供的终端界面就叫作虚拟控制台。而运行在图形界面上的终端模拟器则被叫作终端窗口，除此之外并没有什么差别。

图 2-4

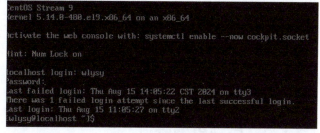

图 2-5

常说的tty就是终端的统称，tty是最早作为终端的"电传打字机"的英文缩写。

由于没有统一的标准，所以在日常引用或介绍时，命令行模式、命令行窗口、命令窗口、字符环境、终端、终端命令、字符界面、虚拟控制台、终端窗口等，都是指的同一个对象，并且因为在图形界面中使用得最多，所以本书后面的讲述都以最常见的名词表述"终端窗口"代表上述所有的内容。

2.1.2　Shell环境简介

Shell在计算机领域中称为壳（区别于内核），是系统与外部的主要接口。一般来说操作系统并不包含与用户交互的功能，用户和操作系统进行交互时需要通过Shell程序。所以Shell是指"为使用者提供操作界面"的软件。它接收用户命令，然后调用相应的应用程序。

同时Shell又是一种程序设计语言。作为命令语言，它交互式解释和执行用户输入的命令，或者自动地解释和执行预先设定好的一连串的命令；作为程序设计语言，它定义了各种变量和参数，并提供许多在高级语言中才具有的控制结构，包括循环和分支。

1. 图形界面Shell与命令行模式的Shell

图形界面Shell提供一个图形用户界面，如常见的Windows Explorer。Linux的Shell常见的有X-window Manager，以及功能更强大的GNOME、KDE等。

传统意义上的Shell指的是命令行模式的Shell。命令行模式的Shell包括Windows中的命令提示符界面、PowerShell等，UNIX和类UNIX中的sh、ksh、csh、tcsh、Bash等。

> **知识拓展**
>
> **代表性的Shell**
>
> Shell来源于UNIX，最早的交互式Shell就是B Shell（bsh），接着出现了C Shell、K Shell。现在的Shell版本基本是以上三种Shell的组合和扩展。其中最有名的就是Bash，用来替代B Shell。Bash是GNU计划的一部分，大多数Linux使用Bash，包含了很多以往Shell的优点，并且具有命令历史显示、命令自动补齐、别名扩展等功能。

2. 交互式Shell与非交互式Shell

交互式Shell就是Shell等待用户的输入，并且执行用户提交的命令。这种模式也是大多数用户非常熟悉的：登录、执行一些命令、注销。当用户注销后，Shell也就终止了。

Shell也可以运行在另外一种模式：非交互式模式。在这种模式下，Shell不与用户进行交互，而是读取存放在文件中的命令，并且执行。当读到文件的结尾时，Shell也就终止了。

2.1.3　启动终端窗口

在CentOS中，可以从"活动"中，也可以单击Win键，从"收藏夹"中启动终端窗口，如图2-6所示。稍后会弹出终端窗口，如图2-7所示。可以同时启动多个终端窗口来使用。

图 2-6　　　　　　　　　　　　　图 2-7

在终端窗口中显示的命令提示符"[wlysy@localhost ~]$"，其中代表的含义如下。

- **wlysy**：当前登录的用户名。如果是单用户，该名称就是在配置向导中设置的用户名。
- **@**：分隔符。
- **localhost**：当前设备的名称，默认为localhost。在安装操作系统时可以设置，安装操作系统后，都可以使用命令或在"设置"中手动修改。
- **~**：用户当前所处的目录名称，~代表当前用户的主目录。
- **$**：代表当前登录的用户类型。$代表普通用户，#代表root用户。

动手练　设置终端窗口快捷按钮

很多Linux发行版，如Ubuntu、Debian等默认快速启动终端窗口的是Ctrl+Alt+T组合键，但是在CentOS Stream 9中无法使用该功能。需要的用户可以通过指定组合键来启用该功能，也可以设置其他程序或功能的快捷启动组合键。

步骤01 启动设置界面，从Keyboard选项卡中单击Customize Shortcuts卡片，如图2-8所示。从列表中找到并选择"自定义快捷键"卡片，如图2-9所示。

图 2-8　　　　　　　　　　　　　图 2-9

步骤02 在弹出的界面中单击Add Shortcut按钮，如图2-10所示。

步骤03 在弹出的窗口中设置组合键的名称，以及使用组合键所要执行的命令或启动的程序，这里使用的命令就是gnome-terminal。设置快捷键的具体按键后，单击"添加"按钮，如图2-11所示。添加完毕，用户就可以使用设置的组合键来快速启动终端窗口了。

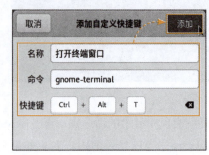

图 2-10　　　　　　　　　　　　图 2-11

2.1.4　终端窗口的常见设置和使用

终端窗口是使用命令的基础环境，使用频率非常高，下面介绍终端窗口的常见设置和使用技巧。

1. 调整终端窗口的字体大小

如果感觉界面显示的字体过小，可以通过"Ctrl+Shift+="（也就是Ctrl++）放大界面字体。通过"Ctrl+-"来缩小界面字体。但这种调整仅限于当前窗口，如果要长期生效，需要在窗口配置中进行设置。

> **知识拓展**
>
> **恢复字体默认大小**
> 通过Ctrl+0组合键可将字体恢复至默认大小。

2. 创建配置首选项

如果需要针对当前使用者个性化地调整终端窗口及显示的字体、快捷键以及配置，可以在"首选项"中进行设置。

步骤01 打开终端窗口，单击界面右上角的 ■ 按钮，在弹出的列表中选择"配置文件首选项"选项，如图2-12所示。单击 🔍 按钮，可以从显示内容中搜索文本。

步骤02 在"常规"选项卡中可以配置主题的类型、新终端打开的位置以及新选项卡的位置等，如图2-13所示。

步骤03 在"快捷键"选项卡中，可以查看并配置所有可以用到的功能的快捷组合键，也可以修改这些组合键，如图2-14所示。

步骤04 在"配置文件"的"未命名"选项卡中，可以设置终端窗口显示的文字大小、字体、颜色、滚动按钮、命令以及兼容性等个性化设置，如图2-15所示。

图 2-12

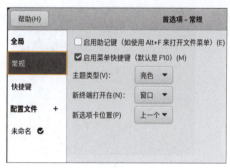
图 2-13

图 2-14

图 2-15

> **知识拓展**
>
> **边调边看**
>
> 读者可以打开终端窗口，然后再调整文本、字体、颜色等内容。这样会实时应用设置，更容易调整为用户需要的参数。

3. 文本内容的选择

在终端窗口中，通过按住鼠标左键拖曳的方式，将需要的内容选中。此时选中的内容会反色显示，如图2-16所示。

和Word类似，双击可以选择连续的词语，三击可以选择一整行。

图 2-16

4. 文本内容的复制与粘贴

在终端窗口中选择了内容后，右击，在弹出的快捷菜单中可以选择"复制"选项，将内容复制到剪贴板中，如图2-17所示。然后在需要的位置粘贴即可。

如果需要将文本或命令复制到终端窗口中，可以在复制后，在终端窗口右击，在弹出的快捷菜单中选择"粘贴"选项，如图2-18所示。

31

图 2-17　　　　　　　　　　　图 2-18

注意事项　复制与粘贴的快捷键

在CentOS Stream 9中，复制的快捷键是Ctrl+Shift+C（因为Ctrl+C是中断程序的快捷键），终端窗口的粘贴快捷键是Ctrl+Shift+V，这与Windows中不同，读者需要注意。

5. 终端窗口的清空

在使用终端窗口的过程中，难免会产生输入错误、屏幕被信息占满等情况。用户可以使用clear命令来清空终端窗口，执行后会清空所有信息，并重新生成命令提示符。用户还可以使用reset命令完全刷新终端窗口，过程较慢，效果和clear命令一样。

相对来说，组合键清空的灵活性就大很多。使用的是Ctrl+L组合键。使用后，终端窗口会将所有内容隐藏，并另起一空白页，用户可以通过鼠标滚轮查看隐藏起来的内容。

2.2　命令的基础用法

Linux的命令多种多样，很多功能可以使用不同的命令完成，所以非常灵活。学好Linux就需要从熟练掌握和使用命令开始。下面重点介绍命令的基础用法。

2.2.1　命令的语法格式

命令是人为规定的、可以与Shell和系统交互的方法，所以使用者需要按照规定来使用命令，Shell才能读懂用户的想法。使用命令一定要仔细小心，任何不符合规定的，如输入错误、格式错误等，都会导致命令无法运行。

Linux中命令的基本格式为：

命令　[选项]　[参数]

方括号"[ ]"的含义

方括号"[ ]"的含义为其中的内容非必需，是可以选择是否使用的，也叫作可选。有些命令不需要选项或者参数也可以执行时，就不必使用了。

如查看当前目录中所有文件及文件夹命令，如图2-19所示。输入完命令的全部内容后，按Enter键，就可以执行命令并查看执行结果了。

图 2-19

1. 命令

命令是必须有的，不同的命令有不同的功能。图2-19中的命令就是ls（显示文件或目录信息，可单独使用）。

> **注意事项** 命令的大小写
>
> 和Windows不同，Linux严格区分大小写，包括命令、选项、参数（文件名、目录名、路径等）等，命令基本上使用小写，需要读者注意。

2. 选项

选项为可选，根据不同的命令，选项也不同。命令相同，选项不同，也会有不同的功能和显示效果。通常选项前需要加上"-"符号。本例中为"-l"，显示详细信息。命令后可以跟随多个选项。

选项分为长选项和短选项，长选项使用"--"来引导，一般是完整的单词，通常不能组合使用，长选项后通常使用"="再加上参数。

短选项使用"-"来引导，有些短选项可以不加引导，多个短选项也可以组合使用，多个短选项前加入一个"-"符号来引导。在图2-19中，在"-l"的基础上，还可以在后面加上"-a"（显示所有文件或目录，包括隐藏的），或者组合使用，如"-la"，两者效果相同。

3. 参数

参数为可选，参数可以是某个选项的参数，跟在选项后使用，也可以是整个命令的参数。参数是命令的执行目标、执行方式等。参数的内容可以是路径、文件名、设备名等。本例中，参数就是路径"/home/wlysy/"。

另外在Linux中，命令和选项有时还可以有别名，如"ls -l"的别名为ll，关于命令别名，将在2.2.8节介绍。

2.2.2 获取命令的帮助信息

Linux中的命令多种多样，每个命令又包含很多选项和参数，对应不同的功能。要记住大量的命令难度非常大。所以Linux为使用者提供各种命令的说明，用户可以随时查询命令的使用方法、选项和参数的作用等，下面介绍如何获取命令的帮助信息。

1. 使用 man 命令查看操作手册

在UNIX和类UNIX系统中，为了帮助使用者更好地使用系统，会为读者提供操作手册和在线文档。所涉及的内容包括程序、标准、惯例以及抽象概念等，用户可以阅读学习。查看操作手册的命令是man。

【命令格式】

```
man 命令名
```

【示例1】查看man命令的帮助文档

可以使用man man来查看man命令的帮助文档，执行后的效果如图2-20所示。

执行后会启动全终端窗口的显示模式，而非正常的终端窗口。此时可以通过鼠标滚轮、空格键、上下翻页键、方向键查看帮助文档，如果要查看man本身的使用方法，可以按h键，如果要退出，按q键即可。

2. 使用info命令查看在线文档

info命令是Linux系统中用于查看在线文档的工具，与man命令类似，但提供更丰富的交互式体验。它使用info格式来组织文档，这种格式允许文档包含大量的交叉引用、索引和超链接，使得文档的结构更清晰，内容也更容易查找。

【命令格式】

```
info 命令名
```

【示例2】使用info命令查看touch命令的在线文档。

执行效果如图2-21所示。

图2-20　　　　　　　　　　　　　图2-21

知识拓展

man与info命令的区别

info命令的交互性更强，如支持菜单、索引、超链接。而man命令更简洁，主要介绍命令用法。

3. 使用help命令获得帮助

help命令可以帮助使用者查看内建命令的用途和使用方法。所谓内建命令，就是由Bash自身提供的命令，而不是文件系统中的某个可执行文件，只要在Shell中就一定可以运行这个命令。

用户可以使用"type 命令名"来判断某命令是否为内建命令，如图2-22所示。测试结果，touch不是内建命令，而cd则为内建命令。

【命令格式】

```
help [内建命令]
```

【示例3】查看cd命令的使用方法

使用help cd命令可以查看该命令的使用方法，执行效果如图2-23所示。

图 2-22

图 2-23

动手练 使用"--help"查看帮助信息

使用"--help"可以查看内建命令的信息，也可以查看外部命令的帮助文档。

知识拓展

外部命令

与内建命令相对的就是外部命令，有时也被称为文件系统命令，是存在于Bash Shell之外的程序。外部命令程序通常位于/bin、/usr/bin、/sbin或/usr/sbin中。外部命令需要使用子进程来执行。

【命令格式】

```
命令名称 --help
```

【示例4】查看mkdir命令的使用方法。

可以使用type命令确定mkdir是内部还是外部命令，然后使用长选项"--help"了解该命令的用法，执行效果如下：

```
[wlysy@localhost ~]$ type mkdir
mkdir 已被录入哈希表 (/usr/bin/mkdir)              //为外部命令
[wlysy@localhost ~]$ mkdir --help
用法：mkdir [选项]... 目录...                      //命令格式
```

```
                               若指定<目录>不存在则创建目录。
                               必选参数对长短选项同时适用。                  //这里将选项也认为是命令的参数
    -m, --mode=模式         设置权限模式（类似chmod）
    -p, --parents           需要时创建目标目录的上层目录，即使这些目录已存在
                            也不当作错误处理
    -v, --verbose           每次创建新目录都显示信息
    -Z                      设置每个创建的目录的SELinux安全上下文为默认类型
    ……
```

注意事项 本书的表述方式

在本书的执行结果中，会以"//文本内容"解释前面或本行的命令或显示结果的含义，解释不会出现在实际使用中。读者在使用时也不要加上该内容。如果命令执行后的内容显示过长，会以"……"来略过不重要的或重复的内容，但在Linux中会全部显示。

2.2.3 命令的补全功能

在Linux中有一个非常实用的功能就是命令补全。用户在输入命令时，不需要输入全部，只需要输入可以确定命令唯一性的字段时，就可以通过Tab键补全所有的命令。如输入重启命令reboot，只需输入reb，再按Tab键就可以补全整个命令。这种方法也适用于命令的参数，如文件名、路径等。可以简化输入，防止输入错误。

按Tab键补全需要通过输入的字符满足其唯一性。如果不满足，如只记得命令的开头，或者想查询以输入内容作为开头的所有命令或参数时，可以连续按两次Tab键，此时系统会将以输入内容作为开头的所有匹配内容全部显示出来，除了实现提示外，还能从中检查是否有该命令、软件或者路径。这在安装应用时非常常用，如图2-24所示。

图 2-24

知识拓展

无法补全

当出现无法补全的情况时，应检查命令或者命令的选项或参数，有可能出现输入错误、没有对应的内容、命令失效等情况。一般情况下，都可以自动补全。

2.2.4 使用root权限

Linux中权限和账户是挂钩的。Linux中有个比较特殊的root账户，是超级管理员账户，权限非常高，可以执行一些系统级别的命令，而普通用户只能执行一些普通的命令（关于账户和权限，将在后面的章节中详细介绍）。为了防止权限滥用给系统造成危害，一般会禁用root账户。但有时普通用户需要执行一些系统级别的命令，此时可以开

启并切换到root账户来执行命令，但比较麻烦，也存在一些安全隐患。所以Linux有一种临时借用超级管理员root权限的方法，就是在正常的命令前加上sudo，执行时校验当前用户的密码即可。这样不仅减少了root用户的登录和管理时间，同样也提高了安全性，不用每次切换到root用户获取权限。例如，查看/etc/shadow文件的内容，如图2-25所示。

直接查看会提示权限不够，所以在前面加上sudo，系统会进行安全提示，校验了当前用户的登录密码后，就可以使用root权限查看了。

图 2-25

> **注意事项** 防止sudo被滥用
>
> sudo命令只需要验证当前账户的密码，确定身份后即可使用，但为了防止被滥用，并非所有的用户都可以执行sudo命令，只有在wheel组中的用户可以执行这个命令。当然，用户当前登录的账户是比较特殊的账户，默认加入了wheel组。

2.2.5 历史命令

Linux会保存历史命令，用户每一次输入的命令都会被记录下来，可以使用history命令来查看所有输入过的命令，如图2-26所示。

每条命令前面都有对应的序列号，用户可以使用"! 序列号"来重新执行该命令。也可以使用方向键↑或↓来向

图 2-26

前或向后逐条显示历史命令，可以修改命令，按Enter键即可执行，非常方便。也可以使用"history -c"命令来清空当前缓存的历史命令。

使用"history -c"命令会清空当前会话的历史记录，但是打开新的终端窗口，会发现以前的历史命令都在，这是因为Bash还维护着全局的历史文件。如果某次的会话没有被清空，则会被保存到全局历史文件中（CentOS中一般为用户主目录中的隐藏文件.bash_history）。所以如果要清空全部历史文件，可以在执行了"history -c"命令后，再执行"history -w"命令，将当前的历史记录（当前已经清空）写入历史文件中。也可以删除全局历史文件。

2.2.6 连续执行命令

希望一次执行多个命令，在命令之间使用符号连接即可。这种连接符号和作用如表2-1所示。当然，排列的命令可以有多个。

37

表 2-1

格式	功能
命令1;命令2	先执行命令1，不管命令1是否出错，结束后继续执行命令2
命令1&&命令2	先执行命令1，结果正确后，再执行命令2，否则停止继续执行
命令1||命令2	先执行命令1，命令1不成功时，再执行命令2，否则停止继续执行

```
[wlysy@localhost ~]$ pwe;pwd;ls
bash: pwe: 未找到命令...              //命令错误，但其他命令继续执行
/home/wlysy
公共  模板  视频  图片  文档  下载  音乐  桌面
[wlysy@localhost ~]$ pwe&&pwd&&ls
bash: pwe: 未找到命令...              //命令1错误，其他命令停止执行
[wlysy@localhost ~]$ pwe||pwd||ls
bash: pwe: 未找到命令...              //命令1错误，执行命令2
/home/wlysy                          //命令2正确，其他命令停止执行
[wlysy@localhost ~]$ pwe&&pwd;ls
bash: pwe: 未找到命令...              //命令1错误，停止执行命令2
公共  模板  视频  图片  文档  下载  音乐  桌面
//ls前是";"，所以不管命令1和命令2最终结果如何，继续执行命令3ls
```

2.2.7 管道

管道是一个由标准输入输出连接起来的进程集合，是一个连接2个进程的连接器。管道的命令操作符号是"|"，将左侧的输出结果作为右侧的输入信息。功能上，管道类似于输入输出重定向，但管道触发的是"|"两边的2个子进程，而重定向执行的是一个进程。在使用管道时，需要注意以下几点：管道是单向的，一端只能输入，另一端只能输出，并遵循先进先出的原则；管道命令只处理前一个子进程的正确输出，如果输出的是错误的，则不进行处理；管道符号右侧的命令，必须支持接收标准输入流命令；多个管道符号可以一起使用。

【命令格式】

命令1|命令2|命令3…

【示例5】统计当前目录中一共有多少个目录或文件。

这里使用一个新的命令wc来统计文档信息，默认情况下，统计行数、字数、字节数和文件名。"-l"指统计行数。列出当前目录中的详细信息，然后交给wc命令统计就可以了，执行如下：

```
[wlysy@localhost ~]$ ll
总用量 0
drwxr-xr-x. 2 wlysy wlysy 6  8月 14 17:31 公共
drwxr-xr-x. 2 wlysy wlysy 6  8月 14 17:31 模板
drwxr-xr-x. 2 wlysy wlysy 6  8月 14 17:31 视频
```

```
drwxr-xr-x. 2 wlysy wlysy 6    8月 14 17:31 图片
drwxr-xr-x. 2 wlysy wlysy 6    8月 14 17:31 文档
drwxr-xr-x. 2 wlysy wlysy 6    8月 14 17:31 下载
drwxr-xr-x. 2 wlysy wlysy 6    8月 14 17:31 音乐
drwxr-xr-x. 2 wlysy wlysy 6    8月 14 17:31 桌面
[wlysy@localhost ~]$ ll | wc -l           //ll的输出结果作为命令wc的统计参数
9                  //统计共9行,但是"总用量 0"行并不是目录,所以实际为8个目录
```

> **知识拓展**
>
> **wc命令的用法**
>
> wc命令的格式为：wc [选项] 文件。常见的选项有，-l：统计行数；-w：统计字数；-c：统计字节数。

2.2.8 重定向

在执行命令时，Linux通常会自动打开3个文档：标准输入文档、标准输出文档以及标准错误输出文档。标准输入文档对应终端的键盘，标准输出文档和标准错误输出文档对应终端屏幕。进程从标准输入文档中获取输入数据，将正常的输出数据输出到标准输出文档，而将错误信息输出到标准错误输出文档中。但有时并不使用默认的输出或输入，就需要使用输入或输出重定向了。

1. 输入重定向

从标准输入录入数据时，输入的数据系统没有保存到本地，使用一次后，输入的内容就会消失，下次需要重新输入。而且在终端输入时，如果输入错误，修改起来也不方便，所以需要将输入从标准输入重新定义一个位置，这就是输入重定向。

Linux支持将命令的输入由键盘转到文件，也就是说输入并不来自键盘，而是一个指定文件。这样输入大量数据时就变得非常方便、安全可靠且效率较高。在使用时，"<"和"<<"表示输入与结束输入。

【示例6】比较wc命令和输入重定向的区别。

两者一个是命令，一个是从文件输入，结果相同，但原理完全不同，执行效果如下：

```
[wlysy@localhost ~]$ wc .bash_history            //统计文件文本信息
 2  4 22 .bash_history
[wlysy@localhost ~]$ wc < .bash_history          //输入的内容为文档中的内容
 2  4 22
```

【示例7】使用键盘输入内容，当遇到eof时，停止输入并显示所有输入内容。

cat命令接受一个文件作为参数，然后把这个文件的内容链接到标准输出上，同时接收多个文件作为参数时，可以将这些文件的内容连接到一起，输出到标准输出。当输入cat并按Enter键后，系统会等待从标准输入获取输入内容，再输出到标准输出上，直到

遇到设置的结束字符,这里是eof,执行效果如下:

```
[wlysy@localhost ~]$ cat <<eof
> hello
> world
> eof
hello
world
```

2. 输出重定向

输出到屏幕上的数据只能看而不能进行处理,在Linux中支持将输出重新定向到文件中,也就是写入文件而不在屏幕上显示。此时使用">"代表替换,使用">>"代表追加到文件的末尾。在Linux中,如果遇到过长的文档时,可以输出到文件中再仔细查看。

此外,输出重定向还能将一个命令的输出作为另一个命令的输入,这就和管道命令类似。例如将cat的输出结果写入某文件中,执行效果如下:

```
[wlysy@localhost ~]$ cat .bash_history > 123.txt
[wlysy@localhost ~]$ cat 123.txt
history -w
history -w
```

3. 错误重定向

错误重定向可以将某个命令执行过程中出现的错误信息存放到指定文件中,方便进行分析和修复错误。

【命令格式】

命令 2>文件

如使用">>"则会将输出追加到文档末尾。如将错误命令的执行结果写入文件中,再查看文件,执行效果如下:

```
[wlysy@localhost ~]$ pwa 2>>123.txt           //执行后无输出,输出内容追加到文档末尾
[wlysy@localhost ~]$ cat 123.txt
history -w
history -w
bash: pwa: 未找到命令...                      //该行为错误输出的内容
```

动手练 命令别名

前面讲到了"ls -l"命令可以用ll命令来代替,两者输入是一样的,这就是命令的别名。在Linux中,可以使用alias命令查看所有的命令别名,如图2-27所示。

图 2-27

用户可以根据自己的需要来创建别名，可以在使用命令时更加有效率。

【命令格式】

```
alias [别名]=[需要定义别名的命令]
```

如果命令中有空格（包括命令与选项和参数之间的空格），则需要使用双引号标出命令的所有内容。

如果要删除某个别名，可以使用unalias命令，后面跟上别名的名称即可。创建、使用及删除别名的执行效果如下：

```
[wlysy@localhost ~]$ alias bm="ls;mkdir test;ls"    //创建别名可以使用连续命令
[wlysy@localhost ~]$ bm                             //执行创建的命令
123.txt  公共  模板  视频  图片  文档  下载  音乐  桌面           //ls的结果
123.txt  公共  模板  视频  图片  文档  下载  音乐  桌面  test
                                                    //创建test后，ls的结果
[wlysy@localhost ~]$ unalias bm                     //删除别名
[wlysy@localhost ~]$ bm                             //再次执行命令
bash: bm: 未找到命令...                              //已经无法找到了
```

2.3 软件的安装与卸载

其实在操作系统安装后，首先需要做的事就是修改软件源、更新软件源、创建软件的索引记录以方便用户下载及安装软件。虽然也可以下载安装包进行安装，但是使用软件源安装更加方便。下面介绍软件源与软件源的配置，通过软件源安装软件的方法，以及在CentOS中，几种常见的软件包管理工具的使用方法。

2.3.1 认识软件源

软件源也称为软件仓库或软件包管理器，是Linux系统中一个非常重要的概念。它就像一个存放各种软件包的仓库，这些软件包经过打包、分类，并以特定的格式存储。当需要安装、更新或卸载软件时，系统会从软件源中查找相应的软件包，并进行相关操作。

1. 软件源的作用

软件源的作用主要有以下几项。

- **方便安装软件**：用户无须手动编译源码，只需通过简单的命令即可安装软件。
- **管理软件依赖**：软件源会自动处理软件之间的依赖关系，确保安装的软件能够正常运行。
- **统一更新**：可以方便地对系统中的软件进行批量更新，保证系统的安全性。
- **提供丰富的软件**：软件源中通常包含大量的软件包，满足用户各种需求。

2. 软件源的组成

一个软件源通常包含以下信息。

- **软件包列表**：包含所有可安装软件包的详细信息，如软件名称、版本、描述、依赖关系等。
- **软件包下载地址**：指明软件包的下载路径。
- **软件包校验信息**：用于验证软件包的完整性和安全性。
- **元数据**：描述软件源本身的信息，如名称、基地址等。

3. 软件源的类型

从软件源的位置来说，软件源分为官方软件源和第三方软件源。

- **官方软件源**：由操作系统发行版官方维护的软件源，包含发行版自带的软件包。
- **第三方软件源**：也就是第三方的开源镜像站，由第三方组织或个人维护的软件源，通常包含一些官方软件源中没有的软件。

由于服务器位置和访问人数的关系，直接从Linux发行版的官网进行软件的更新和下载，速度会相对较慢，所以有很多第三方开源镜像站提供各种开源系统和软件的升级和下载服务。因为是在国内部署，所以速度相较于官网会更快，可以提升用户的使用体验。第三方镜像站服务器会定期与官方软件源服务器沟通并同步所有文件到镜像站的服务器，使其和服务器中的内容一致。

所以在安装CentOS后，建议更改软件下载、升级所在的服务器地址，以便提高下载速度。更改的过程也就是常说的更改软件源。

2.3.2　更改软件源及软件

更改软件源的操作就是在本地Linux发行版中，重新指定软件源服务器的地址信息。由于Linux发行版较多，不同的发行版在软件源服务器上的目录结构、目录功能都有所不同，所以要根据所使用的发行版、软件源的组织方式、镜像站的软件源组织方式等配置新的软件源。如Ubuntu更新软件源就比较简单，可以使用图形界面来测速并自动更改。其他发行版可以使用手动方式更改软件源配置文件，一般只要更换软件源的域名即可，各软件源对应Linux发行版的目录结构是相同的，而CentOS的更改稍复杂一些。

1. 选择镜像站

镜像站的选择，根据所处的位置和服务器所在位置等进行比较后确定。可以手动进入镜像站，下载文件测试带宽和连接速度，从而进行比较。

国内比较知名的有清华大学开源镜像站、阿里云开源镜像站、中国科学技术大学开源镜像站、华为云开源镜像站等。这些学术机构和互联网企业提供的镜像站比较稳定，而且网络带宽也非常高。前面介绍了在开源镜像站下载CentOS安装镜像的方法，下面仍然以南京大学开源镜像站为例进行介绍。

2. 修改软件源

在镜像站中有软件源的更换说明。可以在镜像站进入其帮助界面，如图2-28所示。

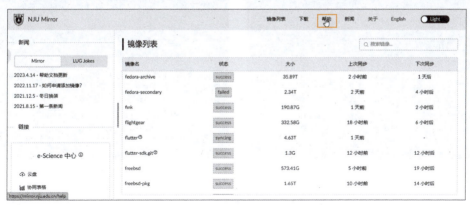

图 2-28

> **知识拓展**
>
> **镜像的状态**
>
> 在列表中，可以看到镜像的名称、当前的状态、大小、上次及下次的同步时间。当状态是success时，可以正常通过软件源下载、安装或更新软件。如果是failed状态，代表在约定时间更新失败，官方源可能存在问题，等待下一次更新。如果是syncing，代表当前镜像站正在和官方源进行同步，需要等待更新完成或者更换软件源才能正常使用。

在弹出的界面中，搜索或找到"CentOS Stream 软件仓库"，选择镜像时，设置为南京大学开源镜像站，如图2-29所示。按照说明，将下方的perl脚本内容复制下来，如图2-30所示。

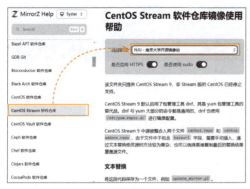

图 2-29

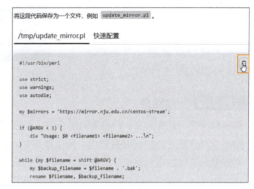

图 2-30

在CentOS Stream 9中，使用touch命令创建一个文件，命名为update_mirror.pl，如图2-31所示，使用"vim update_mirror.pl"命令进入该文件，输入i进入编辑状态，将复制的perl脚本粘贴到其中，如图2-32所示。按Esc键，输入":wq"保存并退出。关于文件的创建、vim编辑器的使用，将在后面的章节中重点介绍。

图 2-31　　　　　　　　　　　图 2-32

在网站的说明书中已经阐述了修改软件源的原理：在CentOS Stream 9中，软件源在"/etc/yum.repos.d/"目录中的"centos.repo"和"centos-addons.repo"两个文件中。CentOS Stream 9修改软件源，其实就是在官方的两个标准软件源文件的各个项目中，添加"baseurl=https://mirror.nju.edu.cn/centos-stream/$releasever-stream/BaseOS/$basearch/os"，指定软件目录在镜像站服务器中的位置。不同软件源，如清华大学、中国科学技术大学、南京大学等，因为都是按照标准存储的，所以如果要修改为其他的镜像站，只要修改URL地址（也就是网址，如https://mirror.nju.edu.cn），其他保持不变即可。但由于在配置文件中要添加baseurl的位置过多，所以提供了perl脚本，使用命令就可以完成添加，更加简便。而且脚本还贴心地先对默认文件进行了备份，出现错误还可以替换回来。

输入完毕后，使用perl命令来执行该脚本，如图2-33所示，这样就完成了软件源的修改。更换完毕后，用户可以使用cat命令，检查这两个文件是否已经完成修改，可以和网站提供的最终结果进行比较。
当然，用户可以将网站上提供的最终文件内容复制，并替换默认的软件源配置文件内容。

图 2-33

> **注意事项　注意路径**
>
> 在该命令中，软件源文件的位置是固定的，但脚本文件的位置需要根据实际情况输入。图2-33中，脚本文件创建在用户当前目录中，所以直接输入文件名称即可。如果脚本文件保存在其他位置，就需要输入文件的绝对路径。就像网站中使用的示例"sudo perl /tmp/update_mirror.pl /etc/yum.repos.d/centos*.repo"，此时脚本文件存储在"/tmp"目录中。关于路径的相关知识，将在后面的章节重点介绍。

3. 更新软件

配置好软件源后，就可以使用命令来更新元数据（包含软件源各软件摘要信息等），然后更新软件。

1）更新元数据缓存

更新元数据缓存，将镜像源服务器上的软件索引下载，包括软件的名称、版本、依赖关系等。以方便后期的软件更新，执行的命令及效果如下：

```
[wlysy@localhost ~]$ dnf clean all                          //清理之前的缓存和软件包
0 个文件已删除
[wlysy@localhost ~]$ dnf makecache                          //更新元数据缓存
CentOS Stream 9 - BaseOS                  3.9 MB/s | 8.2 MB   00:02
CentOS Stream 9 - AppStream               21 MB/s  | 20 MB    00:00
CentOS Stream 9 - Extras packages         73 kB/s  | 18 kB    00:00
元数据缓存已建立。
```

2）更新软件

接下来使用dnf update命令来更新软件包。该命令会更新软件仓库中的软件包信息，并检查已安装的软件包是否有更新版本，如果有更新则会将这些软件包升级到最新版本。当然因为涉及系统权限，所以需要在前面加上sudo，执行效果如下：

```
[wlysy@localhost ~]$ sudo dnf update
上次元数据过期检查: 0:03:56 前，执行于 2024年08月21日 星期三 17时10分45秒。
依赖关系解决。
================================================================================
 软件包                    架构        版本                仓库         大小
================================================================================
安装：
 kernel                    x86_64      5.14.0-496.el9      baseos       1.8 M
升级：
 NetworkManager            x86_64      1:1.48.8-1.el9      baseos       2.3 M
 NetworkManager-adsl       x86_64      1:1.48.8-1.el9      baseos        35 k
 NetworkManager-bluetooth  x86_64      1:1.48.8-1.el9      baseos        61 k
......
```

也可以在命令后加上参数"-y"，这样命令在执行时无须确认即可升级。

dnf update与dnf upgrade

从dnf 4.0开始，两者的命令效果是一样的，都是用来更新系统中的软件包。

2.3.3　使用RPM管理软件包

RPM（Red Hat Package Manager）是Red Hat公司提出的软件包管理标准，是一种用于Linux系统的软件包管理器。它以.rpm为文件后缀来打包软件，这些软件包包含安装、卸载、查询软件所需的全部信息。RPM不仅是一个文件格式，更是一个强大的工具，可以用来构建、安装、查询、验证、更新和卸载软件包。RPM软件包管理工具的核心命令为rpm。严格来说，RPM本身不支持软件源，主要用来管理本地计算机上的软件包。

RPM本身不能自动解决软件包之间的依赖关系，需要手动处理。RPM不能直接从远程软件源下载软件包，所以RPM逐渐被其他软件包管理工具所代替。

1. 软件包简介

软件包指的是具有特定功能的、用来完成特定任务的一个或一组程序。在Linux操作系统中的软件包主要分为两种，一种是源码包，没有经过编译，只有编译后才能运行。源码包的缺点是安装步骤较多，容易出现错误，编译时间长，安装时间也较长。第二种是二进制包，是已经编译好、能直接使用的软件包。这也是现在最常使用的软件包。因为经过了编译，看不到源码，无法按照自己的需要对软件进行修改，所以灵活性不足。

2. 软件包管理工具

软件包管理是Linux系统管理的重要组成部分。软件包管理工具就是管理软件包的程序，可以安装、升级、卸载、查询软件。不同的Linux发行版，软件包的管理工具也不同。常见的Debian家族的软件包管理工具是DPKG（Debian Packager）和APT。而Red Hat系列产品使用的是RPM，以及基于RPM的高级包管理器YUM，还有YUM的加强版DNF。

3. rpm 命令常见的参数和功能

rpm命令的使用方法比较简单，常见的命令格式和参数如下。

【命令格式】

```
rpm [选项] [软件包名]
```

【常用选项】

- -i：安装。
- -e：卸载。
- -q：查询。
- -l：列出文件。
- -v：显示详细安装过程。
- -V：验证。
- -U：升级软件包。
- -h：显示安装进度。
- -p：查询未安装的软件包。
- -f：查询包含指定文件的软件包。
- -a：查询所有已安装的软件包。

4. rpm 命令的使用

下面介绍rpm命令的基本使用方法。

（1）安装软件。rpm的安装命令非常简单，格式为"rpm -ivh RPM安装包名称"，执行后会显示安装详细过程及安装进度。

（2）卸载软件。命令格式为"rpm -e 软件包名称"，执行后即可卸载。

（3）查询软件包信息。命令格式为"rpm -qi 软件包名称"，执行后可以显示软件包的所有相关信息，如图2-34所示。

（4）查询软件包安装了哪些文件。查询软件包安装的文件信息的命令格式为“rpm -ql 软件包名称”，执行后如图2-35所示。

```
[wlysy@localhost ~]$ rpm -qi yum
Name        : yum
Version     : 4.14.0
Release     : 15.el9
Architecture: noarch
Install Date: 2024年07月16日 星期二 14时32分57秒
Group       : Unspecified
Size        : 79039
License     : GPLv2+
Signature   : RSA/SHA256, 2024年06月18日 星期二 17时18分49秒, Key ID 05b555b3848
3c65d
Source RPM  : dnf-4.14.0-15.el9.src.rpm
Build Date  : 2024年06月12日 星期三 18时45分41秒
Build Host  : ppc64le-07.stream.rdu2.redhat.com
Packager    : builder@centos.org
Vendor      : CentOS
URL         : https://github.com/rpm-software-management/dnf
Summary     : Package manager
Description :
Utility that allows users to manage packages on their systems.
It supports RPMs, modules and comps groups & environments.
```

图 2-34

```
[wlysy@localhost ~]$ rpm -ql yum
/etc/dnf/protected.d/yum.conf
/etc/yum.conf
/etc/yum/pluginconf.d
/etc/yum/protected.d
/etc/yum/vars
/usr/bin/yum
/usr/share/man/man1/yum-aliases.1.gz
/usr/share/man/man5/yum.conf.5.gz
/usr/share/man/man8/yum-shell.8.gz
/usr/share/man/man8/yum.8.gz
```

图 2-35

（5）查询软件包依赖关系。命令格式为“rpm -qpR RPM安装包名称”。

2.3.4 使用YUM工具管理软件包

使用RPM可以查看软件的依赖关系，但无法自动解决，需要用户手动处理，而且无法使用软件源或网络管理软件，此时YUM就应运而生了。

1. 认识 YUM

YUM（Yellow dog Updater Modified）是一个基于RPM的软件包管理器，主要用于在Fedora、Red Hat、CentOS等Linux发行版上进行软件包的安装、更新、删除等操作。相比传统的RPM命令，YUM提供更加方便、智能的包管理方式，能够自动处理软件包之间的依赖关系，大幅简化用户的操作。YUM的主要功能如下。

- **安装软件包：**可以根据软件包名或组名安装软件包，YUM会自动解决依赖关系。
- **升级软件包：**可以升级系统中的所有软件包或指定软件包。
- **卸载软件包：**可以卸载已经安装的软件包，并自动删除无用的依赖。
- **查询软件包：**可以查询软件包的信息，包括名称、版本、描述、依赖关系等。
- **管理软件源：**可以添加、删除、修改软件源，从而获取更多的软件包。

2. yum 命令格式及常见的选项与参数

yum的优点是自动化、方便、智能，而且扩展性强，大幅简化了Linux系统的软件管理。通过掌握yum的基本命令和使用方法，可以轻松地安装、升级和管理系统中的软件包。

【命令格式】

```
yum [选项] [子命令] [软件包名]
```

【常用选项】

-h、--help：显示帮助信息。

-y：在交互式提示时自动回答yes，无须手动确认。

-q：静默模式，不显示详细输出。

-c、--config：指定配置文件路径。

-v：显示详细输出。

【子命令】

install：安装指定软件。

update：更新软件。

provides：查询命令工具和软件包名字。

repolist：查询系统上的yum源。

makecache：生成yum缓存。

remove：删除软件包。

list：查询软件包信息。

search：搜索指定软件包。

clean all：清除yum过期的缓存。

check-update：列出所有可升级的软件。

3. yum 命令的使用

yum命令的使用要比rpm命令简单得多，前面介绍的升级软件源的命令dnf其实用yum也可以执行，效果一致，下面介绍yum的其他用法。

（1）查找软件。用户可以使用"yum list"命令查看所有已安装和可安装的软件包信息，执行效果如图2-36所示。也可以使用"yum list 软件包名"命令查看某个软件是安装了还是未安装（已安装的软件包，最后一列所属仓库前有@符号），如图2-37所示。

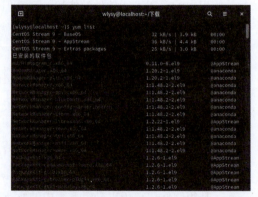

图 2-36

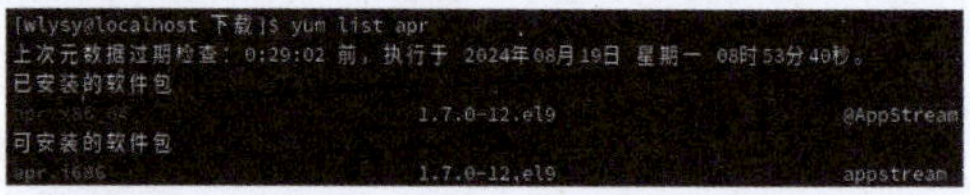

图 2-37

（2）查询软件信息。如果要搜索指定的已安装或未安装的软件包，查看其名称和简介，可以使用"yum search 软件包名（或关键字）"命令，如图2-38所示。如果要查看某个已安装或未安装的软件包的具体详细信息，可以使用"yum info 软件包名"命令，如图2-39所示。

（3）安装软件。配置好软件源后，可以使用yum命令直接从软件源下载并安装软件，如使用"sudo yum install 软件包名 -y"命令安装软件，安装libreoffice软件包的命令如图2-40所示，yum会根据依赖关系，自动安装其他软件。完成后，可以在所有程序中找到或搜索到该办公软件，如图2-41所示，也可以使用命令查看该软件包的信息。

图 2-38   图 2-39

图 2-40   图 2-41

动手练 卸载软件

使用yum命令可以卸载软件，如使用"sudo yum remove 软件包名"命令卸载刚才安装的libreoffice，并清除未被使用的依赖软件包，如图2-42、图2-43所示。也可以在命令中加入"-y"，在卸载时会自动确认。

图 2-42   图 2-43

可以使用"sudo yum update"命令检查并升级所有软件，也可以使用"sudo yum

update 软件包名"命令检查和升级某个具体的软件包。

2.3.5 使用DNF工具管理软件包

DNF是YUM的升级版，功能更加强大。前面介绍的YUM的相关功能，DNF都可以实现，只要将命令中的yum改为dnf即可执行。前面介绍了DNF更新软件源的相关命令和操作。下面着重介绍dnf的使用方法。

1. 认识DNF

DNF（Dandified YUM）是Fedora、CentOS Stream等Red Hat系列Linux发行版中新一代的软件包管理器，它是YUM的增强版。DNF在YUM的基础上进行了优化，提供更快的安装速度、更低的内存占用，以及更强大的功能。DNF的主要功能如下。

- **安装软件包**：使用DNF可以快速、准确地安装系统所需的软件包。
- **更新软件包**：DNF可以自动检测并更新系统中已安装的软件包到最新版本。
- **卸载软件包**：DNF可以卸载不再需要的软件包。
- **查询软件包**：DNF可以搜索、查看软件包的详细信息。
- **管理软件源**：DNF可以添加、删除和管理软件源。

> **知识拓展**
>
> **DNF与YUM的主要区别**
>
> DNF在性能方面有显著提升，安装速度更快，内存占用更低。DNF在功能上更加强大，支持更多的操作和配置选项。DNF提供更友好的用户界面和更详细的错误信息。

DNF软件源中，默认有3个仓库（可以理解为软件分类），分别是AppStream、BaseOS和Extras。将软件分类，可以方便管理、提高安全性并优化系统性能。

（1）AppStream。包含桌面环境、图形用户界面、多媒体工具等对用户友好的应用程序。这些软件通常是为最终用户提供的，旨在提升用户体验。包含GUI应用程序：如火狐浏览器、LibreOffice办公套件、GIMP图像编辑器等。更新频率较高：为了提供最新的功能和修复Bug，AppStream中的软件包通常更新频率较高。可选安装：并非所有AppStream中的软件包都是默认安装的，用户可以根据需要选择性安装。AppStream中包含常见的GNOME桌面环境、KDE桌面环境、Firefox浏览器、LibreOffice办公套件等。

（2）BaseOS。包含操作系统核心组件，例如内核、基础库、系统工具等。这些软件包是系统正常运行所必需的。包含系统核心组件：如内核、Bash Shell、核心库（如glibc、libstdc++）等。更新频率较低：BaseOS中的软件包更新频率较低，主要用于修复严重的安全漏洞或稳定性问题。默认安装：BaseOS中的软件包通常是默认安装的，是系统运行的基础。

（3）Extras。包含一些额外的软件包，这些软件包可能不是系统必需的，但可以提供额外的功能。包含额外功能：如开发工具、服务器软件、数据库等。更新频率不固定：Extras中的软件包更新频率不固定，取决于软件本身的开发周期。可选安装：Extras中的软件包通常是可选安装的，用户可以根据需要选择安装。Extras中包含如常见的开发工具（如GCC、CMake）、服务器软件（如Apache、Nginx）、数据库（如MySQL、PostgreSQL）。

2. dnf 命令的使用

dnf命令的格式和常见选项及参数的用法基本相同，具体如下。

dnf help：查看所有dnf命令及用法。
sudo dnf update：升级所有软件。
sudo dnf install 软件包名：安装软件。
sudo dnf remove 软件包名：删除软件。
dnf search 软件包名：搜索软件。
dnf list：列出所有软件包。
dnf info 软件包名：查询软件包详细信息。
dnf makecache：更新本地缓存。

dnf clean all：清理缓存和软件包。
dnf check-update：列出可升级的软件。
dnf distro-sync：升级所有软件包到最新稳定版本。
dnf downgrade 软件包名：回滚软件版本。
dnf reinstall 软件包名：重新安装某软件包。
dnf autoremove：清理缓存的无用软件包。

> **知识拓展**
>
> **更新缓存命令**
>
> 一般不需要手动更新缓存，在更新或者安装软件时，系统会自动更新缓存来进行软件版本、依赖关系等检查。dnf clean all也不常用，一般在更新出现问题或者换软件源时，可以执行并清理缓存。

下面将对dnf的其他命令及作用进行介绍。

1）单独列出已安装和未安装的软件包

可以使用"dnf list installed"命令列出系统中已安装的所有软件包，如图2-44所示。使用"dnf list available"命令列出未安装的、所有可用的软件包，如图2-45所示。

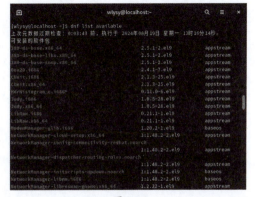

图 2-44　　　　　　　　　　　图 2-45

2）查询dnf命令的使用历史

通过"dnf history"命令可以查看使用dnf安装及卸载软件的历史，如图2-46所示。

使用"dnf repolist"命令可以查看当前软件源及软件仓库的名称和可用信息，如图2-47所示。如果要查看其他所有的软件仓库信息，可以使用"dnf repolist all"命令。

图 2-46　　　　　　　　　　　　　　图 2-47

3）软件包组相关命令

在DNF中，软件包组（Package Group）是一组相关的软件包的集合。这些软件包通常具有共同的功能或属于同一个应用领域。通过安装或删除软件包组，可以方便地管理一组相关的软件，而不需要逐个安装或删除单个软件包。这样可以简化安装、统一管理，并且可以提高效率。

可以使用"dnf grouplist"命令列出所有软件包组，如图2-48所示。可以看到可用环境组就是在安装CentOS Stream 9时，选择安装软件界面所选择的。当时选择的是"Server with GUI"，在"已安装的环境组"中。如果要安装其他的软件包组，可以先使用"dnf groupinfo '组名'"命令查看其中所包含的软件包，如图2-49所示。

图 2-48　　　　　　　　　　　　　　图 2-49

安装软件包组可以使用"sudo dnf groupinstall '组名'"命令，如图2-50所示。如果要卸载某个软件包组，可以使用"sudo dnf groupremove '组名'"命令，如图2-51所示。

图 2-50　　　　　　　　　　　　　　图 2-51

知识拓展

升级软件包组

升级软件包组中的软件包的命令为"sudo dnf groupupdate '组名'"。

动手练 使用dnf命令安装QQ的RPM包

除了安装软件源中的软件包以外，还可以从某些软件的官网中下载RPM安装包进行安装，如图2-52所示。

图 2-52

下载后，默认存放在"下载"目录中，可以进入该目录中安装QQ的RPM包。如果使用之前介绍的rpm命令，会发现出现依赖关系（libXScrnSaver），需要用户手动解决，非常麻烦。而配置了软件源后，就可以使用dnf命令来直接安装，非常方便。使用的命令是"sudo dnf install RPM包"，如图2-53所示。

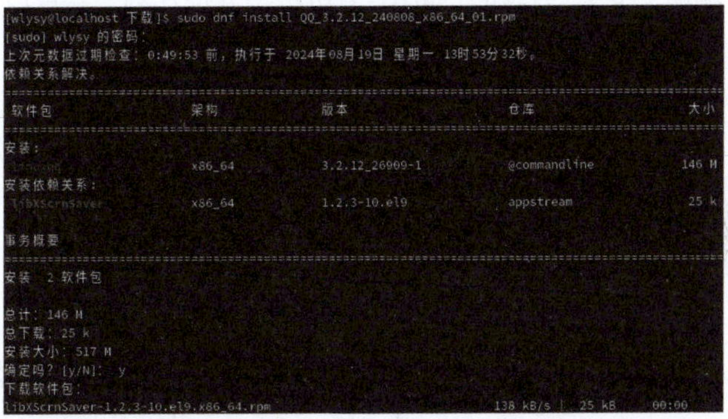

图 2-53

安装完毕后就可以手动启动和使用了，如图2-54所示。

图 2-54

知识延伸：使用软件商店安装及管理软件

在CentOS Stream 9中内置了一个图形化的软件商店，方便用户安装及管理软件。用户可以在收藏夹栏中找到并单击"软件"图标，如图2-55所示。在弹出的商店中可以看到各种软件，右上角有标志的代表已经安装了该软件包，如图2-56所示。用户可以从列表中查找，或者从右上角的中搜索需要的软件。

图 2-55

图 2-56

如VIM的图形界面程序，进入后可以查看软件说明和界面展示，如果要安装该软件，可以单击右侧的"安装"按钮，如图2-57所示。等待片刻，就可以完成安装，可以从"所有程序"中找到该程序，单击后即可打开，如图2-58所示。

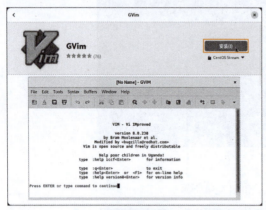

图 2-57

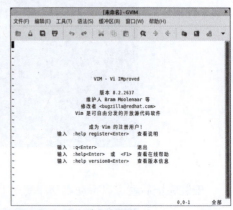

图 2-58

所有安装的程序都可以在"商店"的"已安装"选项卡中查看。可以使用dnf命令卸载程序，也可以在"已安装"选项卡中找到该程序，单击"卸载"按钮，如图2-59所示，在弹出的确认对话框中单击"卸载"按钮，如图2-60所示，执行卸载操作。

在"更新"选项卡中可以检查软件的新版本，如图2-61所示。如需更新，可以在这里执行更新操作。

在右上角的"主菜单"中选择"软件仓库"选项，如图2-62所示。

图 2-59

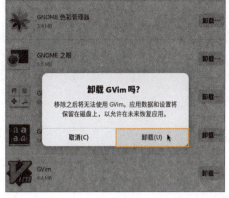
图 2-60

图 2-61

图 2-62

从中可以查看软件源的地址、开启或关闭软件源仓库，如图2-63所示。在图2-62的"首选项"中还可以设置自动更新的开关，如图2-64所示。

图 2-63

图 2-64

第3章
文件与文件系统

文件系统是计算机中数据的存储、组织和管理形式，也是Linux操作系统管理和维护的重要组成部分。在Linux中，所有的文档、设备、硬件等都被当成文件进行组织和管理。所以文件系统对于Linux非常重要。本章将向读者介绍Linux中对文件以及目录的管理方法。

重点难点

- 认识文件系统
- 认识目录
- 文件的编辑
- 文件的压缩与归档

3.1 认识文件系统

Linux文件系统是Linux操作系统中用于组织和管理文件的一种方式。它为用户提供了一种直观的方式来存储、访问和管理数据。Linux和Windows的文件系统有很多不同之处。

3.1.1 文件系统简介

文件系统是操作系统用于管理存储设备上数据的组织结构。它提供一种将数据存储在磁盘或其他存储介质上的方式，并允许用户创建、删除、修改和访问这些数据。简单来说，文件系统就像图书馆的分类系统，它将文件有条理地组织起来，方便用户查找和使用。文件系统由三部分组成：文件系统的接口、对对象进行操作和管理的软件集合、对象及属性。从系统角度来看，文件系统是对文件存储设备的空间进行组织和分配，负责文件存储并对保存的文件提供保护和检索功能的系统。

3.1.2 文件系统的类型

在日常使用计算机操作硬盘时，会看到分区的文件系统格式为NTFS，这是Windows操作系统中的文件系统类型，而Linux操作系统支持的文件系统类型更多。下面对各系统中常见的文件系统类型及特点进行介绍。

1. Windows 操作系统中常见的文件系统类型

目前在Windows操作系统中常见的文件系统包括FAT32、exFAT以及NTFS。

（1）FAT32。FAT（File Allocation Table）是文件分配表的缩写，FAT32指的是文件分配表采用32位二进制数记录管理的磁盘文件的管理方式，因为FAT类文件系统的核心是文件分配表。FAT32是从FAT和FAT16发展而来的，优点是稳定性和兼容性好，能充分兼容Windows 11及以前的版本，且维护方便。缺点是安全性差，且最大只能支持32GB分区，单个文件最大只能支持4GB。由于FAT32结构简单、成本低，所以在U盘中仍被使用。另外，在常见的UEFI引导的系统中也会在启动引导分区使用FAT文件系统。

（2）exFAT。exFAT是一种基于FAT格式的扩展类型，它最主要的改进是能保存4GB以上的文件。和NTFS格式相比，它最大的优势是完全开源，所以可以获得Android、macOS等操作系统的支持，多种系统都可以直接使用，非常适合作为移动存储的文件系统。

但exFAT对于底层操作系统，尤其是操作系统引导方面，不如传统的FAT32文件系统（无法作为引导使用）。一般主要作为存储的文件系统使用。

（3）NTFS。新技术文件系统（New Technology File System，NTFS）是Windows NT内核系列操作系统支持的、一个特别为网络和磁盘配额、文件加密等管理安全特性设计的磁盘格式，提供长文件名、数据保护和恢复，能通过目录和文件许可实现安全性，并支持跨越分区。NTFS可以支持的MBR分区（如果采用动态磁盘则称为卷）最大可以达到2TB，GPT分区则无限制。NTFS的主要特点是安全性好、容错性高、兼容性强、可靠性高、容量大，支持长文件名等。

2. Linux操作系统中常见的文件系统类型

Linux操作系统可以支持Windows中的FAT32、NTFS、exFAT文件系统，以及xfs、btrfs、swap、nfs、ufs、hpfs、affs、Ext3、Ext4等多种系统。Linux最早的文件系统是Minix，而CentOS Stream 9使用的是XFS文件系统。在此将对几种比较常见的Linux发行版使用的文件系统进行介绍。

（1）Ext3。Ext3（Third Extended file System，第三代扩展文件系统）是一个日志文件系统，常用于Linux操作系统，是很多Linux发行版的默认文件系统。日志文件会将整个磁盘的写入动作完整地记录在某个区域上，在计算机发生故障，如非正常关机后，可以通过回溯追踪还原到可用状态。Ext3支持最大16TB文件系统和单独最大2TB文件。Ext3文件系统的特点：高可用性、有数据完整性保护、读写性能更好、数据转换方便、有多种日志模式等。

（2）Ext4。Linux kernel自2.6.28开始正式支持Ext4文件系统。Ext4是Ext3的改进版，修改了Ext3中部分重要的数据结构，可以提供更佳的性能和可靠性，还有更丰富的功能。

执行若干条命令，就能将Ext3文件系统转换为Ext4文件系统，而无须重新格式化磁盘或重新安装系统。原有Ext3的数据结构照样保留，Ext4作用于新数据。整个文件系统也因此获得了Ext4所支持的更大容量。Ext4分别支持1EB的文件系统，以及16TB的单个文件，无限数量的子目录。Ext4引入了现代文件系统中流行的extents概念，效率非常高。Ext4的多块分配器支持一次调用分配多个数据块。Ext4的日志校验功能可以方便地判断日志数据是否损坏，而且它将Ext3的两阶段日志机制合并成一个阶段，在增加安全性的同时提高了性能。Ext4支持在线碎片整理，并提供工具进行个别文件或整个文件系统的碎片整理。

（3）XFS。XFS（eXtended File System）是一种高性能的日志文件系统，被广泛应用于Linux系统中，包括CentOS Stream 9。它以出色的性能、可靠性和可扩展性而闻名。

① XFS文件系统的重要特点如下。

- **高性能**：XFS在处理大文件、大量文件和高I/O负载时表现出色，特别适用于服务器环境。
- **高可靠性**：XFS采用日志机制，可以保证数据的一致性，即使系统崩溃也能快速恢复。
- **可扩展性**：XFS支持大容量存储，可以创建TB甚至PB级别的文件系统。
- **稳定性**：XFS在长期运行的系统中表现稳定，很少出现问题。
- **丰富的特性**：支持硬链接、符号链接、访问控制列表（ACL）、配额、实时更新等功能。
- **并行性**：XFS内部被分为多个"分配组"，每个分配组各自管理自己的inode（Index Node，索引节点）和剩余空间，这使得XFS具有良好的并行性，多个进程可以同时对文件系统进行I/O操作。

② XFS文件系统的主要优势如下。
- **适用于大规模存储**：XFS在处理大规模存储方面表现出色，可以有效地管理TB甚至PB级别的文件系统。
- **适合高I/O负载**：XFS在高I/O负载下表现稳定，能够满足数据库、Web服务器等对I/O性能要求高的应用场景。
- **保证数据完整性**：XFS的日志机制可以有效地保证数据的一致性，防止数据丢失。
- **易于管理**：XFS提供丰富的工具和命令，方便用户进行管理和维护。

> **知识拓展**
>
> **XFS文件系统的应用**
>
> XFS文件系统主要应用于以下场景。服务器环境：XFS非常适合作为服务器的文件系统，可以满足数据库、Web服务器、文件服务器等对性能和可靠性要求高的应用场景。大数据存储：XFS可以有效地管理大规模的数据存储，适用于Hadoop、Spark等大数据平台。高性能计算：XFS的高性能特性使其适用于高性能计算环境。

在图形界面中，可以搜索并打开"磁盘"窗口来查看及管理磁盘分区，如图3-1所示。

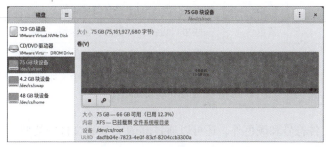

图 3-1

3.1.3　Linux文件系统特点

相对于Windows操作系统，Linux操作系统中的文件系统更加独特，特点如下。
- **一切皆文件**：在Linux中，硬件设备、进程、网络连接等都被视作文件，这使得Linux系统非常灵活和强大。
- **树状结构**：Linux文件系统采用树状结构，根目录（/）是所有文件的起点，其他文件和目录都挂载在根目录下。
- **权限系统**：Linux文件系统具有精细的权限控制机制，可以对每个文件或目录设置不同的访问权限，保证系统安全。

- **设备文件**：Linux使用设备文件来表示硬件设备，通过对设备文件的读写来操作硬件。
- **特殊文件**：Linux还有一些特殊的文件，如管道文件、符号链接等，用于实现特定的功能。

3.1.4 Linux文件类型

在CentOS Stream 9中，不同的类型符号代表不同的文件及其类型，用户可以使用"ls -l"命令查看，如图3-2所示。

具体的文件类型如表3-1所示。

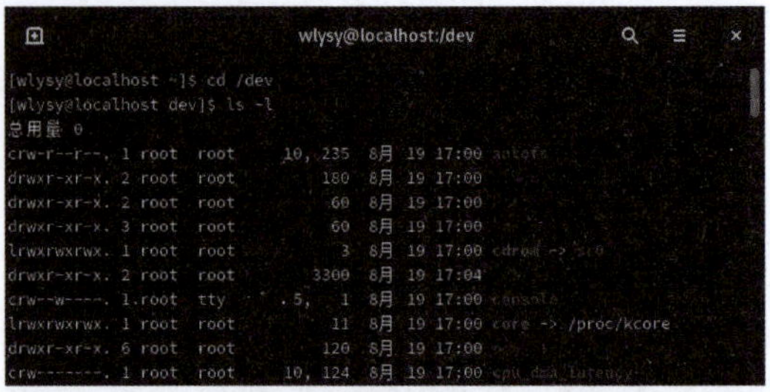

图 3-2

表 3-1

文件类型	文件符号	颜色标识	说明
普通文件	-	白色	按照文件内容，可以分为纯文本文档、二进制文件、数据格式文件
目录	d	蓝色	相当于文件夹
连接文件	l	浅蓝	相当于快捷方式
块设备	b	黄色	硬盘、U盘、SD卡等存储设备等
字符设备	c	黄色	一些串口设备，如键盘、鼠标等
套接字	s	粉色	数据接口文件，常用于网络上的数据链接
管道	p	青黄色	解决多个程序同时访问同一个文件造成错误的情况，是一种先进先出的队列文件

除了通过文件符号和颜色外，还可以通过file命令查看文件的类型。

【命令格式】

```
file 文件名
```

【示例1】使用file命令查看文件的类型。

```
[wlysy@localhost dev]$ file autofs
autofs: character special (10/235)                      //字符设备
[wlysy@localhost dev]$ file block
block: directory                                        //目录
[wlysy@localhost dev]$ file cdrom
cdrom: symbolic link to sr0                             //符号连接文件
[wlysy@localhost dev]$ file /run/systemd/journal/dev-log
/run/systemd/journal/dev-log: socket                    //套接字
```

3.2 Linux目录

在Linux中,没有盘符(类似于Windows中的C盘、D盘等)的概念,但也会进行分区,然后被挂载到不同的目录使用。目录是Linux用来组织和管理系统中的文件的逻辑单元,也属于文件的一种类型。在目录中可以存放文件和其他目录。Linux对于目录的管理有严格的标准,默认目录都有其特殊用途,类似于Windows的一些默认文件夹(如用户主目录、系统分区的程序目录等)。

3.2.1 Linux的目录结构与功能

Linux的目录结构遵循FHS(Filesystem Hierarchy Standard,文件系统层次化标准),所以主流的Linux发行版的目录结构基本类似。在Linux中,目录就像一棵倒置的大树,一切树干树枝的起点叫作根目录,用"/"表示,其他的目录像基于树干的枝条或树叶,如图3-3所示。用户可以浏览整个系统,并通过目录树进入任何一个有访问权限的目录,并访问该目录下的文件。

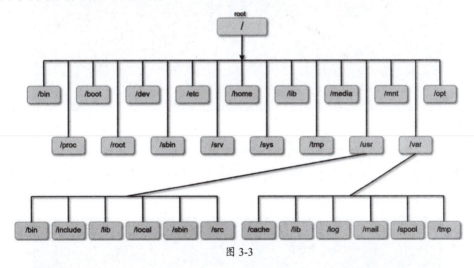

图 3-3

> **知识拓展**
>
> **FHS的由来**
>
> 在早期的UNIX系统中,各个厂家各自定义了自己的UNIX系统文件目录,比较混乱。Linux面世后,对文件目录进行了标准化,于1994年对根文件目录做了统一的规范,推出了FHS标准,规定了Linux根目录各文件夹的名称及作用,解决了命名混乱的问题。
>
> FHS定义了系统中每个区域的用途、所需要的最小构成的文件和目录,同时还给出了例外处理与矛盾处理。FHS定义了两层规范,第一层是,"/"下面的各个目录应该放什么文件数据;第二层则是针对/usr及/var目录的子目录的定义。

Linux操作系统中常见的目录及作用如下。

（1）"/"。根目录是所有目录的起点，默认情况下安装CentOS Stream 9，会自动将根目录挂载到硬盘分区中（一般为容量最大的分区）。根目录是系统最重要的一个目录，类似于Windows中的C盘。一般来说，根目录下只存放目录而不会放置文件，一般/etc、/bin、/dev、/lib、/sbin应该和根目录放置在同一个分区中，如图3-4所示。

图3-4

（2）/bin。存放系统启动时需要的普通程序、系统程序以及一些经常被其他程序调用的程序，是Linux外部命令存放的目录，如图3-5所示。与此对应的还有/usr/bin目录，用来存放用户的标准命令。

图3-5

（3）/boot。该目录存放系统启动时需要使用的引导文件、包含Linux内核文件、开机菜单、开机所需的配置文件、激活相关的文件等，如图3-6所示，其中initrd.img为系统激活时最先加载的文件；vmlinuz为内核的镜像文件；System.map包括内核的功能及位置。

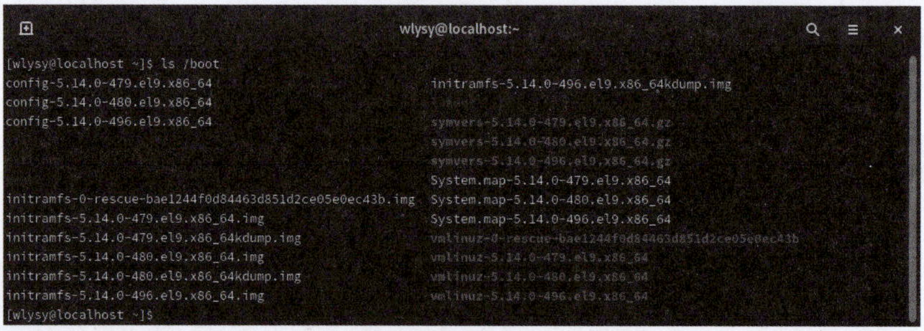

图3-6

（4）/dev。用于存放所有非可移动的硬件设备和终端设备，该目录体现了Linux系统中一切皆文件的思想。包括硬盘分区、键盘、鼠标、USB、光驱设备等，如图3-7所示。

除了正常的设备外，在该目录中还有一些虚拟设备，不对应任何实体设备，如/dev/null，写入该设备的请求会执行，但并没有任何结果。

图 3-7

（5）/etc。用于存放系统管理所需要的各种配置文件，相当于Windows的注册表。常见的用户账户信息、密码信息、软件源信息等都存放在这里，如图3-8所示。

图 3-8

> **知识拓展**
>
> **通配符**
>
> 在Linux的命令中可以使用通配符，"?"代表一个字符，"*"代表多个字符。

（6）/home。除了root之外的其他账户的主目录都在/home中，用户文件都存放在与账号同名的目录中。目录中包含此用户的文件、个人设置等内容，如图3-9所示。

图 3-9

（7）/lib。该目录中存放许多系统需要的重要共享函数库，几乎所有的应用程序都会用到这个目录下的共享库。类似的还有/usr/lib，存放了应用程序和程序包的链接库。

（8）/media。主要用于挂载U盘、光驱等系统自动识别的媒体设备。

（9）/mnt。是系统默认的挂载点，一般情况下是空的，可以临时将其他文件系统挂载到这个目录下，需要在该目录下建立任意目录作为挂载点。

（10）/proc。该目录是一个虚拟文件系统，不占用硬盘空间，该目录下的文件均存放在内存中。该目录会记录系统正在运行的进程、硬盘状态、内存使用信息等，是系统自动产生的。

（11）/root。是超级管理员root的主目录，无root权限无法访问其中的内容。

（12）/tmp。该目录存放系统启动时产生的临时文件和某些程序执行过程中产生的临时文件。这些文件在重启设备后不予保留。

（13）/usr。该目录用于存储只读用户数据，包含绝大多数的用户工具和应用程序。

（14）/var。该目录存放被系统修改过的数据，是在正常运行的系统中，内容不断变化的一些文件，如日志文件、脱机文件等。

其他目录的作用

/opt：第三方应用程序的放置目录；/sbin：必要的系统二进制文件；/srv：站点的具体数据，由系统提供；/run：自最后一次系统启动后，运行中的系统信息。

3.2.2 认识路径

所谓路径，就是从树状目录的某个目录层次到某个文件或目录所经过的所有目录。通过路径可以唯一地确认或指定某文件或目录。文件或目录的路径一般会作为命令的参数，将命令的功能正确地作用在目标上。路径主要由目录名构成，中间用"/"分隔。

（1）绝对路径。绝对路径是从"/"目录开始，到用户的目标目录或文件所经过的所有目录，如"/home/wlysy/下载"就可以确定"下载"的位置。

（2）相对路径。相对路径指的是从用户当前所处的目录开始，到目标目录或文件所经过的所有目录。相对路径在使用时，经常配合目录符号一起使用。常见的目录符号如表3-2所示。

表 3-2

目录符号	含义	目录符号	含义
.	当前目录	~	当前账户主目录
..	上级目录	~账户名	该账户主目录
-	上一个目录		

绝对路径和相对路径作为参数时使用也叫作绝对路径和相对路径的引用，使用引用可以简化命令，提高效率。

【示例2】绝对引用和相对引用的用法。

```
[wlysy@localhost ~]$ touch 123.txt                    //创建文件
[wlysy@localhost ~]$ ls
123.txt  公共  模板  视频  图片  文档  下载  音乐  桌面      //创建成功
[wlysy@localhost ~]$ pwd                              //查看当前路径
/home/wlysy
[wlysy@localhost ~]$ cp /home/wlysy/123.txt /home/wlysy/456.txt
                                            //复制文件，为绝对引用，从"/"开始
[wlysy@localhost ~]$ ls
```

```
123.txt    456.txt    公共    模板    视频    图片    文档    下载    音乐    桌面
[wlysy@localhost ~]$ cp ./123.txt ./789.txt          //复制文件，为相对引用，
[wlysy@localhost ~]$ ls
123.txt    456.txt    789.txt    公共    模板    视频    图片    文档    下载    音乐    桌面
[wlysy@localhost ~]$ cp 123.txt 000.txt              //复制文件，也属于相对引用
[wlysy@localhost ~]$ ls
000.txt    456.txt    公共    视频    文档    音乐
123.txt    789.txt    模板    图片    下载    桌面
```

> **知识拓展**
>
> **pwd命令**
> pwd命令可以查看当前所在位置的绝对路径，直接使用即可显示。

3.2.3 查看与切换目录

查看目录可以使用ls命令，该命令还可以查看目录中的文件、隐藏的文件或目录，使用方法如下。

【命令格式】

```
ls [选项] [参数]
```

【常用选项】

-a：显示目录下的所有文件，包括隐藏文件和"."".."两个特殊目录。

-h：以方便阅读的格式显示文件大小，单位为KB、MB、GB等，默认单位为B。

-i：显示文件及目录的节点信息（索引编号）。

-l：显示文件及目录的详细信息。

-R：以递归的形式显示子目录。

-S：按照从大到小的顺序排列文件和目录。

-t：按照修改时间排列文件和目录，最新的在最前面。

【参数】

参数可以是当前目录，也可以是指定目录。

【示例3】 显示当前目录中的所有文件。

在Linux中，默认情况下只显示正常的文件及文件夹，如果要显示隐藏文件及文件夹，可以使用选项"-a"，执行效果如下：

```
[wlysy@localhost ~]$ ls                              //正常显示文件及文件夹
公共    模板    视频    图片    文档    下载    音乐    桌面
[wlysy@localhost ~]$ ls -a                           //显示所有文件及文件夹
.      模板    文档    桌面         .bash_profile    .config    .viminfo
..     视频    下载    .bash_history    .bashrc          .local     .zshrc
公共   图片    音乐    .bash_logout     .cache           .mozilla
```

在显示所有文件及文件夹的列表中，以"."开头的文件及文件夹含有隐藏属性。用户在创建文件及文件夹时，在名称前加上"."就可以创建带有隐藏属性的文件或文件夹。切换路径常用的命令是cd，配合前面介绍的目录符号，可快速进入目标目录中。

```
[wlysy@localhost ~]$ pwd                    //查看当前目录
/home/wlysy
[wlysy@localhost ~]$ cd ..                  //进入上级目录
[wlysy@localhost home]$ pwd
/home                                        //上级目录为/home
[wlysy@localhost home]$ cd ~                //直接返回用户主目录
[wlysy@localhost ~]$ cd /etc                //也可以用绝对路径
[wlysy@localhost etc]$ pwd
/etc
[wlysy@localhost etc]$ cd                   //和cd ~功能一致，返回用户主目录
[wlysy@localhost ~]$ ls
公共   模板   视频   图片   文档   下载   音乐   桌面
[wlysy@localhost ~]$ cd ./下载              //切换到当前目录的下级目录
[wlysy@localhost 下载]$ cd -                //返回上次所在目录，也就是用户主目录
/home/wlysy
[wlysy@localhost ~]$ cd 下载                //可以直接输入下级目录名称，不带"./"
[wlysy@localhost 下载]$ pwd
/home/wlysy/下载
[wlysy@localhost 下载]$ cd ~wlysy
                                             //使用"cd ~用户名"可以直接切换到某用户的主目录
[wlysy@localhost ~]$
```

注意事项 命令提示符中的目录

前面介绍了在命令提示符中，默认会显示当前的目录名称，在Linux中使用命令时，注意观察当前的目录名，因为会影响参数的相对引用。

动手练 显示文件或文件夹的详细信息

可以使用参数"-l"查看文件或文件夹的详细信息，会显示包括文件及目录的类型和权限、链接数、用户、用户组、大小、创建或最新修改的日期以及文件名，执行效果如下：

```
[wlysy@localhost ~]$ ls -al
总用量 36
drwx------.  14 wlysy wlysy 4096  8月 26 13:38 .
drwxr-xr-x.   3 root  root    19  7月 16 14:46 ..
drwxr-xr-x.   2 wlysy wlysy    6  7月 16 14:46 公共
drwxr-xr-x.   2 wlysy wlysy    6  7月 16 14:46 模板
drwxr-xr-x.   2 wlysy wlysy    6  7月 16 14:46 视频
drwxr-xr-x.   2 wlysy wlysy    6  7月 16 14:46 图片
drwxr-xr-x.   2 wlysy wlysy    6  7月 16 15:01 文档
drwxr-xr-x.   2 wlysy wlysy    6  7月 16 14:46 下载
drwxr-xr-x.   2 wlysy wlysy    6  7月 16 14:46 音乐
```

```
drwxr-xr-x.  2 wlysy wlysy    6 7月 16 14:46 桌面
-rw-------.  1 wlysy wlysy  774 8月 23 17:56 .bash_history
-rw-r--r--.  1 wlysy wlysy   18 2月 15  2024 .bash_logout
……
```

3.2.4 目录的常见操作

目录的常见操作包括创建目录、复制目录、移动目录、删除目录等，在图形界面和终端窗口均可对目录执行各种操作。下面重点介绍在终端窗口中的操作。

1. 创建目录

创建目录可以使用mkdir命令，该命令可以创建单个或多个目录或子目录。

【命令格式】

```
mkdir [选项] 目录名1 [目录名2] …
```

【常用选项】

-p：创建多级目录。

-v：在创建时显示提示信息。

【示例4】在指定目录中创建多个目录。

指定目录可以使用绝对路径，也可以使用相对路径。在创建多个目录时，必须为每个目录指定路径。也可以先切换到目标目录中，再使用命令创建。

```
[wlysy@localhost ~]$ ls
公共  模板  视频  图片  文档  下载  音乐  桌面
[wlysy@localhost ~]$ mkdir 123 /home/wlysy/234 ../wlysy/345   //在这里创建了
//3个目录，目录123就是在当前目录中创建，目录234使用了绝对路径，目录345使用了相对路径
[wlysy@localhost ~]$ ls
123  234  345  公共  模板  视频  图片  文档  下载  音乐  桌面   //创建成功
```

动手练 创建目录及子目录

选项"-p"可以创建多级目录，即创建目录及目录下的目录，也就是常说的递归创建。加上"-p"选项后，输入多级目录的结构，Linux就可以自动判断并按照命令创建，执行效果如下：

```
[wlysy@localhost ~]$ ls
公共  模板  视频  图片  文档  下载  音乐  桌面
[wlysy@localhost ~]$ mkdir -p 1/2/3 1/4
//创建目录1及其子目录2，以及子目录2的子目录3，并在目录1中创建子目录4
[wlysy@localhost ~]$ ls -R 1              //-R，递归显示目录1中的所有目录
1:                                         //在目录1中
2  4      //含有目录2和目录4，目录4是最后创建的，自动检测，不会再创建目录1
1/2:                                       //在目录1的子目录2中
```

```
3                                              //创建了目录3
1/2/3:                                         //在目录3中，没有子目录
1/4:                                           //在目录4中，没有子目录
```

注意事项 目录操作的权限

根据不同的目录，不同的用户有不同的权限。如在用户的主目录内，可以任意创建、修改及删除目录。而在其他目录内，用户可能需要使用sudo命令获取root权限，才能对目录进行各种操作。

2. 复制目录

目录的复制命令为cp，除了复制目录外，该命令还可以复制文件、创建链接文件以及对文件进行更新操作。

【命令格式】

```
cp [选项] 原目录 新目录路径
cp [选项] 原文件 新目录路径或文件名
```

【常用选项】

-r/-R：递归复制目录及子目录的所有内容。

-t：将所有参数指定的原文件/目录复制到目标目录。

-T：将目标目录视作普通文件。

-p：保持指定的属性，包括模式、所有权、时间戳等。

-s：创建符号链接（快捷方式）。

【示例5】复制目录及目录中的所有内容到新位置。

复制目录及目录中的内容，需要使用选项"-r"。执行效果如下：

```
[wlysy@localhost ~]$ mkdir -p test1/1/2         //使用递归创建目录
[wlysy@localhost ~]$ mkdir test2                //创建目标目录
[wlysy@localhost ~]$ ls
公共  模板  视频  图片  文档  下载  音乐  桌面  test1  test2  //创建成功
[wlysy@localhost ~]$ cp -r test1 test2          //递归复制目录到新位置
[wlysy@localhost ~]$ ls -R test2                //递归查看test2的内容
test2:
test1                                           //test2中有test1目录及其子目录
test2/test1:
1
test2/test1/1:
2
test2/test1/1/2:
```

> **只复制目录中的内容**
>
> 在上例中，将test1目录本身及其子目录完全复制到test2目录中。在日常使用中，有可能只需要对test1目录中的子目录进行复制，这时可以使用"cp –r test1/* test2"命令，只复制目录下的所有文件，这样就不会复制test1目录本身了。

3. 移动目录

移动目录的命令为mv，可将目录移动到目标路径中。该命令也可以对文件进行移动操作。并且可以在目标位置设置新的目录和文件名，相当于为目录或文件进行改名。

【命令格式】

```
mv [选项] 原目录 新目录路径
mv [选项] 原文件 新目录路径或文件名
```

【常用选项】

-f：覆盖前不询问。

-i：覆盖前询问。

-n：不覆盖已存在的文件。

-t：将所有原文件移动至指定的目录中。

-i：移动文件时，如果有文件同原文件同名，系统会提醒用户是否覆盖。

-b：移动文件时，如果有文件同原文件同名，不会提醒用户，而是将同名文件重命名后再执行移动操作。

【示例6】将目录移动到新目录中，并且改名。

该操作可以两步完成，先用mv命令将目录移动到当前目录，并改名，再移动到新目录中。或者先移动到新目录中，再在新目录中用mv命令改名。如果要一步完成，可以按照下面的操作进行。

```
[wlysy@localhost ~]$ ls
公共  模板  视频  图片  文档  下载  音乐  桌面
[wlysy@localhost ~]$ mkdir test1 test2                          //创建演示目录
[wlysy@localhost ~]$ ls
公共  模板  视频  图片  文档  下载  音乐  桌面  test1  test2 //创建成功
[wlysy@localhost ~]$ mv test1 test2/test3   //将test1移动到test2中，并重命名
[wlysy@localhost ~]$ ls
公共  模板  视频  图片  文档  下载  音乐  桌面  test2   //因为是移动，test1消失
[wlysy@localhost ~]$ ls -R test2      //查看test2中的结构和内容，创建无误
test2:
test3
test2/test3:
```

4. 删除目录

根据目录是否为空，删除目录可以使用不同的命令，如果目录为空，可以直接使用rmdir命令来删除。

【命令格式】

rmdir [选项] 目录名1 [目录名2]…

【常用选项】

-p：删除指定目录及其各个上级目录（除了要删除的目录，目录中没有其他文件），例如"rmdir -p 1/2/3"会逐级删除目录3、目录2以及目录1。

-f：强制删除，删除过程中没有提示，使用时需要特别小心。

-v：显示提示信息。

【示例7】递归删除目录。

递归删除时的每级目录都要保证除该目录外，没有其他的目录和文件，执行效果如下：

```
[wlysy@localhost ~]$ ls
公共  模板  视频  图片  文档  下载  音乐  桌面  test2
[wlysy@localhost ~]$ ls -R test2                        //在test2中包含有子目录test3以及其子目录test1
test2:
test3
test2/test3:
test1
test2/test3/test1:
[wlysy@localhost ~]$ rmdir -p test2/test3/test1         //指定递归删除的目录
[wlysy@localhost ~]$ ls
公共  模板  视频  图片  文档  下载  音乐  桌面            //完成删除
```

动手练 **删除非空目录**

如果目录中有内容，则需要使用rm命令来删除，rm命令默认删除的是文件，如果要删除目录，需要加上"-r"选项。

【命令格式】

rm [选项] 文件/目录

【常用选项】

-r：递归删除目录及其内容。

-f：强制删除。

-d：删除空目录。

【示例8】使用rm删除目录及目录中的所有内容。

删除目录及目录中的内容需要使用"-r"选项，如果需要强制删除，加上选项"-f"，执行效果如下：

```
[wlysy@localhost ~]$ mkdir 123                          //创建目录123
```

```
[wlysy@localhost ~]$ touch 123/test1.txt        //在目录中创建文件test1.txt
[wlysy@localhost ~]$ ls -R 123                  //显示目录中的内容
123:
test1.txt
[wlysy@localhost ~]$ rm -rf 123                 //强制且递归删除目录及目录中的文件
[wlysy@localhost ~]$ ls
公共    模板    视频    图片    文档    下载    音乐    桌面    //删除成功
```

> **注意事项** 删除系统全部文件
>
> "rm –rf /*"命令会删除根目录中的所有文件，导致系统全面崩溃，所以除非使用虚拟机进行实验，不要在服务器上尝试该命令。

3.3 Linux文件

在3.1节介绍了Linux中常见的文件类型，接下来介绍Linux中文件的相关操作。

3.3.1 Linux中的文件命名规则

在Linux中，对文件或目录命名的要求相对比较宽松，但也要遵循以下规则。

（1）文件名组成。除了字符"/"之外，其他的字符都可以使用，但需要注意，在目录名或文件名中，使用某些特殊字符可能会产生意想不到的故障。例如，在命名时应避免使用<、>、？、*和非打印字符等。如果一个文件名中包含特殊字符，例如空格，那么在访问这个文件时就需要使用引号将文件名括起来，以明确该名称的内容。

（2）文件名长度。目录名或文件名的长度不能超过255个英文字符（中文是128个字符）。

（3）大小写。目录名或文件名是区分大小写的。如test和Test是互不相同的目录名或文件名，但不建议使用字符大小写来区分不同的文件或目录。文件和目录的名字不能相同。

（4）文件扩展名。与Windows操作系统不同，文件的扩展名对Linux操作系统没有特殊的含义，因为Linux系统并不以文件的扩展名区分文件类型。例如123.txt只是一个文件，其扩展名.txt并不代表此文件就一定是文本文档。

需要注意的是，在Linux系统中，硬件设备也是文件，也有各自的文件名称。Linux系统内核中的udev设备管理器会自动对硬件设备的名称进行规范，目的是让用户通过设备文件的名称就可以大致推断出设备的属性以及相关信息。

3.3.2 文件的创建与查看

在CentOS Stream 9中，文件的创建方法有很多，可以直接创建文件、通过复制文件来创建新文件、通过命令或程序将输出等保存到文件中等。下面介绍文件的创建与查看的方法。

1. 文件的创建

这里使用的命令为touch，不仅可以创建空文件，还可以更改现有的文件时间戳，也就是更新文件和目录的访问以及修改时间。

【命令格式】

```
touch [选项] 文件名
```

【常用选项】

-a：只更改访问时间。

-m：只更改修改时间。

-c：不创建任何文件。

-d：使用指定字符串表示时间，而非使用当前时间。

-f：忽略。

-h：会影响符号链接本身，而非符号链接所指示的目的地（当系统支持更改符号链接的所有者时，此选项才有用）。

-r：使用指定文件的时间属性。

-t：使用指定的时间。

【示例9】使用touch命令创建文件，并修改该文件的最后访问时间。

```
[wlysy@localhost ~]$ touch test                        //创建文件test
[wlysy@localhost ~]$ stat test                         //查看test的详细状态信息
  文件：test
  大小：0          块：0          IO 块：4096   普通空文件
设备：fd02h/64770d  Inode: 6192     硬链接：1
权限：(0644/-rw-r--r--)  Uid: ( 1000/   wlysy)   Gid: ( 1000/   wlysy)
环境：unconfined_u:object_r:user_home_t:s0
最近访问：2024-08-27 13:20:28.024802998 +0800
最近更改：2024-08-27 13:20:28.024802998 +0800
最近改动：2024-08-27 13:20:28.024802998 +0800
创建时间：2024-08-27 13:20:28.024802998 +0800          //几项时间均相同
[wlysy@localhost ~]$ touch -m test                     //更新修改时间
[wlysy@localhost ~]$ stat test
  文件：test
  大小：0          块：0          IO 块：4096   普通空文件
设备：fd02h/64770d  Inode: 6192     硬链接：1
权限：(0644/-rw-r--r--)  Uid: ( 1000/   wlysy)   Gid: ( 1000/   wlysy)
环境：unconfined_u:object_r:user_home_t:s0
最近访问：2024-08-27 13:20:28.024802998 +0800          //访问时间未变
最近更改：2024-08-27 13:21:35.578008531 +0800          //更改时间变化
最近改动：2024-08-27 13:21:35.578008531 +0800          //改动时间变化
创建时间：2024-08-27 13:20:28.024802998 +0800          //创建时间未变
```

除了修改为系统当前时间外，也可以使用选项"-t"来指定时间。如"touch -c -t 202406251130 test"，将test的最近访问和最近更改时间变为指定的年月日小时分（如果存在则修改时间,因为使用选项"-c",所以如果文件不存在,也不会新建文件)。除了手动指定外,也可以使用"-r"选项,命令为"touch -r test test1",将指定文件的时间赋予当前创建的文件(因为没有选项"-c",所以如果文件不存在则新建文件)。

2. 文件的查看

在Linux中,不用进入文件的编辑状态就可以将文件内容显示出来。查看文件内容的命令非常多,如cat、more、less、head、tail等。为了方便演示,使用"tree 目录 >> 文件名"命令通过输出创建文件,使用"tree 目录"命令显示指定目录的结构。

(1)cat命令。cat命令可以将文档的内容输出到终端窗口中,主要用于文档内容比较少的情况。

【命令格式】

`cat [选项] 文件名`

【选项】

-n:显示行号。

【示例10】查看指定文件内容并显示行号。

图 3-10

执行效果如图3-10所示。

注意事项 内容过多

执行查看命令后,会将文档中的所有内容全部显示出来,用户可以使用鼠标滚轮向上滚动到文档开头。如果文档内容过多,超出显示范围,可以使用其他命令查看。

(2)more命令。more命令并不会将文档内容一次性全部显示出来,而是在内容占满当前终端窗口屏幕后自动暂停,等待用户阅读后,按任意键继续显示下一满屏,直到结束。然后就可以像使用cat命令一样,使用鼠标滚轮手动翻屏了。

【命令格式】

`more [选项] 文件`

【常用选项】

-d:输出内容时同时显示常用快捷键。

-p:不滚动,清除屏幕并显示文本。

-(数字减号):指定每屏显示的行数。

+(数字加号):从指定行开始显示文件。

【示例11】使用more命令查看文档内容。

more命令和下面介绍的less命令主要用于篇幅较大的文件,使用more命令查看文档时,可以使用几个快捷键来帮助浏览文档:空格键:显示下一屏内容,B键:显示上一屏的内容，回车键：显示下一行内容，"/"键：可以在文中查找"/"后的内容，H键：显示帮助信息，Q键：退出more命令的查看模式（文本阅读完毕也会自动退出）。执行效果如图3-11所示。

图 3-11

（3）less命令。less命令的功能与前面的功能相比更加强大，也更加弹性化，对于大文件，less命令不需要一次性调入全部数据到内存中，所以打开文档的速度更快，操作也更流畅。

【命令格式】

```
less [选项] 文件
```

【常用选项】

-N：显示每行的行号。

/字符串：向下搜索"字符串"。

?字符串：向上搜索"字符串"。

【示例12】使用less命令查看".bashrc"文件并显示行号。

该文件主要存放用户环境变量设定、个性化设定、命令别名等内容，只对本用户起作用，对别的用户没有影响。显示行号需要使用"-N"选项，执行效果如图3-12所示。

图 3-12

知识拓展

操作说明

在使用less命令查看文档内容时，可以使用如下的按键进行操作。b：向后翻一页，d：向后翻半页，h：显示帮助界面，Q：退出less命令，u：向前滚动半页，y：向前滚动一行，空格键：滚动一行，回车键：滚动一页，[pagedown]：向下翻动一页，[pageup]：向上翻动一页。

（4）head命令。head命令用来显示文档开头部分的内容，可以根据需要显示具体的行数。

【命令格式】

```
head [选项] 文件
```

【常用选项】

-n：指定输出的行数，也可以省略n，如"-n 8"作用与"-8"相同。

-c：指定输出的字符数。

【示例13】显示历史命令的前5行内容。

历史命令的文件存放在".bash_history"中，显示前5行，可以使用"-5"选项执行效果如图3-13所示。

（5）tail命令。用法与head类似，但作用相反，用于指定显示文档的最后几行。

【命令格式】

```
tail [选项] 文件
```

【常用选项】

-n：指定输入的行数（最后几行），如果要输出某行到最后一行的内容，数字前加"+"符号。

-f：监测文件内容，如果目标文件有新内容输入，则将新内容显示出来。

【示例14】显示历史命令的最后6行内容。

执行效果如图3-14所示。

图 3-13

图 3-14

知识拓展

指定输出行

该命令默认显示文档前10行，如果"-n"选项的参数为负数，如"-n -5"，则表示显示除了最后5行的其他行。

3.3.3 文件的管理

和目录类似，文件的管理包括文件的复制、移动、删除等常见操作。

1. 文件的复制

文件的复制操作和目录的复制操作类似，使用的命令为cp，命令的语法同目录一样。

【示例15】复制文件并重命名。

如果在同一目录中没有指定新的文件名，系统会提示，新文件与原文件是同一个文件，所以需要指定新文件名。不同的目录没有该限制，执行效果如下：

```
[wlysy@localhost ~]$ ls
公共    模板    视频    图片    文档    下载    音乐    桌面                //当前目录状态
[wlysy@localhost ~]$ touch test1                                        //创建文件test1
[wlysy@localhost ~]$ cp test1 test2                                     //复制文件test1，并重命名为test2
[wlysy@localhost ~]$ ls
公共    模板    视频    图片    文档    下载    音乐    桌面    test1    test2    //创建成功
```

【示例16】保留原文件属性复制文件。

普通文件被复制后，不会保留原文件属性（时间被更改了）。如果要保留原文件属性，则需要使用"-p"选项，执行效果如下：

```
[wlysy@localhost ~]$ touch test1                            //创建test1
[wlysy@localhost ~]$ cp test1 test2                         //普通复制
[wlysy@localhost ~]$ date                                   //查看当前日期及时间
2024年 08月 27日 星期二 14:41:30 CST
[wlysy@localhost ~]$ cp -p test1 test3                      //按照test1的属性创建test3
[wlysy@localhost ~]$ ll test*          //查看所有以test开头的文件及目录的详细信息
-rw-r--r--. 1 wlysy wlysy 0  8月 27 14:38 test1
-rw-r--r--. 1 wlysy wlysy 0  8月 27 14:39 test2             //时间戳改变了
-rw-r--r--. 1 wlysy wlysy 0  8月 27 14:38 test3             //时间戳和test1一致
```

【示例17】创建链接文件。

链接文件分为软链接文件与硬链接文件两种。软链接与Windows中创建快捷方式类似，给文件或目录创建一个快速的访问路径。硬链接则为源文件的inode分配多个文件名，可以通过任意一个文件名找到源文件的inode，从而读取源文件信息。

创建文件的软链接需要使用选项"-s"，而创建硬链接则使用选项"-l"，执行效果如下：

```
[wlysy@localhost ~]$ date >> test1                          //输出当前日期并添加到test1中
[wlysy@localhost ~]$ cp -l test1 linkhard1                  //创建硬链接
[wlysy@localhost ~]$ cp -s test1 linksoft1                  //创建软链接
[wlysy@localhost ~]$ ll link*
-rw-r--r--. 2 wlysy wlysy 43  8月 27 14:48 linkhard1            //硬链接，普通文件
lrwxrwxrwx. 1 wlysy wlysy  5  8月 27 14:48 linksoft1 -> test1   //软链接
```

inode简介

inode（索引节点）是Linux文件系统中用于存储文件元数据的结构，包含关于文件的所有关键信息，但不包括文件名本身。可以把索引节点想象成文件的身份证，上面记录了文件的各种属性。

```
[wlysy@localhost ~]$ stat test1
    文件：test1
    大小：43           块：8           IO 块：4096      普通文件
设备：fd02h/64770d      inode：6192     硬链接：2    //inode为6192，有2个硬链接
……
[wlysy@localhost ~]$ stat link*
    文件：linkhard1
    大小：43           块：8           IO 块：4096      普通文件
设备：fd02h/64770d      inode：6192     硬链接：2 //与test1属性相同，都指该文件
……
    文件：linksoft1 -> test1
    大小：5            块：0           IO 块：4096      符号链接
设备：fd02h/64770d      inode：6196     硬链接：1 //软链接为符号链接，inode不同
……
```

2. 文件的移动

移动文件的命令是mv。可以使用"-i"选项提醒用户。使用"-b"选项，文件移动时如果会覆盖目标文件，则在覆盖前进行备份。

【示例18】移动文件，如果有相同文件则提醒用户。

在不同的文件夹移动，需要为文件添加路径，并使用"-i"选项。

```
[wlysy@localhost ~]$ ls
公共   模板   视频   图片   文档   下载   音乐   桌面
[wlysy@localhost ~]$ mkdir test              //创建目录test
[wlysy@localhost ~]$ touch test1             //创建文件test1
[wlysy@localhost ~]$ cp test1 test/          //复制文件test1到目录test中
[wlysy@localhost ~]$ tree                    //查看当前目录中的文件及目录结构
.
……
├── test
│   └── test1                                //test目录中有test1文件
└── test1                                    //test1中源文件依然存在
9 directories, 2 files
[wlysy@localhost ~]$ mv -ib test1 test/      //提示并且在覆盖前会自动备份文件
mv: 是否覆盖'test/test1'？ y                  //提示是否覆盖，输入y后按回车键
[wlysy@localhost ~]$ ls test/                //查看目录中的内容
test1   test1~   //包括移动过来的test1，以及之前目录中的test1在覆盖前的备份文件
```

3. 删除文件

删除文件使用rm命令，无须使用"-r"选项。在删除时，可以同时删除多个文件，也可以使用通配符来代表某类文件。可以使用"-i"选项来显示提示信息。如果使用"-f"选项，可以强制删除文件。

【示例19】删除所有以".txt"结尾的文件。

可以使用"*.txt"来代表所有以".txt"结尾的文件，执行效果如下：

```
[wlysy@localhost ~]$ touch 123.txt 234.txt 345.txt     //创建3个示例文件
[wlysy@localhost ~]$ ls
123.txt  234.txt  345.txt  公共  模板  视频  图片  文档  下载  音乐  桌面
[wlysy@localhost ~]$ rm -i *.txt    //需要提示信息，删除以".txt"结尾的所有文件
rm: 是否删除普通空文件 '123.txt'? y                      //输入y来确认删除
rm: 是否删除普通空文件 '234.txt'? y
rm: 是否删除普通空文件 '345.txt'? y
[wlysy@localhost ~]$ ls
公共  模板  视频  图片  文档  下载  音乐  桌面          //已经删除成功
```

同时删除文件及目录，可以使用"rm -rf 文件/目录名"命令。如上面的案例中，如果有test开头的目录需要删除，则可以使用"rm -rf test*"命令。

动手练 创建文件及目录的链接

前面介绍了软链接和硬链接的知识，除了在复制时创建外，也可以使用ln命令直接创建文件或目录的链接。直接使用ln命令将创建硬链接，使用选项"-s"可以创建软链接。执行效果如下：

```
[wlysy@localhost ~]$ ls
公共  模板  视频  图片  文档  下载  音乐  桌面
[wlysy@localhost ~]$ mkdir test                        //创建演示目录
[wlysy@localhost ~]$ touch test/test{1..3}.txt  //在目录中创建3个测试文件
[wlysy@localhost ~]$ ls test/
test1.txt  test2.txt  test3.txt                        //创建成功
[wlysy@localhost ~]$ ln test/test1.txt cs1            //创建文件硬链接
[wlysy@localhost ~]$ ln -s test/test2.txt cs2         //创建文件软链接
[wlysy@localhost ~]$ ln test cs3
ln: test: 不允许将硬链接指向目录                       //目录无法创建硬链接
[wlysy@localhost ~]$ ln -s test cs3                   //创建目录软链接
[wlysy@localhost ~]$ ll cs*      //查看所有以cs开头的文件或文件夹的详细信息
-rw-r--r--. 2 wlysy wlysy  0 8月 27 15:54 cs1         //硬链接为普通文件
lrwxrwxrwx. 1 wlysy wlysy 14 8月 27 15:57 cs2 -> test/test2.txt
lrwxrwxrwx. 1 wlysy wlysy  4 8月 27 15:59 cs3 -> test  //软链接为访问路径
```

知识拓展

批量操作

在本例中"test{1..3}.txt"是指以test开头、以".txt"结尾、中文为1~3的3个独立文件，这种使用{}将变量括起来使用的方式，经常会在指定命令的参数时遇到。

3.3.4 文件的搜索与筛选

在Linux中，文件不仅种类多，数量也非常多。如何在其中快速地搜索出需要的文件，就需要使用Linux的搜索功能。除了可以搜索文件外，还可以在配置文档中对内容

进行搜索与筛选。

1. 文件的搜索

文档的搜索可以使用"which""locate""find"命令。

（1）"which"命令主要用来查找命令，可以搜索Linux中命令所在的目录。

【示例20】查找命令"ls"和"touch"所在的路径。

执行效果如下：

```
[wlysy@localhost ~]$ which ls
alias ls='ls --color=auto'              //ls也是别名，显示的内容颜色会自动
        /usr/bin/ls                     //ls在目录/usr/bin中
[wlysy@localhost ~]$ which touch
/usr/bin/touch                          //touch没有别名，命令在/usr/bin中
[wlysy@localhost ~]$ /usr/bin/touch 123  //touch也可以使用全路径命令
[wlysy@localhost ~]$ /usr/bin/ls
123   公共   模板   视频   图片   文档   下载   音乐   桌面  //因为不是别名，颜色为白色
```

（2）locate命令不仅可以搜索命令，而且可以搜索所有的文件。在结果中会显示文件的路径。

【命令格式】

```
locate [选项] 文件
```

【常见选项】

-c：输出找到的文件个数。

-l n：查找并显示前n个找到的内容。

【示例21】查找某文件的位置。

可以使用locate命令查找所有包含关键字的目录和文件。如果比较多，还可以使用"-l"选项限制显示的行数。执行效果如下：

```
[wlysy@localhost ~]$ locate centos.repo
/etc/yum.repos.d/centos.repo
/etc/yum.repos.d/centos.repo.bak        //显示所有包含输入内容的文件及其路径
[wlysy@localhost ~]$ locate -c repo     //显示包含关键字"repo"的文件个数
1828
```

注意事项 **创建索引**

locate命令的速度很快，是因为locate命令并不是直接搜索文件，而是在搜索前先为所有文件创建一个索引数据库，存放在/var/lib/mlocate/mlocate.db文件中。locate通过搜索该索引数据库来查找文件。locate命令的劣势是需要经常更新该索引数据库，否则要么找不到文件，要么找到文件可能是已经被删除的。可以使用"sudo updatedb"命令来更新索引。

（3）find命令是直接在硬盘上搜索文件，不需要使用索引数据库。简单方便，但速度可能没有locate命令快。

【命令格式】

find [目录] [选项] 文件

【选项】

-mtime ±n："-n"表示查找n天内；"+n"表示查找n天前；n表示查找向前的第3天。
-atime：访问时间。
-ctime：状态改变时间。
-newer：相对于某文件更新的时间。
-user：属于某用户的文件。
-name：根据文件名查找。
-type：根据文件类型查找，后面可跟d、p等文件类型的符号。

【示例22】在系统中搜索指定文件。

默认情况下，find命令仅在当前及下级目录中搜索，如果要搜索其他目录，需要带上要搜索的目录路径。很多目录的查找需要管理员权限，可以使用sudo，因为对文件名搜索，所以需要选项"-name"。执行效果如下：

```
[wlysy@localhost ~]$ sudo find /etc -name centos*.repo
//在"/etc"中搜索以centos开头、"repo"结尾的所有文件
/etc/yum.repos.d/centos-addons.repo
/etc/yum.repos.d/centos.repo
```

2. 文档内容的搜索与显示

在Linux中，不仅可以搜索文件，对于具体文件，还可以在文件中搜索指定内容，并筛选出来，显示给用户。使用的命令是"grep"。

【命令格式】

grep [选项] [筛选内容] 文件

【常用选项】

-i：在搜索时忽略大小写。
-n：显示结果所在行号。
-c：统计匹配到的行数，注意，是匹配到的总行数，不是匹配到的次数。
-o：只显示符合条件的字符串，但是不整行显示，每个符合条件的字符串单独显示一行。
-v：输出不带关键字的行（反向查询，反向匹配）。
-w：完全匹配整个单词，如果字符串中包含这个单词，则不作匹配。
-e：用于指定多个匹配模式，实现逻辑"或"关系。
-E：使用扩展正则表达式，而不是基本正则表达式，在使用该选项时，相当于使用egrep。

【示例23】在数据源配置文件中，将所有数据源网站所在的行都显示出来，并带上行号。

通过这种方法，可以查看更换数据源需要修改哪些内容。显示行号，需要使用选项"-n"，执行效果如图3-15所示。筛选的内容会高亮显示。

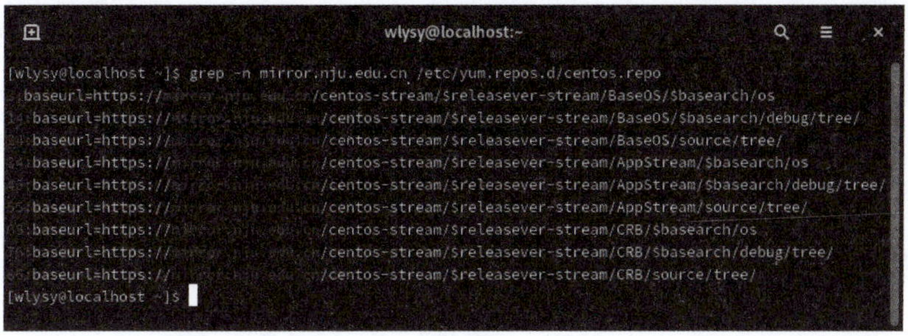

图 3-15

3.4 文件的编辑

前面学习了文件的创建，但创建的都是空白文件。在前面介绍镜像源的更换时，介绍了复制脚本内容，并复制到文件中保存的相关操作，这就是文件编辑操作的一种。下面详细介绍文本编辑器的使用，以及通过文本编辑器对文件进行修改的操作。

3.4.1 认识文本编辑器

文件编辑器的主要功能是处理Linux中的文档，包括创建、添加、查找、修改、复制、粘贴文档内容等。Linux可以用的编辑器非常多，vi编辑器是Linux默认使用的编辑器，现在经常使用的是功能更多的vim编辑器。

vim是从vi发展出来的一个文本编辑器，是vi的加强版，vi中的命令几乎都可以在vim上使用，而且比vi更容易使用。在vim中，代码补全、编译及错误跳转等方便编程的功能特别丰富，并针对程序员做了优化，因此在程序员中被广泛使用，和Emacs并列成为类UNIX系统用户最喜欢的文本编辑器。vim有图形界面和命令行界面。CentOS Stream 9中默认使用的就是vim文本编辑器。

> **注意事项** 文本编辑器与其他编辑器的区别
>
> vim是单纯的文本编辑器，用来创建及修改文本的内容。特点是速度快、占用资源低。而常见的Word编辑器，虽然也可以编辑文本内容，但还是排版程序，如设置字体、段落等，占用资源高，而且无法在非图形窗口中使用。两者的侧重点是不同的。

3.4.2 vim的工作模式

vim共有三种工作模式，包括命令模式、输入模式、末行模式。不同模式有着不同的功能，以适应文档编辑的各种要求，提高文档编辑的效率。

1. 命令模式

命令模式也叫作命令行模式或正常模式，进入vim界面时默认处于该模式，有一个可以使用键盘方向键移动位置的光标。该模式无法进行编辑，但可以通过各种命令对文件内容进行处理，例如可以删除、移动、复制文档内容等。此时从键盘上输入的任何字符都被当成编辑命令，如果字符是合法的，vim会接收并完成对应的操作。

在命令模式可以使用命令切换到文本输入模式（下面会介绍）。在输入模式时，可以按Esc键返回命令行模式，再使用各种编辑命令。

2. 输入模式

输入模式也叫作编辑模式或插入模式。进入输入模式后，用户可以移动光标，在光标位置对文档进行文字的添加、删除等修改操作。

从命令模式进入输入模式时，可以输入以下命令，如表3-3所示。从输入模式返回命令模式时，只要按Esc键即可。

表 3-3

输入	功能
i	从光标所在处插入
I	从光标所在行的第一个非空格处开始插入
a	从光标所在的下一个字符处开始插入
A	从光标所在行的最后一个字符处开始插入
o	从光标所在行的下一行插入新的一行
O	从光标所在行的上一行插入新的一行
r	替换光标处的字符一次
R	连续替换光标处的字符，直到按下Esc键为止

3. 末行模式

末行模式也叫作底线命令模式，在命令模式中，输入":"进入末行模式，提示符为":"。在末行模式执行完命令后，会自动返回命令行模式。在末行模式中，输入内容及其含义如表3-4所示。

表 3-4

输入	功能
:w	将当前文档的内容保存到文件中
:w!	若文件属性为"只读"时，强制写入该文件
:q	退出vim
:q!	不保存，强制退出

（续表）

输入	功能
:wq	正常保存并退出
:w 文件名	将文件以输入的文件名另存
:set number	显示行号
:set nonumber	隐藏行号
:syntax on	打开语法高亮
:set nu	将光标移动到第一行的行首
:/字符	向下查找该字符，按n键继续查找下一个
:?字符	向上查找该字符
:s/word1/word2/g	全文查找word1字符串，并替换为word2
:%s/word1/word2/gc	全文查找word1字符串，并替换为word2，每次替换前都需要用户确认
:n1,n2s/word1/word2/g	在n1~n2行查找word1字符串，并替换为word2

处于输入模式时，需要先按Esc键，返回命令模式后才能进入末行模式。

4. 三种模式之间的切换

三种模式之间的切换如图3-16所示。三种模式之间的切换操作如下。

- **命令模式切换到输入模式**：按i、I、a、A、o、O、r、R等键。
- **输入模式切换到命令模式**：按Esc键。
- **命令模式切换到末行模式**：按:键。
- **末行模式切换到命令模式**：按Esc键。
- 输入模式和末行模式无法直接切换，只能先切换到命令行模式，再切换到另外的模式。

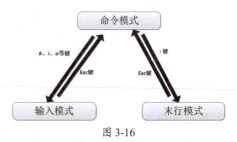

图 3-16

3.4.3 文档的编辑操作

文档的编辑操作根据文档的复杂程度和编辑要求的不同而不同。在输入模式中，主要是对文字部分的输入和删除，在末行模式中，主要是查找、更改、保存、退出等。命令模式反而是比较复杂、功能最多且需要经常使用的模式。

1. 光标的基本操作

在命令模式下操作光标，快速定位到需要编辑的位置是文本处理的基本要求。下面介绍一些常见的功能命令及含义，如表3-5所示。

表 3-5

输入	功能
h或左箭头	光标向左移动一个字符
l或右箭头	光标向右移动一个字符
k或上箭头	光标向上移动一个字符
j或下箭头	光标向下移动一个字符
w	光标向前移动一个单词
b	光标向后移动一个单词
+	光标移动到非空格符的下一行
-	光标移动到非空格符的下一行
n空格键	按下数字n后再按空格键,光标会向右移动n个字符
0或Home键	移动到光标所在行的行首
$或End键	移动到光标所在行的行尾
H	光标移动到屏幕第一行的第一个字符
M	光标移动到屏幕中央行的第一个字符
L	光标移动到屏幕最后一行的第一个字符
G	光标移动到文本的最后一行
nG	光标移动到这个文本的第n行,n为行数
gg	光标移动到这个文件的第一行
n回车键	光标向下移动n行,n为行数

2. 屏幕的操作

包括在命令行模式、输入模式及图形界面的终端窗口都可以使用鼠标滚轮操作。而在虚拟终端时,需要使用键盘快捷键进行操作,如表3-6所示。

表 3-6

输入	功能
Ctrl+f	屏幕向下滚动一页,相当于按Page Down功能键
Ctrl+b	屏幕向上滚动一页,相当于按Page Up功能键
Ctrl+d	屏幕向下滚动半页
Ctrl+u	屏幕向上滚动半页

3. 文本的修改操作

在命令行模式中,可以通过命令对文档进行编辑操作,包括删除整行、删除特定内容、复制特定内容、撤销、重复等,如表3-7所示。

表 3-7

输入	功能
x	删除光标后面的一个字符，相当于Delete
X	删除光标前面一个字符
dd	删除光标所在的行
n+x	从光标所在位置向后删除n个字符
n+dd	从光标所在行向下删除n行
yy	复制光标所在行
n+yy	从光标所在行向下复制n行
n+yw	复制从光标所在位置向后的n个字符串
p	将复制的内容粘贴到光标所在的下一行
P	将复制的内容粘贴到光标所在的上一行
U	撤销上一步操作
.或Ctrl+r	重复上一步操作

4. 文本的查找与替换

在命令模式中，文本的查找与替换如表3-8所示。

表 3-8

输入	功能
/字符	向下查找该字符
?字符	向上查找该字符
n键	继续向下重复上次的查找命令
N键	继续向上重复上次的查找命令
r	替换光标所在位置的字符
R	从光标所在位置开始替换字符，覆盖等长文本内容，按Esc键结束

5. 文档的编辑操作

用户在编辑文档前，建议先对默认的文件进行复制并改名，备份后再对源文档进行操作，以免误操作造成配置错误。使用vim命令编辑系统配置，需要加上sudo：

```
[wlysy@localhost ~]$ cd /etc/yum.repos.d/
[wlysy@localhost yum.repos.d]$ sudo cp centos.repo centos.repo.backup
[wlysy@localhost yum.repos.d]$ ls
centos-addons.repo         centos.repo          centos.repo.bak
centos-addons.repo.bak     centos.repo.backup
[wlysy@localhost yum.repos.d]$ sudo vim centos.repo
```

进入文档后，可以发现文档进行了语法高亮显示，可以清晰地识别不同的功能板块、分类、参数与值。可以使用命令显示行号以方便操作。以"#"进行注释的行，是不起作用的解释、说明或者是留作备用的参数与值，如图3-17所示。

图 3-17

将光标移动到第3行，输入yy复制该行，按p键粘贴该行，按i键进入编辑模式，在原始的第3行前输入"#"使该行不生效，将第4行nju修改为cernet（校园网联合镜像站），这样就修改了[baseos]仓库的源，如图3-18所示。

图 3-18

其他仓库也可以这么修改，但如果太多，可以使用查找与替换。按Esc键进入命令模式，输入":%s/nju/cernet/g"全文搜索nju，并替换为cernet。这样能非常快速地修改软件源。最后在末行模式输入":wq"，保存并退出即可。使用同样的方法，将另一个文件"centos-addons.repo"也进行同样的修改。退出后，使用命令更新源数据缓存，这就是文档的常用编辑操作。用户可以根据实际的文档需求，结合vim的使用操作编辑各种配置文件。

3.4.4 其他编辑器

除了vim外，CentOS Stream 9还内置了Nano编辑器。Nano编辑器是UNIX和类UNIX系统中的一个文本编辑器。Nano的目标是类似Pico的功能全但又易于使用的编辑器。Nano是遵守GNU（通用公共许可证）的自由软件，它的所有操作都可以使用快捷键完成。在下方的提示信息中,"^"代表Ctrl键,"M-"代表Alt键,如M-U就是Alt+U组合键,如图3-19所示。进入后就可以进行文档的编辑,配合下方的快捷按钮可以执行各种操作。

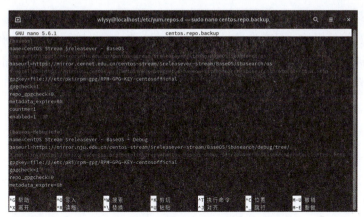

图 3-19

在CentOS Stream 9中还内置了一款图形编辑工具gedit,如图3-20所示。用户可以通过该软件来编辑文档。默认启动的是普通模式,对于有些系统文件只能查看。所以用户可以使用"sudo gedit"命令来启动,通过该软件打开需要编辑的文档。也可以使用"sudo gedit 文件名"命令来直接打开对应的文档进行编辑。

图 3-20

3.5 文件的归档与压缩

和Windows类似,Linux文件在传输前也需要进行打包和压缩,将文件整合为一个整体,减小体积,以方便传输,Linux将这一过程叫作归档与压缩。下面介绍相关的知识和操作。

3.5.1 认识归档与压缩

Linux归档,简单来说就是将多个文件或目录打包成一个单独的文件。这个打包后的文件就称为归档文件。将多个文件整合在一起后，便于管理、传输和备份。在Linux中，最常用的归档程序是GNU tar。但归档程序不涉及压缩，仅仅是将文件组合在一起，但其提供压缩选项，可以调用其他压缩程序完成压缩归档的操作。

压缩主要使用某些算法来压缩文件体积，便于存储和发送。当然这种压缩文件是无法被计算机直接使用的，只有先进行解压后，才能被计算机执行和操作。在Linux中常见的、可以被tar使用的压缩工具有gzip和bzip2两种，可以单独使用进行压缩与解压，也可以和tar配合来完成归档压缩与解压解包。

3.5.2 常见压缩工具的使用

常见的压缩工具有gzip、bzip2等，下面介绍其使用方法。

gzip是若干种文件压缩程序的简称，通常指GNU计划的实现，此处的gzip代表GNU zip程序，也经常用来表示gzip这种文件格式。gzip压缩后的文件扩展名为".gz"。在Linux中，可以使用"gzip"命令调用该压缩程序，快速完成文件的压缩与解压。

【命令格式】

```
gzip [选项] 文件
```

【常用选项】

-c：将压缩内容输出到屏幕，原文件保持不变，支持通过重定向处理输出内容。

-d：解压缩文件。

-l：输出压缩包内存储的原始文件信息，如解压后的文件名、压缩率等。

-#：指定压缩的等级，1~9压缩率依次增大，压缩速度也会变慢，默认等级为6。

-k：保留原文件进行压缩或解压。

【示例24】使用gzip压缩与解压文件。

```
[wlysy@localhost ~]$ touch 123.txt                    //创建示例文件
[wlysy@localhost ~]$ ls
123.txt  公共  模板  视频  图片  文档  下载  音乐  桌面    //创建成功
[wlysy@localhost ~]$ gzip 123.txt                     //启动压缩
[wlysy@localhost ~]$ ls
123.txt.gz  公共  模板  视频  图片  文档  下载  音乐  桌面    //压缩成功
[wlysy@localhost ~]$ gzip -d 123.txt.gz               //启动解压
[wlysy@localhost ~]$ ls
123.txt  公共  模板  视频  图片  文档  下载  音乐  桌面    //解压成功
```

知识拓展

保留原文件压缩与解压

压缩与解压后，对应的原文件均消失，如果要保留原文件，可以使用选项"-k"。

动手练 bzip2的压缩与解压

bzip2是一个基于Burrows-Wheeler变换的无损压缩软件,压缩效果比传统的LZ77/LZ78压缩算法好。它是一款免费软件,可以自由分发免费使用,广泛存在于UNIX和Linux的许多发行版本中。bzip2能够进行高质量的数据压缩,能够把普通的数据文件压缩10%~15%,压缩的速度和解压的效率都非常高,支持大多数压缩格式,包括tar、gzip等。在Linux中,调用bzip2程序的命令是bzip2。

【命令格式】

```
bzip2 [选项] 文件
```

【常用选项】

与gzip基本一致。

【示例25】 使用bzip2压缩与解压文件。

```
[wlysy@localhost ~]$ ls
123.txt  公共  模板  视频  图片  文档  下载  音乐  桌面
[wlysy@localhost ~]$ bzip2 123.txt
[wlysy@localhost ~]$ ls
123.txt.bz2  公共  模板  视频  图片  文档  下载  音乐  桌面
[wlysy@localhost ~]$ bzip2 -d 123.txt.bz2
[wlysy@localhost ~]$ ls
123.txt  公共  模板  视频  图片  文档  下载  音乐  桌面
```

3.5.3 归档压缩

tar命令的使用方法如下。

【命令格式】

```
tar [选项] 文件名
```

【常用选项】

- -c:新建打包文件。
- -t:查看打包文件中包含哪些文件。
- -x:解包文件包。
- -j:通过bzip2的支持进行压缩/解压缩。
- -z:通过gzip的支持进行压缩/解压缩。
- -C:指定解包后的目标路径。
- -p:打包过程中保留原文件的属性和权限。
- -v:输出打包过程中正在处理的文件名。
- -f:指定压缩后的文件名。

【示例26】 将目录进行归档压缩。

将目录打包压缩,需要指定压缩后的文件名以及需要压缩的目录名,需要使用选项czvf,执行效果如下:

```
[wlysy@localhost ~]$ ls test
test1.txt  test2.txt  test3.txt              //创建test目录以及3个示例文件
```

```
[wlysy@localhost ~]$ tar -czvf test.tar.gz test    //使用命令启动归档压缩
test/
test/test1.txt
test/test2.txt
test/test3.txt
[wlysy@localhost ~]$ ls                            //查看创建好的归档压缩包
公共  模板  视频  图片  文档  下载  音乐  桌面  test  test.tar.gz
[wlysy@localhost ~]$ tar -tzvf test.tar.gz         //查看压缩包中的文件
drwxr-xr-x wlysy/wlysy     0 2024-08-28 16:55 test/
-rw-r--r-- wlysy/wlysy     0 2024-08-28 16:55 test/test1.txt
-rw-r--r-- wlysy/wlysy     0 2024-08-28 16:55 test/test2.txt
-rw-r--r-- wlysy/wlysy     0 2024-08-28 16:55 test/test3.txt
```

动手练 解压与解包

归档后的压缩文件无法直接使用，需要先进行解压与解包。用户可以使用选项xzvf来执行该操作，执行效果如下：

```
[wlysy@localhost ~]$ ls
公共  模板  视频  图片  文档  下载  音乐  桌面  test.tar.gz    //当前的包
[wlysy@localhost ~]$ tar -xzvf test.tar.gz                    //解压解包命令
test/
test/test1.txt
test/test2.txt
test/test3.txt
[wlysy@localhost ~]$ ls
公共  模板  视频  图片  文档  下载  音乐  桌面  test  test.tar.gz  //成功
[wlysy@localhost ~]$ ls test                                      //查看解压解包后的目录内容
test1.txt  test2.txt  test3.txt
```

知识拓展

使用bzip2压缩归档

上面的动手练使用的是gzip压缩工具，如果要使用bzip2，将命令参数"-z"替换为"-j"即可。

知识延伸：ZIP与RAR格式的压缩与解压

Windows中使用比较多的压缩格式为ZIP与RAR，如果遇到此类压缩包，用户也可以使用Linux中对应的工具进行压缩或者解压。

1. ZIP 格式文件的压缩与解压

ZIP格式文件的压缩可以使用CentOS Stream 9内置的"zip"命令，解压可以使用"unzip"命令。使用方法如下：

```
[wlysy@localhost ~]$ ls
公共   模板   视频   图片   文档   下载   音乐   桌面   test
[wlysy@localhost ~]$ zip test.zip test/*        //将test目录及其中的所有文件压缩
    adding: test/test1.txt (stored 0%)
    adding: test/test2.txt (stored 0%)
    adding: test/test3.txt (stored 0%)
[wlysy@localhost ~]$ rm -rf test                //删除原目录以方便解压演示
[wlysy@localhost ~]$ ls
公共   模板   视频   图片   文档   下载   音乐   桌面   test.zip
[wlysy@localhost ~]$ unzip test.zip   //解压到当前目录，也可以通过"-d"指定目录
Archive:  test.zip
    extracting: test/test1.txt
    extracting: test/test2.txt
    extracting: test/test3.txt
[wlysy@localhost ~]$ ls
公共   模板   视频   图片   文档   下载   音乐   桌面   test   test.zip
[wlysy@localhost ~]$ ls test
test1.txt   test2.txt   test3.txt
```

2. RAR 格式的压缩与解压

默认情况下，CentOS Stream 9中没有集成RAR压缩解压工具，需要单独下载并安装。可以到其官网中下载Linux版本，如图3-21所示。

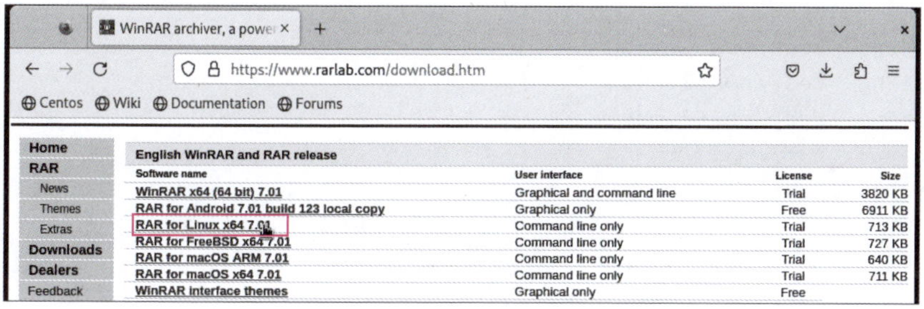

图 3-21

下载完毕后，使用前面介绍的命令进行解压解包，执行效果如下：

```
[wlysy@localhost 下载]$ ls
rarlinux-x64-701.tar.gz
[wlysy@localhost 下载]$ tar -xzvf rarlinux-x64-701.tar.gz
rar/
rar/unrar
rar/acknow.txt
rar/whatsnew.txt
……
```

再进入目录中，使用"sudo make"命令进行软件编译，执行效果如下：

```
[wlysy@localhost rar]$ sudo make                    //进行软件编译
mkdir -p /usr/local/bin
```

```
mkdir -p /usr/local/lib
cp rar unrar /usr/local/bin
cp rarfiles.lst /etc
cp default.sfx /usr/local/lib
```

编译完毕后就可以使用"rar"命令进行文件或目录的压缩，使用"unrar"命令对压缩包进行解压，执行效果如下：

```
[wlysy@localhost ~]$ rar a test.rar test/*        //对文件夹进行压缩，使用参数"-a"
RAR 7.01   Copyright (c) 1993-2024 Alexander Roshal   12 May 2024
Trial version            Type 'rar -?' for help
Evaluation copy. Please register.
Creating archive test.rar
Adding    test/test1.txt                                          OK
Adding    test/test2.txt                                          OK
Adding    test/test3.txt                                          OK
Done
[wlysy@localhost ~]$ ls
公共  模板  视频  图片  文档  下载  音乐  桌面  test  test.rar
[wlysy@localhost ~]$ rm -rf test                  //删除原目录，以便解压
[wlysy@localhost ~]$ unrar x test.rar             //使用命令unrar解压，使用参数"x"
UNRAR 7.01 freeware     Copyright (c) 1993-2024 Alexander Roshal
Extracting from test.rar
Creating    test                                                  OK
Extracting  test/test1.txt                                        OK
Extracting  test/test2.txt                                        OK
Extracting  test/test3.txt                                        OK
All OK
[wlysy@localhost ~]$ ls
公共  模板  视频  图片  文档  下载  音乐  桌面  test  test.rar
[wlysy@localhost ~]$ ls test
test1.txt   test2.txt   test3.txt                   //解压成功
```

第4章
用户与权限

在第3章中讲解某些操作时,有些命令需要加上"sudo",并且需要验证密码才能执行,否则会提示权限不够,或者只能查看而无法修改等,这就是权限与用户账户相结合的表现。只有具有权限的用户才能执行权限中赋予的各种操作。本章将向读者讲解Linux中的用户、用户组以及权限相关的知识。

重点难点

- 用户与用户组的基础知识
- 用户与用户组的操作
- 文件与目录的权限管理

4.1 Linux的用户与组

Linux是一个多用户的操作系统，允许多名用户同时登录及使用系统和各种资源。为了区分这些用户，引入了用户账户和用户账户组的概念，以便更好地管理系统并分配资源。本节主要介绍Linux用户和用户组的相关概念。

4.1.1 用户与用户账户

Linux系统是一个多用户多任务的分时操作系统，任何一个要使用系统资源的用户，都必须首先向系统管理员申请一个账号，然后以这个账号的身份进入系统。用户的账号一方面可以帮助系统管理员对使用系统的用户进行跟踪，并控制他们对系统资源的访问；另一方面也可以帮助用户组织文件，并为不同用户提供不同安全级别的保护。

每个用户账号都拥有一个唯一的用户名和对应的密码。用户在登录时输入正确的用户名和密码后，才能够进入系统和自己的主目录，进而正常地使用系统和访问各种资源。

1. 用户账户的分类

Linux系统中的用户分为三类：超级用户、系统用户和普通用户。

（1）超级用户。超级用户对系统具有绝对的控制权。名为root的用户是系统中默认的超级用户，它在系统中的任务是对普通用户和整个系统进行管理。root用户对系统具有绝对的控制权，能够对系统进行一切操作，可以修改、删除任何文件，运行任何命令。由于其权限过大，所以在系统中默认只能临时使用其权限，主要是降低用户误操作风险，防止非法用户恶意提权。

（2）系统用户。系统用户也称为伪用户或虚拟用户。在安装Linux系统及一些服务程序时，会添加一些特定权限的用户，用于维持系统或某些服务程序的正常运行。这些用户的使用者并非自然人，而是系统的组成部分，用来完成系统中的一些特殊的操作，一般也不允许登录到系统，而且这些用户的主目录也不在/home目录中。如运行常见的电子邮件进程的系统用户mail、运行Apache网页服务的系统用户apache等。

（3）普通用户。普通用户是为了让使用者能够使用Linux系统资源、而由管理员创建的用户账户。普通用户拥有的权限受到一定限制，一般只在用户自己的主目录中有完全权限，如创建文件、目录、浏览、查看及修改文件内容等。用户主目录在/home/用户同名目录中。在其他位置进行操作时会被限制，提示"权限不够"，如图4-1所示。

图 4-1

特殊用户

在安装操作系统时创建的用户虽然是普通用户，但可以拥有略高的权限，如可以使用sudo等。

2. 用户账户标识符

在Linux系统中，用户账户标识符用来记录和识别用户，并不是使用的用户账户名称，而是在创建该用户时，系统为该用户指定的一个独有的用户ID号。该ID号在系统中唯一，叫作用户标识符，也叫作用户ID号或UID号。UID用于标识系统中的用户，以及确定用户可以访问的系统资源类型。其中root的ID号为0，系统用户的ID号为1～999，普通用户的ID号为1000～65535。

> **知识拓展**
>
> **用户组识别符**
>
> 除了用户，组也有其ID号，叫作用户组标识符，也叫作组ID号或GID号。系统会根据组ID号识别组中成员以及该组所能使用的权限，并赋予该组中用户相应的权限。

4.1.2 用户账户的配置文件

这里的配置文件指的是保存用户相关信息的文件。在Linux中，用户账户管理主要涉及/etc/passwd和/etc/shadow两个文件，分别对应着用户的配置信息文件和密码文件。

1. /etc/passwd

在Linux中，所有用户的主要信息都存放在/etc/passwd中，用户可以使用前面介绍的命令查看该文件中的内容，来了解当前系统中用户的各种信息。普通用户也可以直接浏览及查看该文件，管理员或具有管理员权限后才可以修改该文件中的内容。

```
[wlysy@localhost ~]$ cat /etc/passwd              //查看文件内容
root:x:0:0:root:/root:/bin/bash                   //root用户，在安装系统时允许其登录
bin:x:1:1:bin:/bin:/sbin/nologin
daemon:x:2:2:daemon:/sbin:/sbin/nologin
adm:x:3:4:adm:/var/adm:/sbin/nologin
lp:x:4:7:lp:/var/spool/lpd:/sbin/nologin
sync:x:5:0:sync:/sbin:/bin/sync
shutdown:x:6:0:shutdown:/sbin:/sbin/shutdown      //负责关机的系统用户
halt:x:7:0:halt:/sbin:/sbin/halt
mail:x:8:12:mail:/var/spool/mail:/sbin/nologin    //负责邮件的系统用户，无法登录
……
tcpdump:x:72:72::/:/sbin/nologin
wlysy:x:1000:1000:wlysy:/home/wlysy:/bin/bash     //安装系统时创建的普通用户账户
```

在文件中，每一行代表一个用户的配置信息，在配置信息中心，使用":"分隔参数，格式如下：

```
username:password:uid:gid:userinfo:home:shell
```

其中，各参数的含义如下：

- **username**：用户账户名称，也就是用户名。
- **password**：原本存放用户密码，为了保证账户的安全性，密码字符被替换成了占位符x，实际的密码存储在/etc/shadow文件中。

- **uid:** 用户ID, Linux内核通过该字段识别用户, 也就是前面介绍的UID号。
- **gid:** 用户组ID, Linux内核通过该字段识别用户组, 组名和GID的对应关系存放在/etc/group文件中。
- **userinfo:** 帮助识别用户信息的文本内容, 也可以省略为空。
- **home:** 用户登录Linux时用户主目录的位置, 也可以设置为其他目录。
- **shell:** 用户登录时默认的Shell环境, CentOS Stream 9的默认Shell是/bin/bash。

> **知识拓展**
>
> **其他Shell**
>
> 在用户信息的末尾, 正常可以登录的用户Shell环境是/bin/bash。/bin/false是最严格的禁止login选项, 一切服务都不能用, 用户会无法登录, 并且不会有任何提示。
>
> /sbin/nologin指的仅是这个用户无法使用bash或其他Shell来登录系统。有些有其他特定功能的用户则会使用其功能环境, 如/sbin/shutdown、/sbin/halt等。这些账户只是不能直接登录系统, 但可以使用对应的系统资源。如打印作业由lp账号管理, www服务器由apache账号管理, 它们都可以进行系统程序的工作, 但却无法登录主机。

2. /etc/shadow

在早期的Linux中, 密码是存放在/etc/passwd中, 但所有用户都可以查看该文件。出于安全性考虑, 后来密码存放到了/etc/shadow中, 该文件只有具有root权限才可以查看和管理。该文件也被称为/etc/passwd的影子文件, 主要作用就是保存用户的密码配置情况。在shadow文件中, 密码也不是以明文方式存在, 而是使用了更新的"影子密码"技术来进行存储, 所以更加安全。

```
[wlysy@localhost ~]$ cat /etc/shadow
cat: /etc/shadow: 权限不够                                    //无法直接查看
[wlysy@localhost ~]$ sudo cat /etc/shadow
[sudo] wlysy 的密码:
root:$6$CU295QtxzD1mdBt5$qwhiILUve.ubr6Huwzz1NJ/7m/QYdM3d32dtbKQDcESDUGoa
wROqkZsFRjZ9w1ZuiLS6EQB2M0MCaiF87Dzf.0::0:99999:7:::        //root用户
bin:*:19760:0:99999:7:::
daemon:*:19760:0:99999:7:::
adm:*:19760:0:99999:7:::
lp:*:19760:0:99999:7:::
sync:*:19760:0:99999:7:::
shutdown:*:19760:0:99999:7:::
halt:*:19760:0:99999:7:::
mail:*:19760:0:99999:7:::
……
tcpdump:!!:19920:::::::
wlysy:$6$CeFbLv1QR4CBEO$/vD.Ak4epqTWXULgt8xB78paJNUEy1b6ae9Woja3XyJQQqE2u
LKy1SPtfCT34QqLz/KLfJe8ZKqTAspRskt.b0:19920:0:99999:7:::    //创建的普通用户
```

/etc/shadow中也是按行排列, 对应着/etc/passwd的每一行的参数格式如下:

```
username:password;lastchg:min:max:warn:inactive:expire:flag
```

其中，各参数的含义如下。
- **username**：用户登录的账户名。
- **password**：加密的用户密码。
- **lastchg**：自1970年1月1日起到上次修改密码所经历的天数，如19920换算过来就是2024年7月16日更改的密码，也就是系统的安装日期。
- **min**：两次修改密码之间至少经过的天数，或者说该天数内不能更改密码。0代表可以随时更改。
- **max**：密码有效的最大天数，每隔最大天数就需要重新设置密码。99999是永不过期。如果用户不自行更改密码，到期后，用户登录时会被强制修改密码才可以继续使用。
- **warn**：密码失效前多少天内向用户发出警告，7代表7天，也就是说7天内，每次登录都会提醒用户需要更改密码。
- **inactive**：密码过期后的宽限天数，也就是过期后还有几天时间允许用户自行更改密码，超过此天数密码失效，无法验证并自行更改密码，也不会提示账户过期，相当于账号被完全禁用。
- **expire**：账号失效时间，和lastchg字段一样，是自1970年1月1日起的累计天数，超过该日期后无论密码是否过期都无法使用。
- **flag**：保留，以后添加新功能后可能会用到。

> **注意事项** 加密密码
>
> 以"\$1\$"开头代表是MD5加密；以"\$2\$"开头代表是Blowfish加密；以"\$5\$"开头代表是SHA-256加密；以"\$6\$"开头代表是SHA-512加密。如果字段为空，代表用户没有设置密码；如果显示"！""*""！！"或"locked"，则说明账户存在锁定或其他限制。

4.1.3 用户组与组账户

用户组是某些具有相同或相似特性的用户的集合，可以包含多个用户。在Linux中每个用户账户也都有一个默认的用户组账户（简称组），系统可以对某个用户组中的所有用户账户进行集中管理。Linux使用GID来识别每个用户组，并赋予组中的每个用户账户对应的权限。默认情况下，每个用户都属于与其账户相同的账户组中，这个组就叫作该用户的主组或基本组。当然，可以在创建时指定其主组，而不使用其同名组作为主组。

除了默认的基本组外，用户也可以加入其他用户组中，这些组被称为次要组或者附加组。附加组可以任意加入或退出，加入后会拥有该用户组的相应权限。一个用户可以加入多个附加组，但只能有一个基本组。

在实际使用时可以为用户组创建权限，而将用户加入该组中，用户就具有了对应的权限，这样方便管理用户、增减权限、减少工作量和错误的发生。

和UID号类似，root组的GID为0，系统用户组的GID为1~999，普通用户组的GID从1000开始。

4.1.4 组账户配置文件

与用户类似，组账户信息也存放在/etc/group和/etc/gshadow两个文件中。

1. /etc/group

文件/etc/group是组账户的配置文件，存放用户账户以及其对应的组账户信息。因为一个用户可能归属于多个不同的组，所以在该文件中可以查看用户归属于哪个或哪几个组。查看该文件也无需管理员权限，每一行就是一个用户组。

```
[wlysy@localhost ~]$ cat /etc/group          //直接查看即可
root:x:0:
bin:x:1:
daemon:x:2:
sys:x:3:
adm:x:4:
tty:x:5:
disk:x:6:
lp:x:7:
mem:x:8:
kmem:x:9:
wheel:x:10:wlysy
……
tcpdump:x:72:
wlysy:x:1000:
```

配置文件中参数的格式为：

```
group_name:group_password:group_id:group_members
```

其中，各参数的含义如下。

- **group_name：** 用户组的名称。
- **group_password：** 用户组的密码，x代表已加密，密码存放于/etc/gshadow中。
- **group_id：** 用户组的ID，也就是GID。
- **group_members：** 使用","分隔的组成员，如wheel组（该组具有可执行sudo权限）中有wlysy用户。

在配置文件中罗列了所有的用户和组等信息，用户可以通过命令筛选出想要查看的关键内容。可以通过管道功能筛选，也可以使用"grep"命令直接筛选，如图4-2所示。

2. /etc/gshadow

和shadow文件类似，/etc/gshadow文件属于/etc/group的影子文件。相对于账户配置文

图 4-2

件，组配置相关的文件内容相对更加简单，而且大多数参数默认为空。在该文件中保存用户组的加密密码，查看该文件需要管理员权限，且组的排列顺序和shadows文件中的组信息对应，执行效果如下：

```
[wlysy@localhost ~]$ sudo cat /etc/gshadow          //需要root权限
[sudo] wlysy 的密码：
root:::
bin:::
daemon:::
sys:::
adm:::
tty:::
disk:::
lp:::
mem:::
kmem:::
wheel:::wlysy
……
tcpdump:!::
wlysy:!::                         //因为没有配置组密码，这里显示的都是空参数
```

配置文件中参数的格式为：

group_name:group_password:group_id:group_members

其中，各参数的含义如下。

- **group_name**：用户组的名称。
- **group_password**：加密后的组账户密码，空或"!"代表密码为空，通常无须设置。
- **group_id**：用户组的ID，也就是GID。
- **group_members**：使用","分隔的组成员，如wheel组中有wlysy用户。

4.1.5 默认配置文件

在Linux中，创建用户账户时会使用一些特定文件作为模板，来为新建的用户创建工作环境、基本参数等。

1. /etc/login.defs

该文件定义用户账户的各种参数和设置，主要用于控制用户账户的创建、管理以及认证过程。如创建用户时是否需要主目录、UID和GID的范围、用户及密码的有效期等，如图4-3所示。文件中有注释说明，用户可以了解这些参数的作用。该文件提供了系统范围内的默认设置。

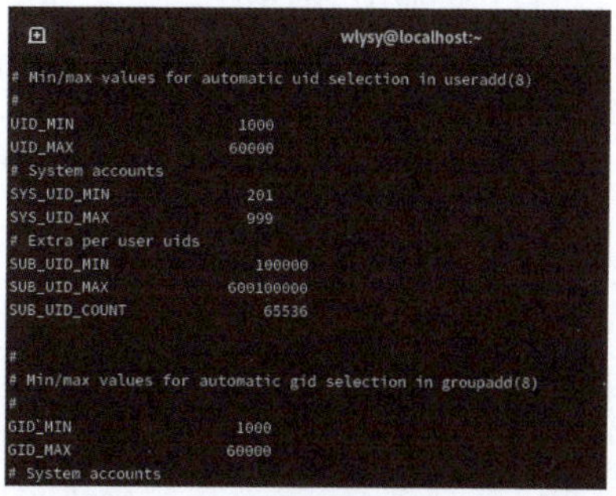

图 4-3

优化显示

由于很多配置文件中含有大量使用"#"注释的行，可以使用命令使其不显示。但不显示后，又会产生大量空格，所以可以使用正则表达式"^[^#]"来实现。"^"代表匹配行首，"[^#]"代表匹配除了"#"之前的任意字符，执行效果如下：

```
[wlysy@localhost ~]$ cat /etc/login.defs | grep ^[^#]
MAIL_DIR        /var/spool/mail
UMASK           022
HOME_MODE       0700
PASS_MAX_DAYS   99999
PASS_MIN_DAYS   0
PASS_WARN_AGE   7
UID_MIN                  1000
UID_MAX                 60000
SYS_UID_MIN               201
SYS_UID_MAX               999
SUB_UID_MIN            100000
SUB_UID_MAX         600100000
……
```

2. /etc/skel

/etc/skel目录是Linux系统中用来存放新用户配置文件模板的地方。当在系统中添加一个新用户时，系统会自动将/etc/skel目录下的所有文件和目录复制到新用户的home目录下，作为新用户的初始配置。由于该目录中的文件为隐藏文件，所以需要使用"ls -a"命令查看：

```
[wlysy@localhost ~]$ ls /etc/skel/                      //因为隐藏，不会显示
[wlysy@localhost ~]$ ls -a /etc/skel/                   //显示了所有隐藏文件
.  ..  .bash_logout  .bash_profile  .bashrc  .mozilla  .zshrc
```

在这里可以通过修改、添加、删除默认文件，为新创建的用户提供一个统一、标准的初始化用户环境。

3. /etc/default/useradd

/etc/default/useradd用来定义创建新用户账户时的默认设置。通过修改这个文件，可以自定义新用户的基本属性，如默认的登录Shell、主目录、用户ID范围等。主要影响的是useradd命令的行为，决定了新用户的基本属性。

```
[wlysy@localhost ~]$ cat /etc/default/useradd
# useradd defaults file
GROUP=100
HOME=/home
INACTIVE=-1
EXPIRE=
SHELL=/bin/bash
SKEL=/etc/skel
CREATE_MAIL_SPOOL=yes
```

4.2 用户与用户组的管理

这里的管理对象就是用户账户和用户的组账户，包括常见的创建、查看、修改、删除等操作。

4.2.1 用户的管理

用户的管理主要围绕用户账户的常规操作。用户的管理直接影响系统的环境、安全性和用户的权限，所以需要特别小心。

1. 新建用户账户

可以在图形界面创建用户账户，也可以在终端窗口或虚拟终端中使用命令创建。下面主要介绍在终端窗口中新建用户的操作，命令为useradd，其用法如下。

【命令格式】

```
useradd [选项] 用户名
```

【常用选项】

-c：加上备注文字，备注文字保存在passwd的备注栏中。

-d：指定用户登入时的起始目录，需要使用绝对路径。

-D：变更预设值。

-e：指定账号的有效期限，默认表示永久有效。

-f：指定在密码过期后多少天即关闭该账号。

-g：指定创建的用户所属的默认用户组。

-G：指定用户所属的附加组。

-m：自动建立用户的主目录。

-M：不要自动建立用户的主目录。

-n：取消建立以用户名称为名的群组。

-r：建立系统账号。

-s：指定用户登录后所使用的Shell，不指定则使用/bin/bash。

-u：指定用户ID号，ID号为一串数字。

-p：在创建用户的同时创建密码。

【知识拓展】

默认配置文件的使用

在创建用户账户时，系统会读取配置文件/etc/login.defs和/etc/default/useradd中的信息，创建用户的主目录，并复制/etc/skel中的所有文件到新用户的主目录中。

【示例1】添加用户账户user1。

添加用户时，可以使用useradd命令，不需要任何选项，执行效果如下：

```
[wlysy@localhost ~]$ sudo useradd user1                        //需要root权限
[sudo] wlysy 的密码：
[wlysy@localhost ~]$ sudo grep user1 /etc/passwd /etc/shadow /etc/group
              //创建完毕后，在几个配置文件中筛选出含有user1的行，查看是否创建成功
/etc/passwd:user1:x:1001:1001::/home/user1:/bin/bash
//创建成功，ID为1001，主目录为/home/user1，登录环境为/bin/bash
/etc/shadow:user1:!!:19965:0:99999:7:::                        //无密码
/etc/group:user1:x:1001:                                       //同名组也创建完成
[wlysy@localhost ~]$ ls /home/
user1  wlysy                                                   //新用户主目录创建成功
[wlysy@localhost ~]$ ls /home/user1/
ls: 无法打开目录 '/home/user1/': 权限不够           //无权限访问其他用户主目录
[wlysy@localhost ~]$ sudo ls /home/user1/
[wlysy@localhost ~]$ sudo ls -a /home/user1/       //通过显示所有文件才能查看
.  ..  .bash_logout  .bash_profile  .bashrc  .mozilla  .zshrc //复制过来的配置
```

【示例2】创建用户并指定其主要组。

创建用户并指定主要组需要使用选项"-g"，后面加上需要设置的主要组名，而且该组名必须存在，否则会导致用户创建失败，因为指定了主要组，所以并不会创建用户的同名主要组，执行效果如下：

```
[wlysy@localhost ~]$ sudo useradd -g user1 user2
                                          //创建用户user2，指定其主组为user1
[sudo] wlysy 的密码：
[wlysy@localhost ~]$ sudo grep user2 /etc/passwd /etc/shadow /etc/group
/etc/passwd:user2:x:1002:1001::/home/user2:/bin/bash
                     //user2的ID为1002，其主组的GID为1001，也就是user1
/etc/shadow:user2:!!:19965:0:99999:7:::         //同样没有密码
                     //在/etc/group中没有找到，也就没有自动创建user2组
```

【示例3】创建用户user10，设置UID为1010，设置主目录为/var/user10，作为wlysy组成员，登录环境为/bin/sh，并添加描述为"测试用户"。执行效果如下：

```
[wlysy@localhost ~]$ sudo useradd -u 1010 -d /var/user10 -g wlysy -s /
bin/sh -c 测试用户 user10
[sudo] wlysy 的密码：
[wlysy@localhost ~]$ sudo grep user10 /etc/passwd /etc/shadow /etc/group
/etc/passwd:user10:x:1010:1000:测试用户:/var/user10:/bin/sh  //成功创建
/etc/shadow:user10:!!:19965:0:99999:7:::
                                              //同样没有创建同名主组
```

以上均是在图形界面的终端窗口中运行的命令，一般在GNOME界面中，使用"Win+空格"键就可以切换输入法，切换为中文输入法即可输入。在中文输入法状态下，按Shift键即可切换英文与中文输入。在纯命令行环境中，需要根据不同的系统，配置输入法和

终端模拟器才能输入，所以通常建议不要使用中文进行描述或使用中文命名。

2. 查看账户 ID 信息

除了可以直接在上面介绍的4个文件中查看用户信息外，还可以通过命令了解用户的账户UID、GID以及附加组的信息，使用的命令就是id。

【命令格式】

```
id [选项] 用户名
```

【常用选项】

-g：显示用户所属群组的ID，即GID。

-G：显示用户所属附加群组的ID，即GID。

-n：显示用户所属群组或附加群组的名称。

-r：显示实际ID。

-u：显示用户ID。

如果不加选项则显示当前用户的UID、所属群组、附加群组的名称和GID。

【示例4】显示用户的信息。

显示用户信息可以不带参数，直接加上用户名即可，执行效果如下：

```
[wlysy@localhost ~]$ id user1
用户id=1001(user1) 组id=1001(user1) 组=1001(user1)
[wlysy@localhost ~]$ id user2
用户id=1002(user2) 组id=1001(user1) 组=1001(user1)
[wlysy@localhost ~]$ id user10
用户id=1010(user10) 组id=1000(wlysy) 组=1000(wlysy)
```

【示例5】显示用户所属的组信息。

显示用户所属的组信息可以使用各种参数，执行效果如下：

```
[wlysy@localhost ~]$ id -g wlysy                    //显示用户的GID
1000
[wlysy@localhost ~]$ id -gn wlysy                   //以名称显示用户所属组
wlysy
[wlysy@localhost ~]$ id -G wlysy                    //显示用户加入的所有组的GID
1000 10
[wlysy@localhost ~]$ id -Gn wlysy                   //以名称显示用户加入的所有组的GID
wlysy wheel
```

3. 配置账户密码

创建用户时，系统默认"无密码且被账户系统锁定"，无法登录。如果要使用，需要为该账户创建密码，使用的命令就是passwd，下面介绍该命令的用法。

【命令格式】

```
passwd [选项] 用户名
```

【常见参数】

-l：在shadow中给相应用户密码前加上"！"，达到锁定账户的目的。
-u：取消shadow中相应用户密码前的"！"，达到解锁账户的目的。
-n：选项后加天数，修改shadow文件的第4个字段——密码更改间隔时间。
-x：选项后加天数，修改shadow文件的第5个字段——密码过期天数。
-w：选项后加天数，修改shadow文件的第6个字段——密码报警提前天数。
-i：选项后接日期，修改shadow文件的第7个字段——禁止登录前的时间。
-S：查询用户的密码状态。
-d：删除已命名账户的密码。

【示例6】为用户创建密码。

不使用选项，后面直接跟账户名，可以为该用户账户创建或重新设置密码，以对话方式创建，执行效果如下：

```
[wlysy@localhost ~]$ sudo passwd user1           //需要使用root权限
[sudo] wlysy 的密码：                             //验证当前用户密码
更改用户 user1 的密码 。
新的密码：                                        //输入为用户创建的密码
重新输入新的密码：                                 //再次输入
passwd：所有的身份验证令牌已经成功更新。           //创建成功
[wlysy@localhost ~]$ sudo passwd -S user1        //查询用户密码状态
user1 PS 2024-08-30 0 99999 7 -1 (密码已设置, 使用 SHA512 算法。)  //设置成功
[wlysy@localhost ~]$ sudo grep user1 /etc/shadow  //查看用户配置文件
user1:$6$rounds=100000$CePc1YBBLzirR9pG$OaAEYACo6I7OcFJfMC0W6
LCzwOJXgwjLg.vhbTbmY.ld7BtjNZzoUIh1p8NLMLd27OBwxMe6O7rGqLRHPM
KO00:19965:0:99999:7:::
                                                  //已经启用，且显示加密后的密码
```

注意事项 CentOS Stream 9中的用户密码要求

CentOS Stream 9中的用户密码设置一般由系统安全策略和/etc/login.defs文件共同决定。设置密码时密码不会显示，用户输入完毕按回车键即可。系统会对输入的密码核对规则后给出警告信息，如少于8个字符、使用了常见词组等，但不影响用户使用任何密码。直接再次输入即可完成创建。但为了安全起见，建议使用强密码。

知识拓展

"-S"选项显示的内容含义

使用"-S"选项查询密码状态时，显示的内容依次为"用户名、密码状态、密码最近更改时间、密码将要过期时间 、密码不可更改时间、账户过期时间"。其中密码状态显示的内容及含义有：LK，密码已锁定、无法登录；NP，密码不存在、未设置。PA，密码已过期、需更改等。

【示例7】锁定及解锁用户密码。

锁定密码后，用户就无法进行登录。可以使用选项"-l"，解锁账户需要使用选项

"-u"，执行效果如下：

```
[wlysy@localhost ~]$ sudo passwd -l user1                //锁定用户账户
锁定用户 user1 的密码 。
passwd: 操作成功
[wlysy@localhost ~]$ sudo passwd -S user1                //查看密码状态
user1 LK 2024-08-30 0 99999 7 -1 (密码已被锁定。)  //密码已被锁定，用户无法登录
[wlysy@localhost ~]$ sudo cat /etc/shadow | grep user1   //查看密码文件
user1:!!$6$rounds=100000$YAe3TA77eKl2dTtg$wCJqcAn0Jpw3wJY41n0z
PNiBgx03M6VUlB75NdRBvhJtc1jEjnsgThv55posX8/hYAZ2fO6c7E4vsm/E/
MKsA0:19965:0:99999:7:::
                                       //在"$6$"前添加"!!"锁定密码
[wlysy@localhost ~]$ sudo passwd -u user1                //解锁
解锁用户 user1 的密码。
passwd: 操作成功
[wlysy@localhost ~]$ sudo passwd -S user1
user1 PS 2024-08-30 0 99999 7 -1 (密码已设置，使用 SHA512 算法。)  //解锁成功
[wlysy@localhost ~]$ sudo grep user1 /etc/shadow
user1:$6$rounds=100000$YAe3TA77eKl2dTtg$wCJqcAn0Jpw3wJY41n0zPNiBgx03M6VUl
B75NdRBvhJtc1jEjnsgThv55posX8/hYAZ2fO6c7E4vsm/E/MKsA0:19965:0:99999:7:::
                                       //"!!"已被删除，账户可正常登录
```

知识拓展

通过修改文件来锁定及解锁账户

这种方式是通过锁定密码来锁定账户，禁止其登录。如果不使用命令，也可以手动到文件中在"6"前添加"!!"来锁定密码，从而锁定账户，删除后即可解锁。因为安全性的问题，退出时，需要使用":wq!"强制保存并退出，才能生效。

4. 用户属性的更改

前面介绍的用户账户的信息存放在passwd和shadow中，可以使用usermod命令修改这些属性信息。该命令的用法如下。

【命令格式】

usermod [选项] [参数] 用户名

【常用选项】

- -l：修改passwd文件中第1个字段的内容，也就是用户名。
- -u：修改passwd文件中第3个字段的内容，也就是用户的UID。
- -g：修改passwd文件中第4个字段的内容，也就是用户的GID。
- -c：修改passwd文件中第5个字段的内容，也就是用户的描述信息。
- -d：修改passwd文件中第6个字段的内容，也就是用户的主目录。
- -s：修改passwd文件中第7个字段的内容，也就是用户默认登录的Shell环境。
- -G：修改group文件中第4个字段的内容，也就是将用户添加到其他相应的用户组中。

-L：修改shadow文件中第2个字段的内容，也就是用户密码，可以锁定用户使其无法登录。

-U：修改shadow文件中第2个字段的内容，解锁用户，使用户恢复使用。

-f：修改shadow文件中第7个字段的内容，也就是密码过期后还允许使用的时间。

-e：修改shadow文件中第8个字段的内容，也就是用户被禁止登录的准确时间。

-a -G：将用户加入新的附加组。

【示例8】锁定及解锁用户。

使用usermod命令也可以锁定及解锁用户账户。使用选项"-L"锁定用户，使用选项"-U"解锁用户，执行效果如下：

```
[wlysy@localhost ~]$ sudo usermod -L user1                //锁定账户user1
[sudo] wlysy 的密码：
[wlysy@localhost ~]$ sudo passwd -S user1                 //查看user1的密码状态
user1 LK 2024-08-30 0 99999 7 -1 (密码已被锁定。)    //密码被锁定，账户无法登录
[wlysy@localhost ~]$ sudo usermod -U user1                //解锁账户user1
[wlysy@localhost ~]$ sudo passwd -S user1
user1 PS 2024-08-30 0 99999 7 -1 (密码已设置，使用 SHA512 算法。)   //已经恢复
nrlivGIU5I1$VRPGsaFckBw4iNJxNIK4yxFUv8ziNZ7LvBWwsv2Z
rj9:19375:0:99999:7:::
```

【示例9】修改用户的描述信息。

修改用户的描述信息，可以让其他人更容易判断该用户账户的归属、用途等，使用"-c"选项。本章示例3已经为user10设置了描述，可以直接修改描述，建议修改为英文，执行效果如下：

```
[wlysy@localhost ~]$ sudo grep user10. /etc/passwd
user10:x:1010:1000:测试用户:/var/user10:/bin/sh              //当前描述为"测试用户"
[wlysy@localhost ~]$ sudo usermod -c "test user10" user10    //修改描述
[wlysy@localhost ~]$ sudo grep user10. /etc/passwd
user10:x:1010:1000:test user10:/var/user10:/bin/sh //成功修改为"test user 10"
```

【示例10】将user2添加到wlysy组中。

本章示例2创建用户后，user2默认没有创建同名主组，而是加入到了user1组中，这里让其再加入wlysy组中。可以使用选项"-a"来增加组成员，"-G"来加入指定的组，执行效果如下：

```
[wlysy@localhost ~]$ id user2
用户id=1002(user2) 组id=1001(user1) 组=1001(user1)//user2的默认主组是user1组
[wlysy@localhost ~]$ sudo usermod -a -G wlysy user2
[sudo] wlysy 的密码：
[wlysy@localhost ~]$ id user2
用户id=1002(user2) 组id=1001(user1) 组=1001(user1),1000(wlysy)
                        //默认主组仍然是user1，附加组已经加入了wlysy组
```

除了直接使用命令修改参数外，还有一些命令提供交互式的配置方式，也就是使用

对话方式提示用户输入参数来完成配置。如添加用户，还可以使用交互式命令adduser，如修改账户信息字段的chfn命令，执行效果如下：

```
[wlysy@localhost ~]$ sudo chfn user2
正在更改 user2 的 finger 信息。
名称 []:
……
```

5. 用户的删除

删除用户需要管理员权限，可以使用userdel命令来执行该操作，其用法如下：

【命令格式】

userdel [选项] 用户名

【常用选项】

-r：删除该用户对应的主文件夹。

-f：强制删除该用户，即使其处于登录状态。

【示例11】 删除用户并验证是否被删除。

删除前建议备份该账户中的重要文件，该命令的执行效果如下：

```
[wlysy@localhost ~]$ sudo grep user10 /etc/passwd /etc/shadow /etc/group
[sudo] wlysy 的密码：
/etc/passwd:user10:x:1010:1000:test user10:/var/user10:/bin/sh
/etc/shadow:user10:!!:19965:0:99999:7:::
[wlysy@localhost ~]$ sudo userdel user10                //删除user10
[wlysy@localhost ~]$ sudo grep user10 /etc/passwd /etc/shadow /etc/group
[wlysy@localhost ~]$                                    //已经没有任何记录了
```

动手练 强制更改及删除用户密码

root用户可以强制更改及删除用户的密码，强制更改用户密码可以不知道用户的原始密码而直接输入新密码，强制删除密码可以将用户的密码清空，执行效果如下：

```
[wlysy@localhost ~]$ sudo passwd user1              //强制更改密码，命令和创建一致
[sudo] wlysy 的密码：
更改用户 user1 的密码 。
新的密码：
重新输入新的密码：
passwd: 所有的身份验证令牌已经成功更新。              //强制更改成功
[wlysy@localhost ~]$ sudo passwd -S user1
user1 PS 2024-08-30 0 99999 7 -1 (密码已设置, 使用 SHA512 算法。)
[wlysy@localhost ~]$ sudo passwd -d user1           //强制删除密码
清除用户的密码 user1。
passwd: 操作成功                                      //删除成功
[wlysy@localhost ~]$ sudo passwd -S user1
user1 NP 2024-08-30 0 99999 7 -1 (密码为空。)         //密码为空
```

知识拓展

快速查看用户密码有效期

可以使用chage命令查看密码有效期，执行效果如下。该命令还可以修改密码有效期、修改账户有效期、使用交互模式修改账户有效期信息。

```
[wlysy@localhost ~]$ sudo chage user1 -l
[sudo] wlysy 的密码：
最近一次密码修改时间                                    : 8月 30, 2024
密码过期时间                                           : 从不
密码失效时间                                           : 从不
账户过期时间                                           : 从不
两次改变密码之间相距的最小天数                          : 0
两次改变密码之间相距的最大天数                          : 99999
在密码过期之前警告的天数        : 7
```

4.2.2 用户的切换

Linux是多用户操作系统，不仅支持多账户同时登录与管理系统，而且在使用时可以切换到其他用户，并使用该用户的身份及权限。比较特殊的就是切换到超级管理员账户root来执行一些root权限的操作。前面介绍的sudo命令是临时借用root权限，命令执行完毕，就变为普通用户权限。如果用户需要连续执行多个需要root权限的操作，也可以直接切换为root账户，这在Kali Linux中经常用到。切换用户使用的命令是su，下面介绍该命令的用法。

注意事项 root账户的登录

因为在安装操作系统时，为root设置密码，并且解锁了该用户，所以可以使用root账户登录系统。另外还启用了root用户使用密码进行SSH登录。如果锁定root，则该账户无法登录，但可以在系统中切换到该账户来使用。

【命令格式】

```
su [选项] 用户名
```

【常用选项】

- 目标账户：使Shell成为登录Shell，属于完全切换。
-c：后跟命令，执行完后退出登录用户，仅作为临时使用。

【示例12】 切换用户。

切换用户，可以直接使用su命令，通过sudo执行，可直接切换，执行效果如下：

```
[wlysy@localhost ~]$ whoami                          //查看当前的用户账户名
wlysy                                                //当前账户为wlysy
[wlysy@localhost ~]$ su user1                        //普通切换
密码：                                               //输入user1的密码
[user1@localhost wlysy]$ whoami                      //再次查看
user1                    //当前用户为user1，通过命令提示符左侧的账户也能确认
[user1@localhost wlysy]$ su wlysy                    //切换回原来的账户
```

```
wlysy
密码：                                              //输入wlysy的密码
[wlysy@localhost ~]$ sudo su user1                  //切换完成，再使用sudo命令来切换
[sudo] wlysy 的密码：                               //验证wlysy的密码
[user1@localhost wlysy]$ exit
            //成功切换，无须输入user1的密码。使用exit命令可以退回切换前的用户账户。
exit
[wlysy@localhost ~]$
```

动手练 切换到root用户，并执行root命令

为root用户设置固定密码后，可以使用root用户登录，否则只能使用sudo命令来临时使用root权限。但需要有sudo权限的用户才能切换。切换的执行效果如下：

```
[wlysy@localhost ~]$ sudo su root                   //使用root权限的命令切换
[sudo] wlysy 的密码：
[root@localhost wlysy]# exit                        //切换成功后，可用exit退出
Exit
[wlysy@localhost ~]$ su - root                      //也可以使用该命令切换
密码：                                              //此时密码为root用户密码
[root@localhost ~]# tail /etc/shadow                //直接执行命令，无须使用sudo命令
pcpqa:!*:19920::::::
dovecot:!!:19920::::::
……
[wlysy@localhost ~]$ sudo su -                      //也可以用"su -"切换
[root@localhost ~]#
```

注意事项 三种切换方式的区别

sudo su root：将当前用户切换为root用户，但用户身份只切换了一部分，会导致某些操作会出现问题和报错，属于不完全切换。

sudo su - root：以root权限执行命令，在切换用户身份的同时，使用的环境变量也会切换为root用户的，身份切换更彻底。

sudo su -：在不指定用户的情况下，默认切换到root用户，属于命令的精简。

建议用户使用"sudo su - root"进行切换。切换为其他用户与此类似。

4.2.3 用户组的管理

用户组的管理操作包括创建用户组、删除用户组、管理组成员（加入成员及删除成员）等内容，下面介绍具体的管理操作。

1. 新建用户组

新建用户组的命令为groupadd，命令用法如下。

【命令格式】

groupadd [选项] 用户组名

【常用选项】

-r：创建系统用户组。

-g GID：指定组ID。

-n：修改组的名称。

【示例13】 创建用户组。

可以使用groupadd命令创建用户组，创建后可以在组信息中心查看，执行效果如下：

```
[wlysy@localhost ~]$ sudo groupadd group1
[sudo] wlysy 的密码：
[wlysy@localhost ~]$ sudo grep group1 /etc/group /etc/gshadow
/etc/group:group1:x:1002:     //创建成功，组ID为1002（wlysy为1000 user1为1001）
/etc/gshadow:group1:!::                    //在组密码文件中也可以查询到该组信息
```

2. 添加与删除组成员

除了在创建用户时指定加入的组、修改用户所属组外，还可以先创建组，然后再使用gpasswd命令添加和删除组中的成员，该命令的用法如下。

【命令格式】

```
gpasswd [选项] 用户组名
```

【常用选项】

-a：添加用户到组。

-d：从组中删除用户。

-A：指定管理员。

-M：指定组成员，和选项"-A"的用途差不多。

-r：删除密码。

-R：限制用户加入特定组，只有组中的成员才可以用newgrp命令加入该组。

【示例14】 将用户user1添加到wlysy组中。

将用户添加进组中，需要使用选项"-a"，再指定需要添加的用户，执行效果如下：

```
[wlysy@localhost ~]$ id user1                      //查看user1加入的组
用户id=1001(user1) 组id=1001(user1) 组=1001(user1)   //仅加入了默认的user1组
[wlysy@localhost ~]$ sudo gpasswd -a user1 wlysy   //将user1添加到wlysy组
正在将用户user1加入到wlysy组中                      //添加过程
[wlysy@localhost ~]$ id user1
用户id=1001(user1) 组id=1001(user1) 组=1001(user1),1000(wlysy)    //添加成功
```

【示例15】 将user1从group1中删除。

从组中移除用户，需要使用选项"-d"，后跟需要删除的用户，执行效果如下：

```
[wlysy@localhost ~]$ id user1
用户id=1001(user1) 组id=1001(user1) 组=1001(user1),1000(wlysy)   //位于两个组
[wlysy@localhost ~]$ sudo gpasswd -d user1 wlysy   //从wlysy组中删除user1
正在将用户user1从wlysy组中删除                      //提示信息
```

```
[wlysy@localhost ~]$ id user1
用户id=1001(user1) 组id=1001(user1) 组=1001(user1)    //已经删除成功
```

知识拓展 其他查询用户所在组的命令

除了使用id命令查看用户所在组以外，还可以使用命令"groups 用户名"查看用户所在组：

```
[wlysy@localhost ~]$ groups user2
user2 : user1 wlysy                                  //user2归属于两个组中
```

3. 修改组信息

可以使用groupmod命令修改组信息，包括GID和组名都可以修改，用法如下。

【命令格式】

```
groupmod [选项] 用户组名
```

【常用选项】

-g GID：修改组ID。

-n 新组名：修改组名。

【示例16】创建组grouptest，然后其将GID修改为1010，组名修改为groupcs。

```
[wlysy@localhost ~]$ sudo groupadd grouptest            //创建组grouptest
[sudo] wlysy 的密码：
[wlysy@localhost ~]$ sudo grep grouptest /etc/group     //查看其信息
grouptest:x:1002:                                       //组名为grouptest,GID为1002
[wlysy@localhost ~]$ sudo groupmod -g 1010 -n groupcs grouptest
//按要求指定新的GID和组名
[wlysy@localhost ~]$ sudo grep grouptest /etc/group
[wlysy@localhost ~]$ sudo grep groupcs /etc/group
groupcs:x:1010:                                         //只能查询到新组信息，修改成功
```

动手练 删除用户组

删除用户组可以使用groupdel命令，该命令的使用方法如下。

【示例17】删除用户组。

使用groupdel命令删除用户组，执行效果如下：

```
[wlysy@localhost ~]$ id user1
用户id=1001(user1) 组id=1001(user1) 组=1001(user1),1002(group1)
                                                        //用户user1在group1组中
[wlysy@localhost ~]$ sudo groupdel group1               //删除group1
[wlysy@localhost ~]$ sudo grep group1 /etc/group /etc/gshadow
[wlysy@localhost ~]$                                    //删除后查找不到该组
```

注意事项 删除非空用户组

非空用户组也就是组中有成员。如果该用户组属于某个用户的主用户组，除非删除用户或更改该用

户的默认组，否则会提示用户无法删除：

```
[wlysy@localhost ~]$ sudo groupdel user1
groupdel：不能移除用户user1的主组
```

在【示例17】中，user1虽然在group1中，但group1并不是user1的主要组，所以能够直接删除。

4.3 文件及目录的权限

在Linux中，文件和目录有着严格的权限管理机制，这些机制决定了用户和用户组能否对文件或目录进行访问，以及可以实现哪些操作。Linux就是通过各种权限来控制访问、保护敏感资源、提高系统的安全性的。

4.3.1 查看文件及目录权限

在查看文件或目录的详细信息时，就能够清楚地知道文件的权限和相关信息，如图4-4所示。

```
-rw-rw-r--   1 wlysy wlysy  0  8月
29 14:13 123.txt
```

图 4-4

图4-4中的每一行都是一个文件或文件夹的详细信息：第1个字段是文件或目录的类型以及文件或目录的权限；第2个字段代表文件或目录的硬链接；第3个、第4个字段代表文件的所属用户（属主）和文件的所属组（属组）。第5个字段代表文件或目录的大小，第6个字段是文件最近修改的日期和时间，最后的字段为文件名或目录名。

4.3.2 认识权限的含义

下面对权限的对应关系以及权限的含义两部分内容进行介绍。

1. 权限的对应关系

以图4-4中第1个为例，第1个字段为"-rw-rw-r--"，其中第1个字符代表文件类型。其他字符按照3个字符组合的方式排列，对应关系如下。

（1）所属用户权限。第2~4个字符，代表文件的所有者账户对于该文件的权限。权限共分为3种，分别是r（read，读权限）、w（write，写权限）、x（excute，执行权限），具体的权限含义及应用范围将在后面介绍。如果没有其中某个权限，则会以"-"来代替。在本例中，所属用户的权限是"rw-"，代表其属主具有读、写权限，但没有执行权限。

知识拓展

文件的执行权限

在Linux中,文件可否被执行,不是通过扩展名所确定的。而是需要查看文件的是否有相应的解释器或是否为正确编译的文件,也就是文件本身是否可以执行,另外还要查看文件的权限,是否可以被执行。当满足两者时,该文件才能被正确地执行。

(2)所属组权限。第5~7个字符,代表该文件所有者所在组的成员(账户)对于该文件的权限(由于所属组是可以修改的,要根据实际情况来判断属于哪个组),权限也分为r、w、x 3种。如果没有相关权限,也以"-"代替。如本例中为"rw-"代表了该文件所属组中的所有成员对该文件具有读和写权限,但没有执行权限。

(3)其他用户权限。第8~10个字符代表除了所属用户和所属组以外的其他用户对该文件的权限。本例中为"r--",代表其他用户对该文件只有读权限,没有写和执行的权限。

2. 权限含义说明

r、w、x是读、写和执行权限,权限对于文件和目录,具有不同的含义和适用范围。

(1)文件的权限。文件分为纯文本、二进制、数据库等不同类型,对于文件,其权限的含义如下。

① r:可以查看文件中的内容。

② w:对于可编辑的文件,如配置文件,可以对文件执行编辑操作,如增加、删除、修改文件内容,但不一定可以删除文件。

③ x:对于应用程序或者脚本文件等可执行文件,如果是开启状态,就可以启动并执行该程序文件。

(2)目录的权限。除了文件,目录也有自己的权限,其含义如下。

① r:代表可使用命令查看目录,列出目录的详细信息。

② w:代表更改目录的权限,允许修改目录结构。可以使用命令在该目录中创建、复制、移动、删除文件或下级目录。

③ x:由于目录无法被执行,所以x代表目录是否可以被访问,如使用cd命令切换目录,如果该目录无x权限,则无法访问或切换到该目录中。

在正常情况下,用户只能访问自己的主目录,访问其他用户主目录时,会提示权限不够。

```
[wlysy@localhost ~]$ cd ..                    //进入上级的/home目录中
[wlysy@localhost home]$ ll                    //查看所有用户的文件夹权限
总用量 4                //以下所有用户目录只有用户本身有权限,组和其他用户均无权访问
drwx------.  4 user1 user1  127 8月 31 11:38 user1
drwx------.  3 user2 user1   92 8月 30 14:51 user2
drwx------. 15 wlysy wlysy 4096 8月 31 11:38 wlysy
[wlysy@localhost home]$ cd user1
```

```
bash: cd: user1: 权限不够                              //操作时会提示权限不够
```

4.3.3 修改文件及目录的归属

默认情况下,文件所属用户就是该文件或目录的创建者的账户,所属组代表该文件或目录属于的用户组。根据所属用户和所属组,可以为其分配不同的权限。这就是这两个属性值的作用。当然管理员也可以通过手动的方式更改文件或目录的所有者和所属组,以便更好地控制权限。

1. 修改文件或目录的所属用户

修改文件或目录的所属用户的命令是chown,该命令的用法如下。

【命令格式】

```
chown 新的所属用户 文件/目录
chown 新的所属用户:新的所属组 文件/目录
```

【常用选项】

-R：递归目录及该目录下的所有文件及目录的属主。

-c：显示更改的部分信息。

-v：显示详细的处理信息。

-f：忽略错误信息。

【示例18】 修改文件及目录的所属用户。

直接使用chown就可以修改,执行效果如下:

```
[wlysy@localhost ~]$ mkdir test              //在用户主目录中创建文件夹test进行测试
[wlysy@localhost ~]$ cd test/
[wlysy@localhost test]$ touch 123
[wlysy@localhost test]$ mkdir abc
[wlysy@localhost test]$ ll
总用量 0
-rw-r--r--. 1 wlysy wlysy 0 9月  2 10:25 123
drwxr-xr-x. 2 wlysy wlysy 6 9月  2 10:26 abc
                        //创建了一个测试文件和一个测试目录,所属用户均为当前的wlysy
[wlysy@localhost test]$ sudo chown user1 123      //将文件123的属主变更为user1
[sudo] wlysy 的密码：
[wlysy@localhost test]$ sudo chown user2 abc      //将目录abc的属主变更为user2
[wlysy@localhost test]$ ll
总用量 0
-rw-r--r--. 1 user1 wlysy 0 9月  2 10:25 123
drwxr-xr-x. 2 user2 wlysy 6 9月  2 10:26 abc                      //变更成功
```

【示例19】 修改目录及目录下所有文件及目录的属主。

需要使用"-R"选项,可以使用"-v"选项显示修改的详细信息。

```
[wlysy@localhost ~]$ ll
总用量 0
……
drwxr-xr-x. 3 wlysy wlysy 28   9月  2 10:26 test
                                            //test目录的所属用户与用户组均为wlysy
[wlysy@localhost ~]$ ll test
总用量 0
-rw-r--r--. 1 user1 wlysy 0   9月  2 10:25 123
drwxr-xr-x. 2 user2 wlysy 6   9月  2 10:26 abc
[wlysy@localhost ~]$ sudo chown -v -R user2 test//属主设为user2，显示修改信息
[sudo] wlysy 的密码：
'test/123' 的所有者已从 user1 更改为 user2          //从user1改为user2
'test/abc' 的所有者已保留为user2                    //原来为user2，这里显示保留
'test' 的所有者已从 wlysy 更改为 user2              //test目录也进行更改
[wlysy@localhost ~]$ ll test
总用量 0
-rw-r--r--. 1 user2 wlysy 0   9月  2 10:25 123
drwxr-xr-x. 2 user2 wlysy 6   9月  2 10:26 abc      //属主均改为user2
```

2. 修改文件及目录的所属组

修改文件及目录的所属组的命令是chgrp，下面详细介绍该命令的使用方法。

【命令格式】

```
chgrp 新的所属组 文件/目录
```

【常用选项】

-R：递归修改目录及目录下的文件。

-c：显示更改的部分信息。

-v：显示详细的处理信息。

-f：忽略错误信息。

【示例20】修改文件及目录的所属组。

单独修改文件或目录的所属组使用chgrp命令，无须添加选项，执行效果如下：

```
[wlysy@localhost test]$ ll
总用量 0
-rw-r--r--. 1 user2 wlysy 0   9月  2 10:25 123      //当前所属组是wlysy
drwxr-xr-x. 2 user2 wlysy 6   9月  2 10:26 abc      //当前所属组是wlysy
[wlysy@localhost test]$ sudo chgrp user1 123        //将所属组修改为user1组
[sudo] wlysy 的密码：
[wlysy@localhost test]$ sudo chgrp user1 abc        //将所属组修改为user1组
[wlysy@localhost test]$ ll
总用量 0
-rw-r--r--. 1 user1 user1 0   9月  2 10:25 123
drwxr-xr-x. 2 user2 user1 6   9月  2 10:26 abc      //均修改成功
```

【示例21】修改目录及目录下的文件及目录默认的所属组。

这里需要使用"-R"选项进行递归的修改。

```
[wlysy@localhost ~]$ ll
总用量 0
……
drwxr-xr-x. 3 user2 wlysy 28  9月  2 11:14 test          //当前所属组为wlysy
[wlysy@localhost ~]$ ll test
总用量 0
-rw-r--r--. 1 user2 user1 0  9月  2 11:14 123
drwxr-xr-x. 2 user2 user1 6  9月  2 11:14 abc            //当前所属组为user1
[wlysy@localhost ~]$ sudo chgrp -v -R wlysy test         //递归更改所属组并显示修改信息
[sudo] wlysy 的密码：
'test/123' 的所属组已从 user1 更改为 wlysy
'test/abc' 的所属组已从 user1 更改为 wlysy
'test' 的所属组已保留为wlysy
[wlysy@localhost ~]$ ll | grep test
drwxr-xr-x. 3 user2 wlysy 28  9月  2 11:14 test          //已成功更改
[wlysy@localhost ~]$ ll test
总用量 0
-rw-r--r--. 1 user2 wlysy 0  9月  2 11:14 123
drwxr-xr-x. 2 user2 wlysy 6  9月  2 11:14 abc            //均成功更改
```

动手练 同时修改文件及目录的所属

chown命令除了可以单独修改文件或目录的所属用户外，还可以同时修改它们的所属用户组，而且选项均适用。

```
[wlysy@localhost ~]$ mkdir test
[wlysy@localhost ~]$ cd test
[wlysy@localhost test]$ touch 123
[wlysy@localhost test]$ mkdir abc
[wlysy@localhost test]$ cd ..                            //创建演示环境，并返回
[wlysy@localhost ~]$ ll | grep test
drwxr-xr-x. 3 wlysy wlysy 28  9月  2 11:41 test
[wlysy@localhost ~]$ ll test
总用量 0
-rw-r--r--. 1 wlysy wlysy 0  9月  2 11:41 123
drwxr-xr-x. 2 wlysy wlysy 6  9月  2 11:41 abc            //查看所有目录和文件
[wlysy@localhost ~]$ sudo chown -v -R user1:user1 test   //递归修改并显示过程
[sudo] wlysy 的密码：
'test/123' 的所有者已从 wlysy:wlysy 更改为 user1:user1
'test/abc' 的所有者已从 wlysy:wlysy 更改为 user1:user1
'test' 的所有者已从 wlysy:wlysy 更改为 user1:user1
[wlysy@localhost ~]$ ll | grep test
drwxr-xr-x. 3 user1 user1 28  9月  2 11:41 test          //修改成功
[wlysy@localhost ~]$ ll test
总用量 0
-rw-r--r--. 1 user1 user1 0  9月  2 11:41 123
drwxr-xr-x. 2 user1 user1 6  9月  2 11:41 abc            //修改成功
```

4.3.4 修改文件及目录的权限

前面介绍了文件和目录的3种权限：r、w、x，在了解了如何修改文件及目录的所属用户和所属组后，下面介绍如何修改文件或目录的权限。修改方式包括普通模式和数字模式两种。

1. 普通模式

修改文件或目录的权限可以使用chmod命令。普通修改需要各种选项的配合。

【命令格式】

```
chmod [修改对象] [符号] [权限] 文件/目录
```

【修改对象】

u：文件所有者。
g：文件所属组。
o：其他用户。
a：所有用户。

【符号】

+：为文件/目录增加权限。
-：为文件/目录去除权限。
=：将明确的权限赋予文件/目录。

【权限】

r：可读权限。
w：可写权限。
x：可执行权限。

> **知识拓展**
>
> **递归赋予权限**
>
> chmod命令也支持使用"-R"选项，可以将权限赋予目录及其中的文件或子目录。

【示例22】将目录所属组的权限设置为读写，去除其他用户的所有权限。为文件的所属用户和所属组添加执行权限，赋予其他用户读写权限。

以上选项可以灵活使用以满足用户的需求，执行效果如下：

```
[wlysy@localhost ~]$ mkdir test1                              //创建实验环境
[wlysy@localhost ~]$ cd test1
[wlysy@localhost test1]$ touch 123
[wlysy@localhost test1]$ mkdir abc
[wlysy@localhost test1]$ ll
总用量 0
```

```
-rw-r--r--. 1 wlysy wlysy 0  9月  2 13:25 123
drwxr-xr-x. 2 wlysy wlysy 6  9月  2 13:25 abc         //当前文件及文件夹的权限
[wlysy@localhost test1]$ sudo chmod g-x abc          //去除abc目录所属组的执行权限
[sudo] wlysy 的密码：
[wlysy@localhost test1]$ sudo chmod g+w abc          //为abc目录所属组添加写权限
[wlysy@localhost test1]$ sudo chmod o-rx abc         //去除abc目录其他用户的读和执行
[wlysy@localhost test1]$ sudo chmod ug+x 123         //文件123所属用户和组添加执行
[wlysy@localhost test1]$ sudo chmod o=rw 123         //赋予123其他用户读和写权限
[wlysy@localhost test1]$ ll
总用量 0
-rwxr-xrw-. 1 wlysy wlysy 0  9月  2 13:25 123
drwxrw----. 2 wlysy wlysy 6  9月  2 13:25 abc         //已经按照要求完成了设置
```

2. 数字模式

除了直接添加、删除以及赋予文件或目录权限外，还可以用数字的模式代表权限，通过数字的模式直接赋予权限。前面介绍了权限字段的含义，除了第一个字符代表文件的类型外，其他9个字符代表不同的权限。这9个字符分成3组，每组3个字符。每个字符用二进制表示，没有权限就是0，有权限就是1，所以每组字符共有000到111 8种表示方法，也就是8种状态。可以用对应的十进制数0~7来表示这8种状态，三组字符的十进制权限表示在一起，就可以为文件赋权。如"rw-rw-r--"用数字表示就是664，而"rwxrwxrwx"就是777，以此类推。用户可以先列出权限，再计算其数字模式的代码。

【示例23】通过数字模式修改文件及目录的权限。

```
[wlysy@localhost test1]$ ll
总用量 0
-rwxr-xrw-. 1 wlysy wlysy 0  9月  2 13:25 123
drwxrw----. 2 wlysy wlysy 6  9月  2 13:25 abc
[wlysy@localhost test1]$ sudo chmod 755 abc          //对目录赋予权限
[sudo] wlysy 的密码：
[wlysy@localhost test1]$ sudo chmod 777 123          //对文件赋予全部权限
[wlysy@localhost test1]$ ll
总用量 0
-rwxrwxrwx. 1 wlysy wlysy 0  9月  2 13:25 123         //成功修改权限
drwxr-xr-x. 2 wlysy wlysy 6  9月  2 13:25 abc         //成功修改权限
```

4.3.5 修改默认权限

在创建文件或目录时，系统会自动创建默认权限，如文件的默认权限是rw-r--r--（644），目录的默认权限是rwxr-xr-x（755）。

```
[wlysy@localhost test]$ ll
总用量 0
-rw-r--r--. 1 wlysy wlysy 0  9月  2 16:06 123
drwxr-xr-x. 2 wlysy wlysy 6  9月  2 16:06 abc
```

1. 权限掩码与权限的计算

在Linux系统中，创建的文件或目录会有默认的权限。这个权限是最终的权限，是通过权限掩码umask计算得来的。实际上如果没有umask计算，文件的默认访问权限是666，目录的默认访问权限是777，设置了umask后，最终的文件或目录的权限是由默认权限减去umask以后确定的。在Linux中，默认的umask的值为022，可以通过umask命令查看。

```
[wlysy@localhost test]$ umask
0022
```

第一个0属于特殊权限，可以不用理会，后三位为022。文件的最终权限就是666-022，为644，也就是"rw-r--r--"。目录的最终权限就是777-022，为755，也就是"rwxr-xr-x"。

2. 修改 umask 的值

可以通过命令修改umask的值，这样再创建目录或文件，就可以得到不同的访问权限。命令为"umask -S"，后面跟上设置的umask值就可以了。

```
[wlysy@localhost test]$ ls
[wlysy@localhost test]$ umask                              //查看当前umask
0022                                                        //当前为默认0022
[wlysy@localhost test]$ touch 111
[wlysy@localhost test]$ mkdir aaa
[wlysy@localhost test]$ ll
总用量 0
-rw-r--r--. 1 wlysy wlysy 0  9月  2 17:17 111              //最终的文件权限
drwxr-xr-x. 2 wlysy wlysy 6  9月  2 17:17 aaa              //最终的目录权限
[wlysy@localhost test]$ umask -S 0077                      //设置umask为0077
u=rwx,g=,o=                                                 //umask计算后的权限
[wlysy@localhost test]$ touch 222
[wlysy@localhost test]$ mkdir bbb
[wlysy@localhost test]$ ll
总用量 0
-rw-r--r--. 1 wlysy wlysy 0  9月  2 17:17 111
-rw-------. 1 wlysy wlysy 0  9月  2 17:18 222              //所属组和其他用户权限被取消
drwxr-xr-x. 2 wlysy wlysy 6  9月  2 17:17 aaa
drwx------. 2 wlysy wlysy 6  9月  2 17:18 bbb              //权限也被取消
[wlysy@localhost test]$ umask
0077                                                        //当前默认的umask值为0077
```

> **注意事项** 生效范围
>
> umask的设置通常只对当前的Shell会话有效。一旦关闭当前的终端或Shell，在新的会话中，umask的设置会恢复到系统默认值或用户之前设置的值。如果想让umask设置永久生效，需要在用户的Shell配置文件（如.bashrc、.zshrc等）中设置umask，这样每次打开新的终端时，umask就会被自动设置。

知识延伸：提升普通用户的权限

前面介绍了sudo的使用方法，如果普通用户想使用root权限命令，需要加上sudo来临时提权。登录系统创建的普通用户比较特殊，会自动有使用sudo的权限，那其他用户如何拥有使用sudo的权限呢？例如，创建了用户user1，如果切换到user1，直接使用sudo命令，将会提示该用户不在sudoers文件中。

```
[wlysy@localhost ~]$ su - user1
密码：
[user1@localhost ~]$ sudo cat /etc/passwd
[sudo] user1 的密码：
user1 不在 sudoers 文件中。此事将被报告。           //无法查看
```

可以看到user1因为不在sudoers文件中，所以没有相应的权限。介绍sudo时，曾经讲到wheel比较特殊的组，通常被视为管理员组。在许多Linux发行版中，它被用来限制sudo或su权限。也就是说，只有属于wheel组的用户才有资格使用sudo命令或su命令切换到root用户。所以，最简单的方法就是将需要sudo权限的用户加入到该组中：

```
[wlysy@localhost ~]$ sudo gpasswd -a  user1 wheel    //将user1加入wheel组
正在将用户user1加入到wheel组中
[wlysy@localhost ~]$ su - user1
密码：
[user1@localhost ~]$ sudo cat /etc/passwd
[sudo] user1 的密码：
root:x:0:0:root:/root:/bin/bash
bin:x:1:1:bin:/bin:/sbin/nologin
daemon:x:2:2:daemon:/sbin:/sbin/nologin
……                                                 //可以正常使用sudo
```

除了这种方法以外，用户也可以进入/etc/sudoers中编辑权限，因为这是一个非常重要的配置文件，修改时务必谨慎，错误的修改可能导致系统无法启动。所以建议使用visudo命令来编辑该文件，可以避免语法错误导致的问题。有sudo权限的用户，直接使用sudo visudo命令进入到该文件中，找到"user ALL=(ALL) ALL"行，在其下方，将需要使用sudo权限的用户按同样格式加入，然后执行即可。

```
……
## Allow root to run any commands anywhere
root    ALL=(ALL)       ALL
user2   ALL=(ALL)       ALL                         //添加一行
## Allows members of the 'sys' group to run networking, software,
……
[wlysy@localhost ~]$ su - user2
[user2@localhost ~]$ cat /etc/passwd
root:x:0:0:root:/root:/bin/bash
……                                                 //也可以正常使用sudo
```

第5章 磁盘配置与管理

作为数据存储的重要载体，磁盘的使用非常广泛。磁盘管理也是Linux系统的重要的组成部分之一，本章着重向读者介绍磁盘相关概念，以及磁盘管理的相关操作和使用技巧。

重点难点

- 磁盘简介
- 磁盘分区
- 文件的系统创建及格式化
- 文件系统的挂载与卸载
- 逻辑卷的创建与管理

5.1 磁盘简介

磁盘是计算机中主要的存储介质，磁盘的名称来自于它的工作原理——使用磁性颗粒进行数据的存储。现在常用的叫法是硬盘或机械硬盘。近年来，固态硬盘出现并实现了高速发展。固态硬盘的原理与磁盘不同，但在计算机领域，仍然将两者统称为磁盘或者硬盘。因为仅从使用角度而言，并无区别，所以这几种称呼都代指同一设备。

5.1.1 认识磁盘

机械硬盘和固态硬盘的工作原理是不同的，所以其特性和数据的传输速度也是不同的，两者的结构及工作原理如下。

1. 机械硬盘的结构与工作原理

机械硬盘有多个覆盖了磁颗粒的盘片，每个盘片被划分为多个由同心圆组成的磁道，信息记录在磁道上，每个磁道按照半径又被划分为多个扇区，每个扇区就是一个物理块。硬盘有多个盘片，每个盘片有一个磁头，磁头号用来标识盘面号；所有盘面中处于同一磁道号上的所有磁道组成一个柱面，所以用柱面号表示磁道号。物理块的地址表示为：磁头号（盘面号）、柱面号（磁道号）和扇区号。

程序请求某一数据，磁盘控制器首先检查磁盘缓冲是否有该数据，如果有则取出并发往内存。如果没有，则触发硬盘的磁头转动装置。磁头转动装置在盘面上移动至目标磁道。磁盘电机的转轴旋转盘面，将请求数据所在区域移动到磁头下。磁头通过改变盘面磁颗粒极性来写入数据，或者探测磁极变化读取数据。硬盘将该数据缓存后传送给内存，并停止电机转动，将磁头放置到驻留区。

2. 固态硬盘的结构与工作原理

固态硬盘将主控芯片、闪存颗粒、缓存芯片固定在PCB板中，并使用数据线或金指与主板连接。

固态硬盘在存储单元晶体管的栅（Gate）中注入不同数量的电子，通过改变栅的导电性能改变晶体管的导通效果，实现对不同状态的记录和识别。有些晶体管，栅中电子数目的多与少，带来的只有两种导通状态，对应读出的数据只有0或1；有些晶体管，栅中电子数目不同时，可以读出多种状态，能够对应00/01/10/11不同数据。

3. 硬盘的类型

通过硬盘的标准接口的类型，可以将硬盘划分为以下几种。

- **IDE（Integrated Driver Electronics，电子集成驱动器）硬盘**：也称为ATA硬盘，是一种并口传输数据的硬盘，现在已经基本淘汰。
- **SATA（Serial Advanced Technology Attachment，串行先进技术总线附属）硬盘**：是一种串口传输数据的硬盘，是现在的主流硬盘。

- **SCSI（Small Computer System Interface，小型计算机系统接口）硬盘：**
  分为并行和串行两种，工作站和服务器上用得较多，以下介绍的内容均以SCSI硬盘为主。
- **NVMe（Non-Volatile Memory Express，非易失性内存主机控制器接口规范）硬盘：** 属于高速固态硬盘，通过M.2接口同主板连接，使用PCI-E高速通道，在PC中使用较多，速度非常快。

> **NVMe与固态硬盘**
>
> 固态硬盘目前已经被广泛使用。随着技术的发展，现在分为两种接口，一种是使用功能SATA接口的固态，另一种是使用PCI-E接口并使用NVMe协议的固态硬盘，速度比SATA接口要快很多。

5.1.2 硬盘的分区及命名规则

硬盘在使用前需要先分区，将不同的数据写入不同的分区中，可以合理地分配资源以及配置不同的访问权限。下面介绍硬盘的分区相关知识，以及Linux对分区的命名规则。

1. 硬盘的分区

硬盘的分区是将一块物理硬盘分为多个逻辑部分的过程，每个逻辑部分都被称为一个分区，每个分区都可以被格式化为一个文件系统以存储数据。分区后，可以实现更多的功能并能更好地组织和管理数据，更好地使用磁盘空间。硬盘的分区信息，分区的起止位置等都会被保存到硬盘分区表中，并存储到硬盘的一个特殊位置，也就是硬盘分区表中。

2. 硬盘分区表

计算机在启动时，首先要读取硬盘分区表，从而找到启动分区并读取该分区中的启动文件、加载系统内核后，会加载操作系统其他程序和配置文件并进入登录界面。在以前使用的是MBR分区表，而现在使用比较多的是GPT分区表，并采用UEFI+GPT的启动模式。该启动模式好处就在于启动速度快（跳过自检），可扩展性更强。

（1）MBR分区表。Linux为了兼容Windows系统的硬盘，也可以使用MBR（Master Boot Record，主引导记录）分区表。在硬盘的第一个扇区上存储了系统的引导程序和分区表，分区表共64字节，最多可以支持记录4个主分区或3个主分区和一个扩展分区。而扩展分区可以再划分为多个逻辑分区。不过只有主分区能引导系统启动，而且由于最大只支持2TB的硬盘。在CentOS Stream 9中，默认使用的就是MBR分区表，以下介绍都是基于MBR分区表。

（2）GPT分区表。GPT（GUID Partition Table）也叫作GUID（Global Unique Identifier，全局唯一标识符）分区表，和MBR分区表相比，支持18EB的硬盘，可以划分为128个主分区，而且对分区表有备份，以防止被病毒破坏。目前GTP逐渐替代了MBR分区表，已经成为主流。

3. 磁盘与分区的命名规则

在Linux中一切皆是文件，例如磁盘等物理设备，会存储在/dev目录下。在Linux的硬盘分区中没有盘符的概念，并不会像Windows一样，分为C盘、D盘等，硬盘及硬盘分区会被系统作为一个文件来进行管理，并可以通过设备对应的文件名来进行访问。

老式的IDE设备的命名，一般以hd开头；SATA、USB、SCSI等接口的硬盘使用的是SCSI模块，一般以sd开头；SCSI CD-ROM名称以sr开头，打印机为lp开头。

如果计算机中有多块硬盘，则会使用hda、hdb、hdc……或sda、sdb、sdc……来表示第一块硬盘、第二块硬盘、第三块硬盘……编号按照Linux系统内核检测硬盘的顺序来自动编号。如果某个硬盘有多个分区，则会在硬盘名后加入分区的编号，如以sda1、sda2、sda3……来命名。

将硬盘接入计算机中，经过Linux的识别，会自动出现在/dev目录中，如果有分区也会显示为单独的文件，并可以在Linux的终端窗口中查看。

> **知识拓展**
>
> **M.2固态硬盘的识别**
>
> 使用NVMe协议的M.2固态硬盘，在计算机中会被识别为以NVMe开头的设备。所以为了便于读者理解，本书在安装及配置虚拟机时，采用的是SCSI硬盘。当然，无论如何识别，遵循命名规则后使用方法都是相同的。

5.1.3 磁盘及分区信息的查看

在了解了硬盘及分区的概念后，下面介绍如何使用命令快速查看硬盘及分区的相应信息。

1. 使用 lsblk 命令查看

lsblk命令可以列出所有的块设备的信息，如硬盘、网络存储、USB存储以及光驱设备等。

【命令格式】

```
lsblk [选项]
```

【常用选项】

-a：查看所有设备，默认不会列出所有空设备。

-m：列出设备所有者、组和权限。

-S：只列出SCSI设备。

-l：使用列表形式显示可用块设备。

【示例1】使用lsblk命令查看磁盘及分区信息。

可以直接使用该命令来查看，执行效果如下：

```
[wlysy@localhost ~]$ lsblk
NAME         MAJ:MIN RM   SIZE RO TYPE MOUNTPOINTS
sda            8:0    0   120G  0 disk
├─sda1         8:1    0     1G  0 part /boot
└─sda2         8:2    0   119G  0 part
  ├─cs-root
  │          253:0    0    70G  0 lvm  /
  ├─cs-swap
  │          253:1    0   3.9G  0 lvm  [SWAP]
  └─cs-home
             253:2    0  45.1G  0 lvm  /home
sr0           11:0    1  10.6G  0 rom  /run/media/wlysy/CentOS-Stream-9-BaseOS-x86_64
```

从列表中可以看到当前系统中有2个设备，硬盘sda（120GB）和光驱sr0，其中sda共有2个分区（part）：sda1，大小为1GB，挂载在/boot目录下，也就是作为启动分区来使用；另一个分区是sda2，也是主分区，大小为119GB，两者共有120GB，正好是前面在虚拟机中设置的硬盘大小。

在sda2中，再划分为3个逻辑卷（lvm，关于逻辑卷将在后面介绍），分别为cs-root，70GB，挂载在"/"目录下。cs-swap，交换分区，3.9GB，和内存的大小相同。cs-home，挂载在"/home"目录下，大小为45.1GB。

在使用固态硬盘时，显示的名称以nvme开头，如图5-1所示。

2. 使用 ls 命令查看

使用ls命令查看/dev目录即可显示所有硬件设备信息。使用"ls -l | grep sd"或者"ls /dev/sd*"命令可以筛选出硬盘，如图5-2所示。

图 5-1

图 5-2

3. 使用 fdisk 命令查看

该命令可以查看、创建、删除分区，该命令的详细用法将在后面章节进行介绍。使用"sudo fdisk -l"命令可以查看本地硬盘的详细信息，执行效果如下：

```
[wlysy@localhost ~]$ sudo fdisk -l              //显示当前所有的硬盘信息
[sudo] wlysy 的密码：
Disk /dev/sda: 120 GiB, 128849018880 字节, 251658240 个扇区  //硬盘名称及大小
磁盘型号：VMware Virtual S                                    //虚拟磁盘
单元：扇区 / 1 * 512 = 512 字节
扇区大小(逻辑/物理)：512 字节 / 512 字节
I/O 大小(最小/最佳)：512 字节 / 512 字节
磁盘标签类型：dos
磁盘标识符：0x233b2e53
设备        启动    起点      末尾       扇区     大小 Id 类型
/dev/sda1    *      2048    2099199    2097152    1G 83 Linux      //启动分区
/dev/sda2        2099200  251658239  249559040  119G 8e Linux LVM
Disk /dev/mapper/cs-root: 70 GiB, 75161927680 字节, 146800640 个扇区
单元：扇区 / 1 * 512 = 512 字节
扇区大小(逻辑/物理)：512 字节 / 512 字节
I/O 大小(最小/最佳)：512 字节 / 512 字节
Disk /dev/mapper/cs-swap: 3.92 GiB, 4206886912 字节, 8216576 个扇区
单元：扇区 / 1 * 512 = 512 字节
扇区大小(逻辑/物理)：512 字节 / 512 字节
I/O 大小(最小/最佳)：512 字节 / 512 字节
Disk /dev/mapper/cs-home: 45.08 GiB, 48402268160 字节, 94535680 个扇区
单元：扇区 / 1 * 512 = 512 字节
扇区大小(逻辑/物理)：512 字节 / 512 字节
I/O 大小(最小/最佳)：512 字节 / 512 字节
```

动手练 通过parted命令查看磁盘信息

该命令可以查看磁盘的详细信息，执行效果如下：

```
[wlysy@localhost ~]$ sudo parted /dev/sda print
型号：VMware, VMware Virtual S (scsi)
磁盘 /dev/sda: 129GB
扇区大小 (逻辑/物理)：512B/512B
分区表：msdos
磁盘标志：
编号  起始点   结束点   大小     类型      文件系统   标志
 1    1049kB   1075MB   1074MB   primary   xfs        启动
 2    1075MB   129GB    128GB    primary              lvm
```

在图形界面中，读者也可以按照前面介绍的方法，搜索并进入"磁盘"工具中查看及管理磁盘。

5.2 磁盘的分区操作

硬盘在使用前需要先设置硬盘的类型并进行分区，然后将分区格式化为某文件系统，挂载之后才能被系统使用。下面讲解磁盘的分区操作。

5.2.1 添加硬盘

如果当前使用的磁盘无法进行分区操作，用户可以使用U盘来进行分区。也可以添加一块新硬盘学习分区操作。如果使用虚拟机，可以为虚拟机再添加硬盘之后进行操作，如图5-3、图5-4所示。按照向导的提示进行操作，建议添加SCSI硬盘，设置硬盘的大小和存储位置即可。完成添加后，启动CentOS即可。

图 5-3

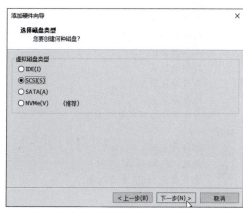
图 5-4

进入系统后，如果能正确识别，就可以通过命令查看到该硬盘。

```
[wlysy@localhost ~]$ lsblk -nl                        //通过列表形式显示
sda           8:0    0  120G  0 disk
sda1          8:1    0    1G  0 part /boot
sda2          8:2    0  119G  0 part
sdb           8:16   0  120G  0 disk                  //新加硬盘为120GB，识别为sdb
sr0          11:0    1 10.6G  0 rom  /run/media/wlysy/CentOS-Stream-9-
BaseOS-x86_64
cs-root     253:0    0   70G  0 lvm  /
cs-swap     253:1    0  3.9G  0 lvm  [SWAP]
cs-home     253:2    0 45.1G  0 lvm  /home
[wlysy@localhost ~]$ ls /dev/sd*
/dev/sda  /dev/sda1   /dev/sda2   /dev/sdb           ///dev中也可以看到该硬盘
```

5.2.2 分区命令

分区命令是fdisk，该命令可以直接使用，会以交互的形式和用户交流，用户输入参数，就可以完成硬盘的分区。格式为"fdisk 硬盘"。

```
[wlysy@localhost ~]$ sudo fdisk /dev/sdb              //对/dev/sdb进行分区
欢迎使用 fdisk (util-linux 2.37.4)。                    //工具的版本信息
更改将停留在内存中，直到您决定将更改写入磁盘。
使用写入命令前请三思。                                  //分区前一定要备份重要资料
```

设备不包含可识别的分区表。
创建了一个磁盘标识符为 0xd738febc的新DOS磁盘标签。
命令(输入 m 获取帮助)：m   //输入m，按回车键可获取帮助信息
帮助：   //显示所有的选项功能

  DOS (MBR)
    a   开关 可启动 标志
    b   编辑嵌套的 BSD 磁盘标签
    c   开关 dos 兼容性标志
  常规
    d   删除分区
    F   列出未分区的空闲区
    l   列出已知分区类型
    n   添加新分区
    p   打印分区表
    t   更改分区类型
    v   检查分区表
    i   打印某个分区的相关信息
  杂项
    m   打印此菜单
    u   更改 显示/记录 单位
    x   更多功能(仅限专业人员)
  脚本
    I   从 sfdisk 脚本文件加载磁盘布局
    O   将磁盘布局转储为 sfdisk 脚本文件
  保存并退出
    w   将分区表写入磁盘并退出
    q   退出而不保存更改
  新建空磁盘标签
    g   新建一份 GPT 分区表
    G   新建一份空 GPT (IRIX) 分区表
    o   新建一份空 DOS 分区表
    s   新建一份空 Sun 分区表

命令(输入 m 获取帮助)：p   //输入指令，打印分区表
Disk /dev/sdb: 120 GiB, 128849018880 字节, 251658240 个扇区
磁盘型号：VMware Virtual S
单元：扇区 / 1 * 512 = 512 字节
扇区大小(逻辑/物理)：512 字节 / 512 字节
I/O 大小(最小/最佳)：512 字节 / 512 字节
磁盘标签类型：dos
磁盘标识符：0xd738febc
命令(输入 m 获取帮助)：   //等待用户输入指令来继续执行

5.2.3 分区操作

接下来介绍常见的硬盘的分区操作，这里对sdb（120GB）进行分区，创建2个主分区（各20GB）和1个扩展分区（80GB），再在扩展分区中创建2个逻辑分区（各40GB）。交互配置过程如下。

1. 创建主分区

创建主分区，按照提示信息，输入类型、编号和大小即可。

```
[wlysy@localhost ~]$ sudo fdisk /dev/sdb              //对sdb启动分区
[sudo] wlysy 的密码：
欢迎使用 fdisk (util-linux 2.37.4)。
更改将停留在内存中，直到您决定将更改写入磁盘。
使用写入命令前请三思。
设备不包含可识别的分区表。
创建了一个磁盘标识符为 0xe5343e64 的新 DOS 磁盘标签。
命令(输入 m 获取帮助)：n                                //n为新建分区
分区类型
    p   主分区 (0 primary, 0 extended, 4 free)
    e   扩展分区 (逻辑分区容器)
选择 (默认 p)：p                              //设置分区类型，输入p，设置主分区
分区号 (1-4, 默认  1)：                       //分区编号，从1开始，直接按回车键即可
第一个扇区 (2048-251658239, 默认 2048)：       //首扇区的位置，直接按回车键
最后一个扇区, +/-sectors 或 +size{K,M,G,T,P} (2048-251658239, 默认
251658239)：+20G                             //设置分区大小
创建了一个新分区 1, 类型为"Linux", 大小为 20 GiB。     //提示创建成功
命令(输入 m 获取帮助)：n                                //继续创建第二个主分区
分区类型
    p   主分区 (1 primary, 0 extended, 3 free)
    e   扩展分区 (逻辑分区容器)
选择 (默认 p)：p
分区号 (2-4, 默认  2)：
第一个扇区 (41945088-251658239, 默认 41945088)：
最后一个扇区, +/-sectors 或 +size{K,M,G,T,P} (41945088-251658239, 默认
251658239)：+20G
创建了一个新分区 2, 类型为"Linux", 大小为 20 GiB。
```

2. 创建扩展区

创建扩展分区和主分区，除了分区类型不一致，其他均与创建主分区时相同，创建过程如下：

```
命令(输入 m 获取帮助)：n
分区类型
    p   主分区 (2 primary, 0 extended, 2 free)
    e   扩展分区 (逻辑分区容器)
选择 (默认 p)：e                                       //分区类型输入e
分区号 (3,4, 默认  3)：
第一个扇区 (83888128-251658239, 默认 83888128)：
最后一个扇区, +/-sectors 或 +size{K,M,G,T,P} (83888128-251658239, 默认 25165
8239)：              //直接按回车键，把剩余空间全部分给扩展分区
创建了一个新分区 3, 类型为"Extended", 大小为 80 GiB。
```

3. 创建逻辑分区

逻辑分区是在扩展分区的基础上再进行划分。

```
命令(输入 m 获取帮助): n
所有主分区的空间都在使用中。
添加逻辑分区 5                                          //逻辑分区从5开始编号
第一个扇区 (83890176-251658239, 默认 83890176):         //设置起始位置, 直接按回车键
最后一个扇区, +/-sectors 或 +size{K,M,G,T,P} (83890176-251658239, 默认
251658239): +40G                                        //设置分区大小
创建了一个新分区 5, 类型为"Linux", 大小为 40 GiB。     //创建成功
命令(输入 m 获取帮助): n                                //继续创建其他逻辑分区
所有主分区的空间都在使用中。
添加逻辑分区 6
第一个扇区 (167778304-251658239, 默认 167778304):
最后一个扇区, +/-sectors 或 +size{K,M,G,T,P} (167778304-251658239, 默认
251658239):
创建了一个新分区 6, 类型为"Linux", 大小为 40 GiB       //创建成功
命令(输入 m 获取帮助): p                                //查看当前划分的具体状态
Disk /dev/sdb: 120 GiB, 128849018880 字节, 251658240 个扇区
磁盘型号: VMware Virtual S
单元: 扇区 / 1 * 512 = 512 字节
扇区大小(逻辑/物理): 512 字节 / 512 字节
I/O 大小(最小/最佳): 512 字节 / 512 字节
磁盘标签类型: dos
磁盘标识符: 0xe5343e64

设备        启动     起点        末尾        扇区       大小 Id 类型
/dev/sdb1            2048     41945087    41943040    20G 83 Linux      //主分区1
/dev/sdb2        41945088    83888127    41943040    20G 83 Linux      //主分区2
/dev/sdb3        83888128   251658239   167770112    80G  5 扩展        //扩展分区
/dev/sdb5        83890176   167776255    83886080    40G 83 Linux      //逻辑分区1
/dev/sdb6       167778304   251658239    83879936    40G 83 Linux      //逻辑分区2
```

4. 保存生效

上面所讲的创建过程其实相当于模拟分区, 都是在fdisk中虚拟设置的。如果要使设置生效, 需要将所有的分区信息写入分区表并保存到硬盘上。

```
命令(输入 m 获取帮助): w                                //保存分区信息
分区表已调整。                                          //分区表调整完毕
将调用 ioctl() 来重新读分区表。
正在同步磁盘。
[wlysy@localhost ~]$ lsblk /dev/sdb                    //查看sdb的分区信息
NAME    MAJ:MIN RM  SIZE RO TYPE MOUNTPOINTS
sdb       8:16   0  120G  0 disk
├─sdb1    8:17   0   20G  0 part
├─sdb2    8:18   0   20G  0 part
├─sdb3    8:19   0    1K  0 part
├─sdb5    8:21   0   40G  0 part
└─sdb6    8:22   0   40G  0 part
```

动手练 删除MBR分区并创建GPT分区表

分区创建完毕后，可以删除分区，再重新分区。前面介绍的是创建 MBR分区表，下面介绍删除已创建的分区，并创建GPT分区的过程，划分为2个分区（40GB+80GB）。

```
[wlysy@localhost ~]$ sudo fdisk /dev/sdb
[sudo] wlysy 的密码：
欢迎使用 fdisk (util-linux 2.37.4)。
更改将停留在内存中，直到您决定将更改写入磁盘。
使用写入命令前请三思。

命令(输入 m 获取帮助): p                         //查看当前分区状态
Disk /dev/sdb: 120 GiB, 128849018880 字节, 251658240 个扇区
磁盘型号：VMware Virtual S
单元：扇区 / 1 * 512 = 512 字节
扇区大小(逻辑/物理)：512 字节 / 512 字节
I/O 大小(最小/最佳)：512 字节 / 512 字节
磁盘标签类型：dos                                //当前为MBR分区表
磁盘标识符：0xe5343e64

设备       启动      起点       末尾      扇区   大小  Id 类型
/dev/sdb1            2048   41945087   41943040  20G  83 Linux
/dev/sdb2        41945088   83888127   41943040  20G  83 Linux
/dev/sdb3        83888128  251658239  167770112  80G   5 扩展
/dev/sdb5        83890176  167776255   83886080  40G  83 Linux
/dev/sdb6       167778304  251658239   83879936  40G  83 Linux

命令(输入 m 获取帮助): d                         //删除分区
分区号 (1-3,5,6, 默认  6): 6                    //删除的分区编号
分区 6 已删除。                                  //删除成功

命令(输入 m 获取帮助): d                         //继续删除其他分区
分区号 (1-3,5, 默认  5): 5
分区 5 已删除。
……
命令(输入 m 获取帮助): d
已选择分区 1
分区 1 已删除。

命令(输入 m 获取帮助): g                         //将MBR分区表改为GPT分区表
已创建新的 GPT 磁盘标签(GUID: 516BF184-3597-BB4B-9B76-264693338B69)。//成功
设备已包含一个 'dos' 签名，写入命令会将其移除。请参见 fdisk(8) 的手册页和 --wipe 选
项以了解更多细节。                               //提示移除了dos签名
命令(输入 m 获取帮助): n                         //创建分区
分区号 (1-128, 默认  1):    //因为是GPT分区表，全是主分区，不会提示设置分区类型
第一个扇区 (2048-251658206, 默认 2048):         //设置第一个分区的起始位置
最后一个扇区, +/-sectors 或 +size{K,M,G,T,P} (2048-251658206, 默认
251658206): +40G                               //设置第一个分区的大小
创建了一个新分区 1, 类型为"Linux filesystem"，大小为 40 GiB。//创建成功
命令(输入 m 获取帮助): n                         //创建第一个主分区
分区号 (2-128, 默认  2):                        //直接按回车键
第一个扇区 (83888128-251658206, 默认 83888128): //保持默认，按回车键
 最后一个扇区, +/-sectors 或 +size{K,M,G,T,P} (83888128-251658206, 默认 251658206):
                                //剩余80GB全部分给第二个主分区
创建了一个新分区 2, 类型为"Linux filesystem"，大小为 80 GiB。 //创建成功
```

```
命令(输入 m 获取帮助): p                           //查看当前分区信息
Disk /dev/sdb: 120 GiB, 128849018880 字节, 251658240 个扇区
磁盘型号: VMware Virtual S
单元: 扇区 / 1 * 512 = 512 字节
扇区大小(逻辑/物理): 512 字节 / 512 字节
I/O 大小(最小/最佳): 512 字节 / 512 字节
磁盘标签类型: gpt                                  //当前为GPT分区表
磁盘标识符: 516BF184-3597-BB4B-9B76-264693338B69
设备            起点       末尾      扇区  大小 类型
/dev/sdb1       2048    83888127   83886080   40G Linux 文件系统
/dev/sdb2   83888128   251658206  167770079   80G Linux 文件系统
命令(输入 m 获取帮助): w                           //保存参数设置
分区表已调整。
将调用 ioctl() 来重新读分区表。
正在同步磁盘。
[wlysy@localhost ~]$ lsblk /dev/sdb                //查看分区状态，创建成功
NAME    MAJ:MIN RM  SIZE RO TYPE MOUNTPOINTS
sdb       8:16   0  120G  0 disk
├─sdb1    8:17   0   40G  0 part
└─sdb2    8:18   0   80G  0 part
```

知识拓展

改回MBR分区表

如果需要改回MBR分区表，需要先备份重要资料，然后进入fdisk的交互界面，输入o改为MBR分区表，并重新分区。

5.3 创建分区文件系统及格式化

对磁盘进行分区后，需要对每个分区设置其使用的文件系统，这就需要进行格式化。格式化的目的是按照文件系统的特性和要求对硬盘分区进行细分，格式化后，硬盘空间会像货架一样，具有各种存取策略、记录方法、编号方法、查找方法，以方便快速存取数据。

5.3.1 为分区创建文件系统并格式化

创建分区文件系统的命令很多，常用的是mkfs命令。在设置了文件系统后，会自动按照文件系统的要求进行格式化。下面介绍该命令的使用方法。

【命令格式】

mkfs [选项] -t [文件系统类型] 分区名称

【常用选项】

-V：显示文件系统的详细信息。

-c：创建文件系统之前，检查是否有损坏的区块。

-l：从文件中读取磁盘坏块列表。

【文件系统类型】

包括常见的ext2、ext3、ext4、xfs、swap、fat、ntfs、msdos、vfat、cramfs、bfs、minix等文件系统。

【示例2】将硬盘sdb的两个主分区，一个设置为xfs文件系统，另一个设置为默认的文件系统。

按照前面介绍的方法，完成主分区、扩展分区以及逻辑分区的创建，接下来进行文件系统的创建和格式化。

```
[wlysy@localhost ~]$ sudo parted /dev/sdb print      //查看各分区的文件系统类型
[sudo] wlysy 的密码：
型号：VMware, VMware Virtual S (scsi)
磁盘 /dev/sdb: 129GB
扇区大小 (逻辑/物理)：512B/512B
分区表：msdos
磁盘标志：
编号  起始点   结束点   大小     类型      文件系统    标志
 1    1049kB   21.5GB   21.5GB   primary
 2    21.5GB   43.0GB   21.5GB   primary
 3    43.0GB   129GB    85.9GB   extended
 5    43.0GB   85.9GB   42.9GB   logical
 6    85.9GB   129GB    42.9GB   logical
[wlysy@localhost ~]$ sudo mkfs -t xfs /dev/sdb1      //将分区1设置为xfs文件系统
meta-data=/dev/sdb1            isize=512    agcount=4, agsize=1310720 blks
……                                                   //输出相关参数信息
[wlysy@localhost ~]$ sudo mkfs /dev/sdb2             //分区2采用默认参数
mke2fs 1.46.5 (30-Dec-2021)
创建含有 5242880 个块（每块 4k）和 1310720 个inode的文件系统
文件系统UUID：90d707b3-4d28-4af7-9f4d-ab927807746e
超级块的备份存储于下列块：
    32768, 98304, 163840, 229376, 294912, 819200, 884736, 1605632, 2654208,
    4096000
正在分配组表：完成
正在写入inode表：完成
写入超级块和文件系统账户统计信息：已完成
[wlysy@localhost ~]$ sudo parted /dev/sdb print      //查看分区的文件系统
型号：VMware, VMware Virtual S (scsi)
磁盘 /dev/sdb: 129GB
扇区大小 (逻辑/物理)：512B/512B
分区表：msdos
磁盘标志：
编号  起始点   结束点   大小     类型      文件系统    标志
 1    1049kB   21.5GB   21.5GB   primary   xfs            //分区1为xfs文件系统
 2    21.5GB   43.0GB   21.5GB   primary   ext2           //分区2为默认的ext2文件系统
```

```
3         43.0GB    129GB     85.9GB    extended
5         43.0GB    85.9GB    42.9GB    logical
6         85.9GB    129GB     42.9GB    logical
```

动手练 创建ext4与ntfs文件系统并格式化

接下来按照同样的方法为剩下的两个分区设置文件系统，因为默认情况下，CentOS Stream 9中没有集成ntfsprogs软件包，无法直接创建ntfs文件系统，所以需要安装该软件包。而且默认的软件源并没有该软件包，需要安装并加入新的软件源仓库，也就是EPEL，所以操作如下：

```
[wlysy@localhost ~]$ sudo mkfs -t ext4 /dev/sdb5    //sdb5的文件系统创建为ext4
[sudo] wlysy 的密码：
mke2fs 1.46.5 (30-Dec-2021)
创建含有 10485760 个块（每块 4k）和 2621440 个inode的文件系统
文件系统UUID：3e6001b4-7355-4e7d-a7f8-90a51cb71453
……
写入超级块和文件系统账户统计信息: 已完成           //创建成功
[wlysy@localhost ~]$ sudo mkfs -t ntfs /dev/sdb6
mkfs: 执行 mkfs.ntfs 失败：没有那个文件或目录     //没有该工具
[wlysy@localhost ~]$ sudo mkfs -t              //查看默认支持的文件系统
cramfs    ext2    ext3    ext4    fat    minix    msdos    vfat    xfs
[wlysy@localhost ~]$ sudo dnf install ntfsprogs    //安装ntfs工具
上次元数据过期检查: 3:28:56 前，执行于 2024年09月06日 星期五 12时56分58秒。
未找到匹配的参数: ntfsprogs                       //软件源仓库未找到
错误：没有任何匹配: ntfsprogs
[wlysy@localhost ~]$ sudo dnf install epel-release    //安装EPEL仓库
上次元数据过期检查: 3:29:58 前，执行于 2024年09月06日 星期五 12时56分58秒。
依赖关系解决。
================================================================================
 软件包              架构          版本            仓库              大小
================================================================================
安装:
 epel-release        noarch        9-7.el9         extras-common     19 k
安装弱的依赖：
 epel-next-release   noarch        9-7.el9         extras-common     8.1 k
……
[wlysy@localhost ~]$ sudo dnf install ntfsprogs    //安装完EPEL后安装工具
上次元数据过期检查: 0:00:03 前，执行于 2024年09月06日 星期五 16时27分17秒。
依赖关系解决。
================================================================================
 软件包              架构          版本                仓库          大小
================================================================================
安装：
 ntfsprogs           x86_64        2:2022.10.3-1.el9   epel          370 k
安装依赖关系：
 ntfs-3g-libs        x86_64        2:2022.10.3-1.el9   epel          174 k
……
[wlysy@localhost ~]$ sudo mkfs -t ntfs /dev/sdb6    //将sdb6设置为ntfs文件系统
```

```
Cluster size has been automatically set to 4096 bytes.
Initializing device with zeroes: 100% - Done.
Creating NTFS volume structures.
mkntfs completed successfully. Have a nice day.         //格式化完毕
[wlysy@localhost ~]$ sudo parted /dev/sdb print         //查看文件系统是否设置成功
……
编号   起始点    结束点    大小     类型        文件系统    标志
1      1049kB   21.5GB   21.5GB   primary     xfs
2      21.5GB   43.0GB   21.5GB   primary     ext2
3      43.0GB   129GB    85.9GB   extended
5      43.0GB   85.9GB   42.9GB   logical     ext4
6      85.9GB   129GB    42.9GB   logical     ntfs
```

> **知识拓展**
>
> **EPEL仓库**
>
> EPEL（Extra Packages for Enterprise Linux）是为RHEL及其衍生发行版（如CentOS、Fedora、Scientific Linux）提供高质量软件包的项目。由Fedora社区维护，旨在为这些企业级Linux系统提供更多、更新的软件。安装完毕，查看当前的软件仓库，可以看到EPEL的相关仓库：
>
> ```
> [wlysy@localhost ~]$ sudo dnf repolist
> 仓库 id                  仓库名称
> appstream               CentOS Stream 9 - AppStream
> baseos                  CentOS Stream 9 - BaseOS
> epel                    Extra Packages for Enterprise Linux 9 - x86_64
> epel-cisco-openh264     Extra Packages for Enterprise Linux 9 openh264 (From Cisco) - x86_64
> epel-next               Extra Packages for Enterprise Linux 9 - Next - x86_64
> extras-common           CentOS Stream 9 - Extras packages
> ```
>
> 在安装了EPEL仓库后，建议重新更新元数据缓存再使用。在实际使用中，很多程序在默认的软件源中无法找到，就需要EPEL的支持。

5.3.2 检查文件系统

在日常工作时，文件系统由于操作系统的原因或人为误操作，会出现磁盘异常的情况，可以对分区的文件系统进行检查以修复故障，使用的命令就是fsck。

【命令格式】

```
fsck [选项] 分区名称
```

【常用选项】

-a：发现错误则自动修复。

-r：发现错误则采用互动的修复模式。

-A：按照/etc/fstab配置文件的内容检查全部文件系统。

-t：指定要检查的文件系统类型。

-C：显示检查的进度条。

【示例3】对磁盘sdb5进行全面检查，并修复检查出的故障。

```
[wlysy@localhost ~]$ sudo fsck -r  /dev/sdb5                //启动检查
fsck，来自 util-linux 2.37.4
e2fsck 1.46.5 (30-Dec-2021)
/dev/sdb5：没有问题，11/2621440 文件，242382/10485760 块        //没有问题
/dev/sdb5: status 0, rss 3456, real 0.005325, user 0.002909, sys 0.001913
```

5.4 挂载与卸载

分区在格式化完成后，并不能直接被系统使用，需要通过挂载，将其挂载到指定的目录中才能够正常使用。如果不是内置的存储，使用完毕还需要进行卸载才能安全地移除。下面向读者着重介绍挂载与卸载的相关知识和操作。

5.4.1 了解挂载与卸载

挂载操作类似于Windows中给予格式化后的分区一个盘符，只是Windows自动完成这个操作。在Linux中可以手动挂载，也可以自动挂载。在安装Linux系统时，硬盘就被分区、格式化为Linux支持的文件系统，按照默认配置，挂载在"/"及其他必需的目录上。新加入的硬盘，经过分区和格式化，必须挂载到系统目录树中的某个目录中才能被使用，这是由Linux的文件组织管理结构所决定的。挂载点可以是一个已存在的目录，也可手动创建。

5.4.2 查看分区的挂载信息

查看当前系统的所有挂载信息，可以使用df命令，下面介绍该命令的使用方法。

【命令格式】

```
df [选项] [挂载点]
```

【常用选项】

-a：显示所有文件系统的硬盘使用情况。

-h：使用KB、MB、GB显示容量。

-i：显示节点信息，而不是硬盘块。

-T：显示文件系统类型。

【示例4】查看当前系统的所有挂载点信息。

```
[wlysy@localhost ~]$ df -Th
文件系统              类型         容量    已用    可用   已用%  挂载点
devtmpfs             devtmpfs     4.0M    0      4.0M   0%    /dev
```

```
tmpfs                    tmpfs      1.8G       0   1.8G    0%  /dev/shm
tmpfs                    tmpfs      726M     12M   714M    2%  /run
/dev/mapper/cs-root      xfs         70G    8.8G    62G   13%  /
/dev/sda1                xfs        960M    464M   497M   49%  /boot
/dev/mapper/cs-home      xfs         46G    374M    45G    1%  /home
tmpfs                    tmpfs      363M    112K   363M    1%  /run/user/1000
/dev/sr0                 iso9660     11G     11G      0  100%  /run/media/wlysy/
CentOS-Stream-9-BaseOS-x86_64
```

从显示的信息中,可以查看存储设备、文件系统、容量大小、已用和未用空间、已用的占比以及对应的挂载点名称。从中可以了解磁盘的占用情况。

5.4.3 文件系统的挂载

在Linux系统中,可以使用mount命令进行挂载,可以挂载到系统默认的空目录中,笔者建议用户创建一个空目录专门用于分区的挂载。

【命令格式】

```
mount [-t 文件系统][-o 参数] 分区 挂载目录
```

【常用选项】

文件系统包括常见的ext2、ext3、ext4、xfs、fat、ntfs、iso9660等。

-o的参数有以下几项:

- **loop**:把一个文件作为文件系统挂载到系统上,常用于镜像文件。
- **ro**:采用只读方式挂载。
- **rw**:采用可读写方式挂载。
- **iocharset**:指定访问文件系统所用的字符集。

【示例5】将sdb1挂载到/mnt/disk1中,将sdb2挂载到/nmt/disk2中。

```
[wlysy@localhost ~]$ sudo mkdir /mnt/disk1 /mnt/disk2      //创建挂载点
[sudo] wlysy 的密码:
[wlysy@localhost ~]$ ls /mnt                               //查看挂载点
disk1  disk2  hgfs                                         //创建成功
[wlysy@localhost ~]$ sudo mount -t xfs /dev/sdb1 /mnt/disk1
                                //将sdb1以xfs格式挂载到/mnt/disk1
[wlysy@localhost ~]$ sudo mount /dev/sdb2 /mnt/disk2
                    //也可以让系统自动检测文件系统,将sdb2挂载到/mnt/disk2
[wlysy@localhost ~]$ df -Th | grep sdb                     //查看sdb的挂载信息
/dev/sdb1            xfs         20G    175M    20G    1%  /mnt/disk1
/dev/sdb2            ext2        20G     24K    19G    1%  /mnt/disk2
[wlysy@localhost ~]$ cd /mnt/disk1                         //进入挂载点中
[wlysy@localhost disk1]$ sudo touch test                   //创建测试文件
[wlysy@localhost disk1]$ ls
test                                                       //创建成功,可以正常使用
```

查看挂载详细信息

除了"df -Th"命令外,用户也可以使用"mount -a"命令查看所有已挂载的详细信息,可以从中筛选出需要查看的磁盘或分区。

```
[wlysy@localhost disk1]$ mount | grep /dev/sdb
/dev/sdb1 on /mnt/disk1 type xfs (rw,relatime,seclabel,attr2,inode64,lo
gbufs=8,logbsize=32k,noquota)          //文件系统类型为xfs,以可读写的模式挂载
/dev/sdb2 on /mnt/disk2 type ext2 (rw,relatime,seclabel)
```

5.4.4 文件系统的卸载

在Linux中,如果不使用,可以将分区卸载,卸载使用的命令是umount,该命令的使用方法如下。

【命令格式】

```
umount [选项] 设备名或挂载点
```

【选项】

-a:卸除/etc/mtab中记录的所有文件系统。

-n:卸除时不要将信息存入/etc/mtab文件中。

-r:若无法成功卸除,则尝试以只读的方式重新挂载到文件系统。

-t:文件系统类型:仅卸除选项中指定的文件系统。

-v:执行时显示详细信息。

【示例6】 通过设备名称来卸载文件系统。

```
[wlysy@localhost ~]$ sudo umount /dev/sdb1         //通过分区名称就可以卸载
[sudo] wlysy 的密码:
[wlysy@localhost ~]$ mount | grep /dev/sdb
/dev/sdb2 on /mnt/disk2 type ext2 (rw,relatime,seclabel)   //只剩下sdb2
```

注意事项 无法卸载

如果磁盘正在使用,则无法卸载。可以关闭使用磁盘的程序后,再进行卸载。

动手练 通过挂载点卸载文件系统

除了通过设备名,也就是分区名称来卸载文件系统外,也可以使用挂载点来卸载。

```
[wlysy@localhost ~]$ sudo umount /mnt/disk2        //通过挂载点卸载
[wlysy@localhost ~]$ mount | grep /mnt/disk2
[wlysy@localhost ~]$                               //已查询不到挂载信息
```

5.4.5 文件系统的自动挂载

上面介绍的挂载操作都是临时性的，在系统进行重启、注销等操作后，挂载失效。如果仍要访问硬盘中的内容，需要重新挂载。如果要实现开机自动挂载，需要修改挂载的配置文件。

1. 挂载配置文件简介

系统中的挂载配置文件位于/etc/fstab中，这个文件会描述系统中各种文件系统的信息，开机时，系统读取这个文件，然后根据其内容进行自动挂载的工作。使用vim编辑器打开文件，可以看到其中的内容，如图5-5所示。

图 5-5

文件中以行为单位，行首的"#"代表本行为注释、说明，并不会执行。其他为有效的挂载信息，挂载信息的格式如下：

设备名称 挂载点 文件系统 挂载选项 备份选项 文件系统检查

- **设备名称**：需要挂载的设备或分区，也可以使用设备的UUID号。
- **挂载点**：挂载的目录，可以是系统存在的目录，也可以是手动创建的目录。
- **文件系统**：也就是分区的文件系统类型，在格式化时已经指定好，也可以使用auto选项，自动检测文件系统。
- **挂载选项**：控制设备是否自动挂载的选项，auto选项是在系统启动或使用"mount -a"命令时，会按照fstab的内容自动挂载。nouser选项只允许手动挂载。ro选项是只读选项，rw选项是读写选项。defaults选项是指定所有选项全部使用默认值。

> **知识拓展**
>
> **defaults选项**
>
> defaults选项内容包括了rw、suid、dev、exec、auto、nouser、async等默认参数。一般情况下只使用此选项即可。

- **备份选项**：是否需要备份，0代表不备份，1代表备份。
- **扇区校验**：开机过程中是否校验扇区。根文件系统一般设置为1，其他文件系统设置为2，无须校验设置为0。

2. 修改配置文件

手动创建挂载目录后,使用sudo vim /etc/fstab命令进入配置文件中,输入i进入编辑模式,手动添加需要自动挂载的相关参数,因为ntfs支持的相关问题,这里添加sdb1和sdb2的挂载信息,并创建挂载点/mnt/disk3,将sdb5也加入其中。因为vim可以自动检查,所以非常方便。在文件末尾添加所有挂载点信息。

```
/dev/mapper/cs-root                              /            xfs     defaults    0 0
UUID=630e156f-9867-4943-a8f6-8fc8923e8b75        /boot        xfs     defaults    0 0
/dev/mapper/cs-home                              /home        xfs     defaults    0 0
/dev/mapper/cs-swap                              none         swap    defaults    0 0
/dev/sdb1                                        /mnt/disk1   xfs     defaults    0 0
/dev/sdb2                                        /mnt/disk2   ext2    defaults    0 0
/dev/sdb5                                        /mnt/disk3   ext4    defaults    0 0
```

其中分区、挂载点目录、文件系统类型、选项都按照实际情况填写,无须备份与检查,所以设置为"0 0"即可。输入过程中,使用Tab键可以跳转到下一个参数位置,即可输入。完成后,输入":wq"保存并退出。

配置完成后重新启动计算机,或者使用sudo mount -a命令,系统会按照fstab中的内容进行挂载。完成后挂载信息如下:

```
[wlysy@localhost ~]$ sudo mount -a
[wlysy@localhost ~]$ mount | grep sdb
/dev/sdb1 on /mnt/disk1 type xfs (rw,relatime,seclabel,attr2,inode64,logbufs=8,logbsize=32k,noquota)
/dev/sdb2 on /mnt/disk2 type ext2 (rw,relatime,seclabel)
/dev/sdb5 on /mnt/disk3 type ext4 (rw,relatime,seclabel)
```

5.5 创建与管理逻辑卷

通过命令查看磁盘分区信息,可以看到sda2划分为3个分区,这3个分区就叫作逻辑卷。

```
[wlysy@localhost ~]$ lsblk /dev/sda
NAME            MAJ:MIN RM   SIZE RO TYPE MOUNTPOINTS
sda               8:0    0   120G  0 disk
├─sda1            8:1    0     1G  0 part /boot
└─sda2            8:2    0   119G  0 part
  ├─cs-root     253:0    0    70G  0 lvm  /
  ├─cs-swap     253:1    0   3.9G  0 lvm  [SWAP]
  └─cs-home     253:2    0  45.1G  0 lvm  /home
```

5.5.1 认识逻辑卷

逻辑卷(Logical Volume,LV)是LVM(Logical Volume Manager,逻辑卷管理器)

的核心概念。它是一种抽象的存储设备，可以动态地调整大小。通过LVM，可以将多个物理硬盘或分区组合成一个或多个卷组（Volume Group），然后在卷组上创建逻辑卷。逻辑卷的优点如下。

- **灵活性**：可以动态调整大小，无须重启系统。
- **可扩展性**：可以方便地添加新的物理设备到卷组中，扩展存储空间。
- **易于管理**：通过简单的命令就可以创建、删除、扩展逻辑卷。

5.5.2 部署逻辑卷

在创建了分区后，就可以部署逻辑卷了。要部署一个逻辑卷，需要3个基本步骤：创建物理卷、创建卷组、创建逻辑卷。然后就可以为逻辑卷创建文件系统，挂载即可使用。为了方便操作，将之前的sdb分区全部卸载并删除为空白磁盘。

1. 创建物理卷

创建物理卷前，先为sdb（120GB）创建2个主分区，sdb1(1GB)以及sdb2（119GB）。然后就可以创建物理卷了，使用的命令为pvcreate，命令格式为"sudo pvcreate 分区"。

```
[wlysy@localhost ~]$ lsblk /dev/sdb
NAME   MAJ:MIN RM  SIZE RO TYPE MOUNTPOINTS
sdb      8:16    0  120G  0 disk
├─sdb1   8:17    0    1G  0 part
└─sdb2   8:18    0  119G  0 part
[wlysy@localhost ~]$ sudo pvcreate /dev/sdb2              //创建物理卷
  Physical volume "/dev/sdb2" successfully created.       //成功创建
[wlysy@localhost ~]$ sudo pvdisplay /dev/sdb2             //查看物理卷的详细信息
[sudo] wlysy 的密码：
  --- Physical volume ---
  PV Name               /dev/sdb2
  VG Name
  PV Size               <119.00 GiB
  Allocatable           NO
  PE Size               0
  Total PE              0
  Free PE               0
  Allocated PE          0
  PV UUID               BmgK62-bnCo-zyIs-YaHB-ILq9-SdtS-qBmtT4
```

2. 创建卷组

创建卷组时，可以使用某个分区，也可以使用多个磁盘的不同分区。可以在创建时选择单个或多个分区，也可以随时向卷组添加分区。创建卷组的命令为vgcreate，命令格式为"sudo vgcreate 卷组名 分区"。使用"vgs 卷组名"可以查看卷组的信息。

```
[wlysy@localhost ~]$ sudo vgcreate vg1 /dev/sdb2     //创建vg1，包含sdb2
  Volume group "vg1" successfully created            //创建成功
```

```
[wlysy@localhost ~]$ sudo vgs vg1                        //查看卷组信息
  VG  #PV #LV #SN Attr   VSize   VFree
  vg1   1   0   0 wz--n- <119.00g <119.00g
```

3. 创建逻辑卷

创建逻辑卷需要从卷组中划分空间。创建的命令为lvcreate，命令格式为"sudo lvcreate -L 划分的空间大小 -n 逻辑卷的名称 卷组名"。完成后，可以使用lvdisplay命令查看逻辑卷的相关信息。

```
[wlysy@localhost ~]$ sudo lvcreate -L 40G -n lv1 vg1     //创建逻辑卷lv1
[sudo] wlysy 的密码：
  Logical volume "lv1" created.                          //创建成功
[wlysy@localhost ~]$ sudo lvcreate -L 40G -n lv2 vg1     //创建逻辑卷lv2
  Logical volume "lv2" created.                          //创建成功
[wlysy@localhost ~]$ sudo lvdisplay /dev/vg1/lv1         //查看逻辑卷lv1
  --- Logical volume ---
  LV Path                /dev/vg1/lv1
  LV Name                lv1
  VG Name                vg1
  LV UUID                40BDVP-zONa-DlFp-3dCr-8xb4-9BYP-mOhd1B
  LV Write Access        read/write
  LV Creation host, time localhost.localdomain, 2024-09-07 16:51:01 +0800
  LV Status              available
  # open                 0
  LV Size                40.00 GiB
  Current LE             10240
  Segments               1
  Allocation             inherit
  Read ahead sectors     auto
  - currently set to     256
  Block device           253:3
```

接下来就可以创建文件系统，并挂载到指定目录中。在此过程中，使用的设备名称为"/dev/卷组名/逻辑卷名"。

将卷组中的剩余空间全部分配给某逻辑卷

如果在创建逻辑卷lv3时，希望将卷组gv1中的剩余空间全部划分给该新创建的逻辑卷，可以使用sudo lvcreate -l 100%FREE -n lv3 vg1命令。

5.5.3 管理逻辑卷

逻辑卷创建完毕后，可以随时扩容或压缩逻辑卷，在不用时也可以删除逻辑卷。下面介绍具体的操作。

1. 逻辑卷扩容

在5.5.2节中，逻辑卷共119GB，分配给lv1 40GB，lv2 40GB，剩余39GB。此时如果lv1的空间不够了，需要从39GB中分配给lv1 10GB，可以使用lvextend命令，命令格式为"sudo lvextend -L 扩容后的容量 逻辑卷"。因为逻辑卷自动绑定了其卷组，系统会自动检查卷组容量，并从中划出空间进行扩容。不过需要注意，在划分前，需要先卸载逻辑卷。

```
[wlysy@localhost ~]$ sudo lvextend -L 50G /dev/vg1/lv1    //从40GB扩容至50GB
    Size of logical volume vg1/lv1 changed from 40.00 GiB (10240 extents)
to 50.00 GiB (12800 extents).
    Logical volume vg1/lv1 successfully resized.          //扩容成功
```

在扩容成功后，可以使用"sudo fsck -f 逻辑卷"命令检查文件系统的完整性并修复错误，如果要同步文件系统容量到内核，可以使用"sudo resize2fs 逻辑卷"命令。接下来就可以挂载和使用了。

2. 压缩逻辑卷

可以使用lvreduce命令来压缩现有逻辑卷的容量。命令格式为"sudo lvreduce -L 压缩后的容量 逻辑卷"。压缩前需要先卸载逻辑卷。如果有必要，可以检查文件系统的完整性，并同步到文件系统的内核容量。接下来就可以进行逻辑卷的压缩了。

```
[wlysy@localhost ~]$ sudo lvreduce -L 30G /dev/vg1/lv2    //压缩成30GB
[sudo] wlysy 的密码：
    No file system found on /dev/vg1/lv2.
    Size of logical volume vg1/lv2 changed from 40.00 GiB (10240 extents)
to 30.00 GiB (7680 extents).
    Logical volume vg1/lv2 successfully resized.          //压缩成功
```

> **卷组的扩容**
>
> 可以使用pvcreate命令添加新的物理卷，然后使用"sudo vgextend 卷组名 添加的物理卷"命令为卷组扩容。

3. 删除逻辑卷

删除逻辑卷使用的命令是lvremove，命令格式为"sudo lvremove 逻辑卷名"。

```
[wlysy@localhost ~]$ sudo lvremove /dev/vg1/lv2
[sudo] wlysy 的密码：
Do you really want to remove active logical volume vg1/lv2? [y/n]: y
    Logical volume "lv2" successfully removed.            //卸载成功
```

数组的删除命令为"vgremove 卷组名"，物理卷的删除命令为pvremove，使用方法如下：

```
[wlysy@localhost ~]$ sudo vgremove vg1                  //删除卷组vg1
    Volume group "vg1" successfully removed             //删除成功
[wlysy@localhost ~]$ sudo pvremove /dev/sdb2            //删除物理卷/dev/sdb2
    Labels on physical volume "/dev/sdb2" successfully wiped.//删除成功
[wlysy@localhost ~]$ lsblk /dev/sdb
NAME   MAJ:MIN RM  SIZE RO TYPE MOUNTPOINTS
sdb      8:16   0  120G  0 disk
├─sdb1   8:17   0    1G  0 part
└─sdb2   8:18   0  119G  0 part                         //其下已无逻辑卷
```

知识延伸：其他介质的使用

除了硬盘驱动器之外，光驱也可以自动加载到系统中，如果有光盘，可以读取光盘中的内容。除了光驱外，在Linux中使用映像文件也是常见的操作，另外U盘也可以在Linux系统中方便地使用。下面进行详细介绍。

1. 映像文件的挂载与卸载

映像文件也叫作镜像文件，和压缩包类似。它将一系列文件按照特定的格式打包制作成一个文件，方便用户下载和使用，例如游戏等。可以被映像管理软件识别并直接刻录到光盘上，或者挂载到虚拟光驱中使用。在映像文件中也可以包含磁盘和分区信息，例如系统文件、引导文件、分区表信息等。所以可以将磁盘或系统分区备份成系统映像，随时可以还原到磁盘或分区上，也就是安装操作系统或者还原系统。微软公司发布新系统时，都会有ISO格式文件，也就是系统映像。在CentOS Stream 9中，如果要使用映像文件，可以先将映像文件挂载。使用的命令是"mount -o loop 映像文件"。

```
[wlysy@localhost ~]$ ls
公共   模板   视频   图片   文档   下载   音乐   桌面   FirPE-V1.9.1.iso   //ISO映像
[wlysy@localhost ~]$ sudo mkdir /mnt/iso                //创建挂载点
[sudo] wlysy 的密码：
[wlysy@localhost ~]$ sudo mount -o loop FirPE-V1.9.1.iso /mnt/iso //挂载映像
mount: /mnt/iso: WARNING: source write-protected, mounted read-only.//只读挂载
[wlysy@localhost ~]$ cd /mnt/iso
[wlysy@localhost iso]$ ls
boot  bootmgr  bootmgr.efi  efi  grldr  ventoy.dat  wxpe   //可以查看映像内容
[wlysy@localhost iso]$ cd
[wlysy@localhost ~]$ sudo umount /mnt/iso               //卸载映像
```

如在卸载时提示目标繁忙，说明映像正在被使用，需要停止使用后，方可正常卸载。

2. U盘的挂载与卸载

在CentOS Stream 9系统中，如果使用的是图形界面，可以直接通过"文件"程序查看、访问并操作U盘中的文件。使用完毕，可以像Windows系统一样卸载并弹出U盘。如

果使用的是命令终端模式，系统在识别U盘后，可以通过以下命令，查看其状态和挂载的位置：

```
[wlysy@localhost ~]$ lsblk /dev/sd
/dev/sda    /dev/sda2    /dev/sdb1    /dev/sdc    /dev/sdc2
/dev/sda1   /dev/sdb     /dev/sdb2    /dev/sdc1    //U盘被识别为sdc，分区按顺序命名
[wlysy@localhost ~]$ lsblk /dev/sdc
NAME    MAJ:MIN RM  SIZE RO TYPE MOUNTPOINTS
sdc       8:32   1 15.1G  0 disk
├─sdc1    8:33   1 15.1G  0 part /run/media/wlysy/Ventoy //U盘大小与挂载目录
└─sdc2    8:34   1   32M  0 part
[wlysy@localhost ~]$ df -Th /dev/sdc1
文件系统         类型     容量  已用  可用 已用% 挂载点
/dev/sdc1        exfat    16G  224K   16G    1% /run/media/wlysy/Ventoy
                                                //文件系统、容量以及挂载点
```

如果仅识别到而未挂载，查看后可以按照下面的操作进行：

```
[wlysy@localhost ~]$ lsblk /dev/sdc                     //查看sdc挂载信息
NAME    MAJ:MIN RM  SIZE RO TYPE MOUNTPOINTS
sdc       8:32   1 15.1G  0 disk
├─sdc1    8:33   1 15.1G  0 part                        //未自动挂载
└─sdc2    8:34   1   32M  0 part
[wlysy@localhost ~]$ sudo mkdir /mnt/usb                //创建挂载点
[wlysy@localhost ~]$ sudo mount -t exfat /dev/sdc1 /mnt/usb/  //挂载U盘
[wlysy@localhost ~]$ df -Th /dev/sdc1
文件系统         类型     容量  已用  可用 已用% 挂载点
/dev/sdc1        exfat    16G  224K   16G    1% /mnt/usb        //挂载成功
```

在U盘使用完毕后，可以通过命令安全移除U盘。

```
[wlysy@localhost ~]$ sudo umount /mnt/usb               //卸载U盘
[wlysy@localhost ~]$ lsblk /dev/sdc
NAME    MAJ:MIN RM  SIZE RO TYPE MOUNTPOINTS
sdc       8:32   1 15.1G  0 disk
├─sdc1    8:33   1 15.1G  0 part       //只是未挂载，设备仍在，可以再次挂载
└─sdc2    8:34   1   32M  0 part
[wlysy@localhost ~]$ sudo eject /dev/sdc1               //弹出U盘
[wlysy@localhost ~]$ lsblk /dev/sdc
NAME MAJ:MIN RM SIZE RO TYPE MOUNTPOINTS
sdc    8:32   1   0B  0 disk
                    //sdc1已经从设备目录中移除，但sdc仍在，但已无法挂载
[wlysy@localhost ~]$ sudo udisksctl power-off -b /dev/sdc    //移除设备
[wlysy@localhost ~]$ lsblk /dev/sdc
lsblk: /dev/sdc: 不是一个块设备        //设备停止供电，可以安全地从接口中拔出
```

如果要实现开机自动挂载U盘，则仍需要修改/etc/fstab文件，增加U盘挂载的配置参数，文件系统设置为exfat即可。

第6章
网络与网络服务

  Linux之所以在服务器领域被广泛使用，与其高灵活性、高安全性、高稳定性是密不可分的。用户可以快速方便地在其上搭建、运行及管理各种网络服务，尤其是CentOS Stream 9，既是RHEL的上游产品，又是完全免费的。本章将着重介绍CentOS Stream 9中的网络配置与常见的网络服务的搭建和管理。

重点难点

- 网络的基本配置
- 常见的网络服务的搭建

6.1 网络的基本配置

Linux的网络配置可以在图形界面进行。在"有线"的"详细信息"选项卡中，可以查看当前网络连接的参数信息，如图6-1所示。可以在其中设置网络参数的获取方式。还可以手动设置当前的IP地址、DNS地址和路由地址等，如图6-2所示。

图 6-1

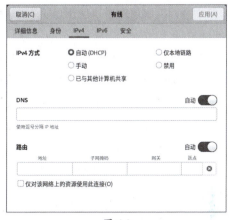

图 6-2

由于大部分的服务器使用的是非图形环境的终端模式，所以接下来重点介绍在命令终端中网络参数的配置操作。

6.1.1 网络信息的查看

在终端窗口查看IP地址等相关信息，可以使用的命令非常多。下面介绍一些常见的查看网络信息的命令及用法。

1. 查看 IP 地址

查看IP地址，包括子网掩码等网络信息的命令，可以使用ip命令：

【命令格式】

```
ip [选项] 操作对象 子命令
```

【常用选项】

-V：显示版本信息。

--help：显示帮助信息。

-s：显示详细信息。

-f：指定协议类型。

-h：输入可读信息。

-4：指定协议为inet，即IPv4。

-6：指定协议为inet6，即IPv6。

【操作对象】

ip命令的对象包括：link（网络设备）、addr（设备地址）、route（路由表）、rule（策略）、neigh（邻居表，arp缓存）、tunnel（ip通道）、maddr（多播地址）、mroute（多播路由）等。

【子命令】

对于不同的对象，可以使用以下不同的子命令。

link：set（设置）、show（查看）等。

addr：add（增加）、del（删除）、flush（清空）、show（查看）等。

route：list（查看）、flush（清空）、get（获取）、add（添加）、del（删除）等。

rule：list（查看）、add（增加）、del（删除）、flush（清空）等。

neigh：add（增加）、del（删除）、flush（清空）、show（查看）等。

【示例1】 查看当前网络的网卡和IP地址。

查看当前的网络参数及网络配置，可以使用ip addr show命令查看详细信息，执行效果如下：

```
[wlysy@localhost ~]$ ip addr show
1: lo: <LOOPBACK,UP,LOWER_UP> mtu 65536 qdisc noqueue state UNKNOWN group
default qlen 1000                                      //lo是本地回环接口
    link/loopback 00:00:00:00:00:00 brd 00:00:00:00:00:00
    inet 127.0.0.1/8 scope host lo     //地址为127.0.0.1,子网掩码为255.0.0.0
       valid_lft forever preferred_lft forever
    inet6 ::1/128 scope host
       valid_lft forever preferred_lft forever
2: ens160: <BROADCAST,MULTICAST,UP,LOWER_UP> mtu 1500 qdisc mq state UP
group default qlen 1000              //网卡名称为ens160,mtu值,以及网卡速度
    link/ether 00:0c:29:fe:90:9b brd ff:ff:ff:ff:ff:ff   //MAC地址及广播地址
    altname enp3s0
    inet 192.168.80.101/24 brd 192.168.80.255 scope global dynamic
noprefixroute ens160                          //IP地址、子网掩码、广播地址
       valid_lft 1269sec preferred_lft 1269sec
    inet6 fe80::20c:29ff:fefe:909b/64 scope link noprefixroute
       valid_lft forever preferred_lft forever
```

以前的网卡使用以太网卡（Ethernet），这种网络接口被称为ethN（N为数字）。新的Linux发行版对于网卡的编号有另一套规则，网卡界面的代号与网卡的来源有关。

- **enoX**：代表由主板BIOS内置的网卡。
- **ensX**：代表由主板BIOS内置的PCI-E界面的网卡，本机为ens160。
- **eth0**：如果上述名称都不适用，就回到原本的默认网卡编号。

也可以使用hostname -I命令来快速查看本机的IP地址。

```
[wlysy@localhost ~]$ hostname -I
192.168.80.101
```

动手练 使用ifconfig查看网卡信息

除了ip命令外，用户可以使用ifconfig命令查看所有网卡信息，也可以在后面指定查看的具体网卡名称。

```
[wlysy@localhost ~]$ ifconfig ens160
ens160: flags=4163<UP,BROADCAST,RUNNING,MULTICAST>  mtu 1500
        inet 192.168.80.101  netmask 255.255.255.0  broadcast 192.168.80.255
        inet6 fe80::20c:29ff:fefe:909b  prefixlen 64  scopeid 0x20<link>
        ether 00:0c:29:fe:90:9b  txqueuelen 1000  (Ethernet)
        RX packets 24567  bytes 32029653 (30.5 MiB)
        RX errors 0  dropped 0  overruns 0  frame 0
        TX packets 7383  bytes 514876 (502.8 KiB)
        TX errors 0  dropped 0 overruns 0  carrier 0  collisions 0
```

2. 查看网关地址

查看网关地址，可使用ip route show命令，从中可看到默认网关为192.168.80.2。

```
[wlysy@localhost ~]$ ip route show
default via 192.168.80.2 dev ens160 proto dhcp src 192.168.80.101 metric 100
192.168.80.0/24 dev ens160 proto kernel scope link src 192.168.80.101 metric 100
```

> **注意事项** 命令简写
> ip命令的很多选项可以简写，如ip address show可以简写为ip a s，ip route可以简写为ip r等。

3. 查看DNS地址

查看DNS服务器地址的命令可以查看配置文件，或者使用解析来查看当前所使用的DNS服务器的IP地址。

```
[wlysy@localhost ~]$ cat /etc/resolv.conf              //查看DNS配置文件信息
# Generated by NetworkManager
search localdomain
nameserver 192.168.80.2                                //当前DNS服务器的IP地址
[wlysy@localhost ~]$ nslookup
> www.baidu.com
Server:         192.168.80.2
Address:        192.168.80.2#53                        //通过域名解析，显示当前DNS服务器地址
……
```

6.1.2 网络参数的修改

网络参数的修改，可以使用命令，也可以修改配置文件。网络参数的修改包括临时生效和永久生效两种。下面介绍常见的网络参数修改方式。

1. 使用 ip 命令临时修改网络参数

通过ip命令可以方便地修改网络参数，但当系统重启或者网络服务重新加载时，操

作系统会重新加载网络配置，临时配置信息就会被覆盖。一般在临时进行网络配置时，可以使用ip命令。使用该命令修改网络参数的常见命令及其功能见表6-1。

表 6-1

命令	功能
ip link show	显示网络接口信息
ip link set ens160 up/down	开启/关闭网卡
ip link set ens160 promisc on/off	开启/关闭网卡的混合模式
ip link set ens160 txqueuelen 1200	设置网卡队列的长度
ip link set ens160 mtu 1400	设置网卡的最大传输单元
ip addr show	显示网卡的IP地址信息
ip addr add 192.168.80.88/24 dev ens160	增加网卡的IP地址
ip addr del 192.168.80.88/24 dev ens160	删除网卡的IP地址
ip route show	显示路由信息
ip route add default via 192.168.80.2	设置系统默认路由地址
ip route list	查看路由信息
ip route add 192.168.80.0/24 via 192.168.80.2 dev ens160	设置192.168.80.0网段的网关为192.168.80.2，数据通过ens160接口发送
ip route del 192.168.80.0/24	删除192.168.80.0网段的网关
ip route del default	删除默认路由
ip route del 192.168.80.0/24 dev ens160	删除路由

【示例2】为当前设备的ens160网卡设置ip地址192.168.80.88，并验证是否是永久生效。

```
[wlysy@localhost ~]$ hostname -I
192.168.80.101                                      //当前的IP地址192.168.80.101
[wlysy@localhost ~]$ sudo ip addr add 192.168.80.88/24 dev ens160
                                                    //增加一个IP
[sudo] wlysy 的密码：
[wlysy@localhost ~]$ hostname -I
192.168.80.101 192.168.80.88            //现在显示有2个IP地址，而且都可以使用
[wlysy@localhost ~]$ sudo ip addr del 192.168.80.101/24 dev ens160
                                                    //删除101
[wlysy@localhost ~]$ hostname -I
192.168.80.88                                       //已成功删除
[wlysy@localhost ~]$ sudo ip link set ens160 down   //关闭网卡
[wlysy@localhost ~]$ sudo ip link set ens160 up     //开启网卡
[wlysy@localhost ~]$ hostname -I
192.168.80.101          //网络管理程序重新读取配置文件，之前设置的临时IP地址失效
```

2. 使用 nmcli 命令永久修改网络参数

NetworkManager是一个在Linux系统中管理网络连接的守护进程。它提供自动检

测、配置和管理网络设备的功能，包括有线网络、无线网络、VPN等。

但日常使用时，用户不能直接操作NetworkManager，而是通过其前端程序nmcli。nmcli是NetworkManager的命令行接口。它提供一套命令，允许用户通过命令行方式来管理和控制NetworkManager。

> **知识拓展**
>
> **GNOME配置文件**
>
> 除了nmcli外，其实在GNOME图形界面对网络进行配置，使用的也是NetworkManager。所以图形界面的网络配置程序，和nmcli的地位其实是相同的。

使用nmcli命令的修改可以是临时生效，也可以是永久生效。

【命令格式】

```
nmcli [选项] <操作对象> <对应操作>
```

【常见选项】

-a：暂停程序，等待输入必要的参数后继续执行。

-c：监控和管理网络设备的连接。

-f：指定输出哪些字段。

-d：监控和管理网络设备的接口。

-g：输出指定字段中的值。

-t：间接输出。

【操作对象】

help：帮助信息。

general：返回NetworkManager的状态和配置信息。

networking：查询某个网络连接的状态，启用/禁用连接。

radio：查询Wi-Fi网络的连接状态，启用/禁用连接。

monitor：监控NetworkManager的活动，并观察网络连接状态的改变。

connection：启用/禁用网络接口、添加/删除连接。

device：更改与某个设备相关联的连接参数，或者使用一个已有的连接来连接设备。

secret：将nmcli注册为NetworkManager的秘密代理，用来监听信息。

【常见功能】

nmcli的常用命令及其功能如表6-2所示。

表6-2

命令	功能
nmcli connection show	显示所有网络连接
nmcli connection show <连接名>	显示某个连接的详细信息

（续表）

命令	功能
nmcli connection modify <连接名> ipv4.addresses 192.168.1.100/24	修改某连接的IPv4地址
nmcli connection up <连接名>	激活连接
nmcli connection down <连接名>	禁用连接
nmcli connection delete <连接名>	删除连接
nmcli device show	显示所有网络设备
nmcli general status	查看网络状态
nmcli device show -f TYPE,STATE	显示所有网络设备的类型和状态
nmcli connection show <连接名> -f UUID	显示某个连接的 UUID
nmcli connection add type ethernet ifname ens33 ip4.addresses 192.168.1.100/24 ipv4.gateway 192.168.1.1	添加一个新的网络连接
nmcli device wifi connect <SSID>	连接到指定的无线网络
nmcli radio wifi off	关闭Wi-Fi
nmcli networking on/off	开启/关闭所有网络连接

【示例3】使用nmcli查看ens160的所有网络参数。

使用nmcli可以查看连接网卡的所有网络参数信息，执行效果如下：

```
[wlysy@localhost ~]$ nmcli device show ens160
GENERAL.DEVICE:                 ens160         //设备名称，一般是网卡接口名称
GENERAL.TYPE:                   ethernet       //设备类型，表示以太网设备
GENERAL.HWADDR:                 00:0C:29:FE:90:9B           //MAC地址
GENERAL.MTU:                    1500                        //MTU值
GENERAL.STATE:                  100 (已连接)                //设备状态
GENERAL.CONNECTION:             ens160                      //连接名称
GENERAL.CON-PATH:               /org/freedesktop/NetworkManager/ActiveC>
WIRED-PROPERTIES.CARRIER:  开   //设备的物理连接状态，表示已连接
IP4.ADDRESS[1]:                 192.168.80.101/24           //IPv4地址
IP4.GATEWAY:                    192.168.80.2                //网关地址
IP4.ROUTE[1]:                   dst = 192.168.80.0/24, nh = 0.0.0.0, mt>
                                                            //路由表条目
IP4.ROUTE[2]:                   dst = 0.0.0.0/0, nh = 192.168.80.2, mt >
IP4.DNS[1]:                     192.168.80.2                //DNS服务器地址
IP4.DOMAIN[1]:                  localdomain                 //默认域名
IP6.ADDRESS[1]:                 fe80::20c:29ff:fefe:909b/64 //IPv6地址
IP6.GATEWAY:                    --                          //IPv6网关
IP6.ROUTE[1]:                   dst = fe80::/64, nh = ::, mt = 1024
```

【示例4】使用nmcli修改网络参数。

使用nmcli命令也可以修改网络参数，但这种修改并不能即时生效。该命令实际上修改的是NetworkManager配置文件，所以需要关闭并重新激活连接，让NetworkManager

读取配置文件后才可以生效。

```
[wlysy@localhost ~]$ sudo nmcli connection modify ens160 ipv4.addresses
192.168.80.88/24                           //修改网卡ens160的IPv4网络地址
[sudo] wlysy 的密码:
[wlysy@localhost ~]$ sudo nmcli connection modify ens160 ipv4.gateway 192
.168.80.2                                  //修改网卡ens160的IPv4网关地址
[wlysy@localhost ~]$ sudo nmcli connection modify ens160 ipv4.dns 223.5.5.5
[wlysy@localhost ~]$ sudo nmcli connection modify ens160 +ipv4.dns 223.6.6.6
                              //修改网卡ens160的IPv4 DNS服务器地址
[wlysy@localhost ~]$ nmcli device show ens160           //查看网卡的网络参数
……
IP4.ADDRESS[1]:         192.168.80.101/24
IP4.GATEWAY:            192.168.80.2
IP4.ROUTE[1]:           dst = 192.168.80.0/24, nh = 0.0.0.0, mt = 100
IP4.ROUTE[2]:           dst = 0.0.0.0/0, nh = 192.168.80.2, mt = 100
IP4.DNS[1]:             192.168.80.2
……
                                                      //所有参数均生效
[wlysy@localhost ~]$ sudo nmcli connection modify ens160 ipv4.method
manual
//将网卡的DHCP获取方式改为静态(manual)
[wlysy@localhost ~]$ nmcli connection down ens160           //禁用连接
成功停用连接 "ens160"(D-Bus 活动路径: /org/freedesktop/NetworkManager/
ActiveConnection/4)
[wlysy@localhost ~]$ nmcli connection up ens160             //启用连接
连接已成功激活(D-Bus 活动路径: /org/freedesktop/NetworkManager/
ActiveConnection/5)
[wlysy@localhost ~]$ nmcli device show ens160               //再次查看
……
IP4.ADDRESS[1]:         192.168.80.88/24
IP4.GATEWAY:            192.168.80.2
IP4.ROUTE[1]:           dst = 192.168.80.0/24, nh = 0.0.0.0, mt = 100
IP4.ROUTE[2]:           dst = 0.0.0.0/0, nh = 192.168.80.2, mt = 100
IP4.DNS[1]:             223.5.5.5
IP4.DNS[2]:             223.6.6.6
……
                                                  //所有网络配置均已生效
```

注意事项 设置网卡的Method属性

网卡的Method属性包括: auto, 自动从DHCP获取; disabled, 禁用IPv4; link-local, 自动分配一个链路本地地址(169.254.0.0/16); manual, 静态地址, 需手动设置各种网络参数; shared, 该IPv4地址将与同一网络上的其他接口共享。但是使用manual时, 需要先配置好参数, 否则会有警告提示。

动手练 添加及删除地址

在Linux中,网卡可以设置多个IP地址、多个网关、多个DNS等,直接使用命令修改,如果要增加,则在ipv4前添加"+"号,如果要删除,添加"-"号,另外命令也可以简写来提高效率,只要符合命令的唯一性即可。

```
[wlysy@localhost ~]$ sudo nmcli c mod ens160 +ipv4.ad 192.168.80.100/24
                    //上方增加的是IP地址,下方增加了网关和DNS服务器地址,命令简写
[sudo] wlysy 的密码:
[wlysy@localhost ~]$ sudo nmcli c mod ens160 +ipv4.ga 192.168.80.1
[wlysy@localhost ~]$ sudo nmcli c mod ens160 +ipv4.dns 192.168.80.2
[wlysy@localhost ~]$ nmcli networking off             //关闭网络连接
[wlysy@localhost ~]$ nmcli networking on              //开启网络连接
[wlysy@localhost ~]$ nmcli de sh ens160               //查看修改,命令简写
……
IP4.ADDRESS[1]:             192.168.80.100/24
IP4.ADDRESS[2]:             192.168.80.88/24
IP4.GATEWAY:                192.168.80.1
IP4.ROUTE[1]:               dst = 192.168.80.0/24, nh = 0.0.0.0, mt = 100
IP4.ROUTE[2]:               dst = 192.168.80.0/24, nh = 0.0.0.0, mt = 100
IP4.ROUTE[3]:               dst = 0.0.0.0/0, nh = 192.168.80.1, mt = 100
IP4.DNS[1]:                 223.5.5.5
IP4.DNS[2]:                 223.6.6.6
IP4.DNS[3]:                 192.168.80.2
……                                         //IP、网关、DNS的增加设置都生效了
[wlysy@localhost ~]$ sudo nmcli c mod ens160 -ipv4.ad 192.168.80.100/24
[wlysy@localhost ~]$ sudo nmcli c mod ens160 -ipv4.ga 192.168.80.1
[wlysy@localhost ~]$ sudo nmcli c mod ens160 -ipv4.dns 192.168.80.2
//以上为删除某个条目,命令均为简写
[wlysy@localhost ~]$ nmcli c do ens160         //关闭网卡,使用的是简写
成功停用连接 "ens160"(D-Bus 活动路径:/org/freedesktop/NetworkManager/
ActiveConnection/14)
[wlysy@localhost ~]$ nmcli c up ens160         //开启网卡,使用的是简写
连接已成功激活(D-Bus 活动路径:/org/freedesktop/NetworkManager/
ActiveConnection/15)
[wlysy@localhost ~]$ nmcli de sh ens160
……
IP4.ADDRESS[1]:             192.168.80.88/24
IP4.GATEWAY:                192.168.80.1
IP4.ROUTE[1]:               dst = 192.168.80.0/24, nh = 0.0.0.0, mt = 100
IP4.ROUTE[2]:               dst = 0.0.0.0/0, nh = 192.168.80.1, mt = 100
IP4.DNS[1]:                 223.5.5.5
IP4.DNS[2]:                 223.6.6.6
……                                             //删除的设置均已生效
```

3. 通过配置文件永久修改网络参数

使用nmcli命令可以修改NetworkManager的网络配置信息,重启设备、重启网卡或服务后,重新读取配置文件,从而做到永久生效。当然,用户也可以直接修改该文件,默认位于"/etc/NetworkManager/system-connections/"目录中。一般配置文件的开头与对应网卡名称一致,如ens160.nmconnection。根据系统连接的网卡数量,可能有多个文件对应不同的网卡。

用户可以打开需要修改网卡的对应文件来查看和修改相应的配置。由于之前使用了nmcli进行配置,所以有对应的内容,用户可以直接修改即可。

```
[connection]
id=ens160                                              //设备名称
uuid=36367c87-f26b-3c68-875d-c426a6e0114d              //全局唯一标识符
type=ethernet                                          //类型为以太网
autoconnect-priority=-999                              //自动连接优先级
interface-name=ens160                                  //接口名称
timestamp=1725937798                                   //配置文件最新修改时间戳

[ethernet]                                             //一般为空，配置一些特定于以太网的选项

[ipv4]                                                 //IPv4配置部分
address1=192.168.80.88/24,192.168.80.1  //前面内容为IP地址，后面内容为网关地址
dns=223.5.5.5;223.6.6.6;              //DNS服务器地址，可配置多个，中间用";"分割
method=manual                          //非DHCP获取，而是通过手动配置

[ipv6]                                                 //IPv6部分，因为未配置，以下为默认
addr-gen-mode=eui64                    //IPv6地址根据网卡的MAC地址自动生成
method=auto                            //DHCP模式自动获取

[proxy]                                                //代理服务器部分，没有配置，所以为空
```

知识拓展

配置技巧

"address1=192.168.80.88/24,192.168.80.1"，下方可以配置多个IP，前缀为"address2、address3……"，以此类推。可以配置多个IP，但默认网关地址只有一个，且只能跟在第一个IP地址后。在这里还可以配置DNS搜索域"dns-search=域名"、配置跳过自动DNS"ignore-auto-dns=true"等。

配置完毕后保存并退出，然后重新启动网络连接或者网卡，让NetworkManager重新读取配置文件，使配置生效。

6.1.3　网络控制命令的使用

一些网络参数的配置需要重启网络服务、网络连接或者网卡才能生效。这些控制网络的命令都属于网络管理命令。前面介绍了一些常见的网络控制命令，如连接或断开连接。

（1）通过守护进程控制网络。使用的命令是nmcli connection up/down ens160，通过控制NetworkManager来启用或禁用ens160接口。可以精确到某个连接，用于激活、禁用、修改连接属性。通常用于控制某个特定接口。

（2）通过底层控制网络。直接作用于网络接口硬件，通过内核接口操作的命令是ip link set ens160 up/down，也可以控制特定接口的开关。

（3）通过系统控制网络。使用的命令是nmcli networking on/off，影响的是所有网络接口，常用于快速启用或禁用整个系统的网络。

（4）通过服务控制网络。NetworkManager是用来管理网络的守护进程，在系统中以服务的方式存在，可以读取网络的配置参数。可以使用服务管理命令systemctl来进行管理，格式为：

systemctl stop/start/restart/status NetworkManager.service（停止/启动/重启/查看状态网络管理服务）。

通过该命令重启加载配置文件，使新的网络配置生效。适用于全局性的网络配置变更。至于使用哪个，可以根据实际情况选择。

6.2 常见网络服务的搭建

CentOS Stream 9是针对服务器的特殊Linux发行版，所以使用它来搭建各种服务不仅简单方便，而且效率非常高。本节将向读者介绍一些常见的网络服务的搭建，以实现各种功能。在搭建网络服务前，需要先对服务器进行网络配置，将服务器的IP地址固定，也就是将网络环境固定下来。可以通过前面介绍的内容，关闭DHCP自动获取，将服务器IP配置为192.168.80.88。

6.2.1 DHCP服务的搭建与使用

DHCP（Dynamic Host Configuration Protocol，动态主机配置协议）是一种网络协议，用于为使用DHCP的主机动态分配IP地址、子网掩码以及默认网关等信息。在局域网中，DHCP服务器会自动分配IP地址，简化了网络配置的过程。

在安装DHCP服务软件前，需要关闭局域网中其他的DHCP服务器，以免造成冲突。或者将DHCP服务器和测试主机连接到同一个测试环境中进行测试。

1. 安装DHCP服务软件

CentOS Stream 9中常用的DHCP服务软件是dhcp-server，它提供灵活的配置和强大的功能，安装后提供dhcpd服务。在使用前可通过安装命令进行下载并安装，如果已安装则会显示。

```
[wlysy@localhost ~]$ sudo dnf install dhcp-server
……
dhcp-server          x86_64        12:4.4.2-19.b1.el9          baseos          1.2 M
……
已安装：
    dhcp-server-12:4.4.2-19.b1.el9.x86_64
完毕！
```

2. 修改DHCP配置文件

接下来就要修改DHCP的配置文件"/etc/dhcp/dhcpd.conf"，但默认该文件内容为空，提示用户示例文件在"/usr/share/doc/dhcp-server/dhcpd.conf.example"中，用户可以将文件复制过来，如图6-3所示。然后根据其中的示例项目，手动进行修改，将不需要的部分用"#"注释起来，使其不生效。

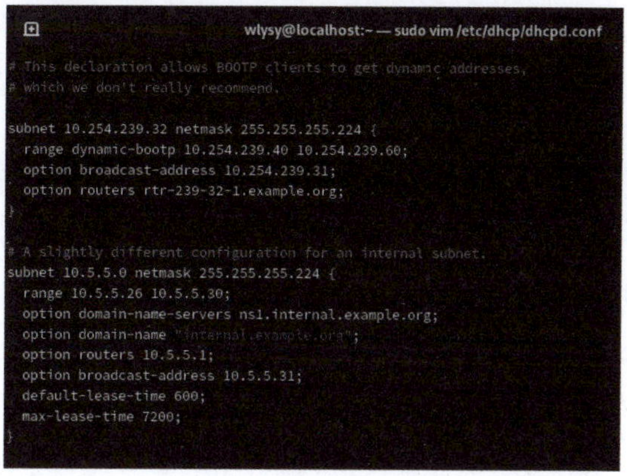

也可以将需要的部分复制过来修改，或者直接在空白文件中添加相关的配置信息。DHCP服务需要几个重要的参数信息，只要配置参数在文件中即可实现DHCP功能。

图6-3

```
subnet 192.168.80.0 netmask 255.255.255.0 {           //子网与子网掩码
    range 192.168.80.51 192.168.80.59;                //地址池的范围
    option routers 192.168.80.2;                      //网关地址
    option broadcast-address 192.168.80.255;          //广播地址
    option domain-name-servers 192.168.80.2,223.5.5.5,223.6.6.6;//DNS服务
                                                      //器地址
    default-lease-time 600;                           //默认租约时间600s
    max-lease-time 7200;                              //最大租约时间7200s
}
```

3. 启动服务

配置完毕后，就可以使用命令启动该服务并查看服务状态，服务的名称为dhcpd.service。如果服务启动正常，则会显示以下信息：

```
[wlysy@localhost ~]$ sudo systemctl start dhcpd.service    //启动dhcpd服务
[wlysy@localhost ~]$ sudo systemctl status dhcpd.service   //查看服务状态
● dhcpd.service - DHCPv4 Server Daemon
    Loaded: loaded (/usr/lib/systemd/system/dhcpd.service; disabled; preset: disabled)
    Active: active (running) since Tue 2024-09-10 16:57:09 CST; 27s ago
//显示服务是活动的状态
……
```

4. 测试

接下来可以在同一个局域网中的其他设备上，打开DHCP自动获取，看是否能够获取DHCP服务器提供的IP地址，如图6-4所示。这里使用另一台安装了CentOS Stream 9操作系统的计算机作为测试主机。

图6-4

5. 设置开机启动

如果需要该服务在服务器开机时即可启动，需要使用"systemctl enable 服务名"命令，执行效果如下：

```
[wlysy@localhost ~]$ sudo systemctl enable dhcpd.service
Created symlink /etc/systemd/system/multi-user.target.wants/dhcpd.service
→ /usr/lib/systemd/system/dhcpd.service.
```

> **知识拓展**
>
> **关闭开机启动**
>
> 如果要关闭服务的开机启动，则可以使用"systemctl disable 服务名"命令。

6.2.2 Samba服务的搭建与访问

Samba（Server Messages Block，信息服务块）是在Linux和UNIX系统上实现SMB协议的一个免费软件，由服务器及客户端程序构成。SMB是在局域网上共享文件和打印机的一种通信协议，为局域网中的不同计算机提供文件及打印机等资源的共享服务。SMB协议是客户端/服务器类型协议，客户端通过该协议可以访问服务器上的共享文件系统、打印机及其他资源。在Windows和Linux的"网络"中，可以查看与访问局域网中的计算机共享的文件夹，并且可以快速传输文件，下面介绍Samba服务的搭建过程。

1. 安装 Samba 服务软件

在安装操作系统时，如果选择并安装了全部的附件加软件，系统中会自动安装samba服务，如图6-5所示。

如果未安装，也可以使用sudo dnf instatll samba命令进行安装。如果安装成功，则显示如图6-6所示的内容。

图 6-5   图 6-6

2. 创建并配置共享目录

安装好samba后，需要设置对应的共享目录，以供其他计算机访问。创建目录时需要设置相应的权限。

```
[wlysy@localhost ~]$ sudo mkdir /var/smb                //创建目录
[sudo] wlysy 的密码：
[wlysy@localhost ~]$ sudo chmod 777 /var/smb            //设置目录的权限
```

3. 修改 Samba 配置文件

和DHCP服务一样，Smaba服务也有其配置文件，从中可以设置Samba共享时的参数。该文件为"/etc/samba/smb.conf"。在配置前，需要先备份该文件。

```
[wlysy@localhost ~]$ sudo cp /etc/samba/smb.conf /etc/samba/smb.conf.bak
                                                    //备份配置文件
[wlysy@localhost ~]$ sudo vim /etc/samba/smb.conf   //启动配置的编辑
```

在配置文件中，已经存在了很多默认的配置，用户可以参考该配置文件，创建共享目录的配置。具体的配置内容及说明如下，需要注意格式，尤其是空格的使用。实际目录的权限，由目录本身的权限及配置的Samba的权限共同作用得到的。

```
[share]
    path = /var/smb/                        //共享目录的路径
    browseable = yes                        //共享目录是否可在网络邻居中显示
    writable = yes                          //共享目录是否可写
    public = yes                            //允许匿名访问该目录
```

4. 测试配置

对于配置文件配置的正确性，Samba还提供验证机制。配置完毕，保存并退出编辑界面后，可以使用testparm命令进行测试。

```
Load smb config files from /etc/samba/smb.conf
Loaded services file OK.                            //成功加载了配置文件
Weak crypto is allowed by GnuTLS (e.g. NTLM as a compatibility fallback)
```

5. 启动服务

接下来就可以启动服务，如果需要，可以将其添加到开机启动项目中。防火墙和SELinux可能会影响Samba的连接，这里暂时关闭防火墙和SELinux。

```
[wlysy@localhost ~]$ sudo systemctl start smb.service     //启动服务
[wlysy@localhost ~]$ sudo systemctl status smb.service    //查看辅助状态
● smb.service - Samba SMB Daemon
    Loaded: loaded (/usr/lib/systemd/system/smb.service; disabled; preset: dis>
    Active: active (running) since Thu 2024-09-12 11:01:01 CST; 3s ago//已启动
......
[wlysy@localhost ~]$ sudo systemctl stop firewalld.service  //关闭默认防火墙
[wlysy@localhost ~]$ sudo setenforce 0                      //禁用SELinux强制模式
[wlysy@localhost ~]$ sudo systemctl enable smb.service      //加入开机启动
```

> **注意事项** 去除影响因素
>
> 防火墙会直接影响远程的访问，用户可以临时关闭，或者将Samba添加到允许的列表中。在后面的章节会重点介绍，这里直接关闭该服务。如果需要也可以随时启动，在重启服务器后也会自动启动。SELinux（Security Enhanced Linux）是一种安全增强型Linux内核模块，通过引入强制访问控制来提高系统的安全性。这里也暂时关闭。设置为"1"或重启后，也可以恢复。

6. 访问 Samba 共享

在 Linux 中，可以在图形界面的"文件"工具中，输入"smb://服务器IP"或者"smb://服务器IP/共享目录"，单击"连接"按钮，如图6-7所示。就可以查看服务器的共享。因为设置的是简单的匿名共享，所以如果弹出"认证"界面，保持"匿名"连接方式，直接连接即可，如图6-8所示。

图 6-7   图 6-8

如果安装了Samba客户端程序，在终端窗口中也可以通过命令访问共享目录：

```
[wlysy@localhost ~]$ smbclient //192.168.80.88/share      //到达共享目录
Password for [SAMBA\wlysy]:                               //匿名访问
Anonymous login successful                                //匿名登录成功
Try "help" to get a list of possible commands.            //获取帮助
smb: \> ls                                                //查看目录
  .                                   D        0  Thu Sep 12 15:20:03 2024
  ..                                  D        0  Thu Sep 12 15:20:03 2024
smb: \> mkdir 123                                         //创建文件夹123
smb: \> ls                                                //查看是否创建成功
  .                                   D        0  Thu Sep 12 15:40:40 2024
  ..                                  D        0  Thu Sep 12 15:40:40 2024
  123                                 D        0  Thu Sep 12 15:40:40 2024
```

动手练 提高Samba服务的安全性

前面介绍的是最常见的匿名访问，无需用户名及密码，可以直接访问，并可以在目录中创建、访问、修改、上传、下载目录。如果要提高安全性，可以设置目录禁止匿名访问，需要特定的Samba账号才能对其进行操作。在前面的基础上，先修改配置文件，删除允许匿名访问，再加入特定的账户或账户组，并配置新建的文件夹及文件的权限。

```
[share]
    path = /var/smb/
    browseable = yes
    valid users = smbuser1          //只有smbuser1用户可以访问共享目录
    write list = smbuser1           //只有smbuser1用户拥有写权限
    create mask = 0644              //在共享目录创建的文件，只有所有者有写权限
    directory mask = 0755           //新创建的目录，只有所有者有读写权限
```

完成后，创建用户smbuser1，可以设置不允许其登录操作系统。并将其添加到Samba用户中，也就是为其配置Samba访问的密码，只有这样，用户才可以访问共享目录。

```
[wlysy@localhost ~]$ sudo useradd -s /sbin/nologin smbuser1
                                                            //创建不允许登录的账户
[sudo] wlysy 的密码：
[wlysy@localhost ~]$ sudo smbpasswd -a smbuser1       //为其设置smb密码
New SMB password:
Retype new SMB password:
Added user smbuser1.
```

使用sudo systemctl restart smb.service命令重启Samba服务后就可以访问了。如果使用的是终端窗口，需要指定连接的用户名，输入密码后即可访问。

```
[wlysy@localhost ~]$ smbclient //192.168.80.88/share -U smbuser1  //指定用户
Password for [SAMBA\smbuser1]:                                    //输入密码
Try "help" to get a list of possible commands.
smb: \> ls
  .                                   D        0  Thu Sep 12 16:11:40 2024
  ..                                  D        0  Thu Sep 12 16:11:40 2024
          73334784 blocks of size 1024. 64128464 blocks available
```

如果使用的是图形界面，在验证时，选择"已注册用户"，输入刚才创建的用户名和密码，设置密码的使用期限后单击"连接"按钮，如图6-9所示。进入共享目录，即可创建并管理文件，如图6-10所示。

图 6-9

图 6-10

> **知识拓展**
>
> **长期使用**
>
> 除了以上的访问方法，在Linux中，也可以将目录挂载到本地使用，命令参考格式为"mount -t cifs -o username=smbuser1,password=123456 //192.168.80.88/share /mnt/smb/"。用户需要根据实际情况修改对应的值。如果要在开机时自动挂载，则需要修改"/etc/fstab"文件，添加的参考格式为"//192.168.80.88/share /mnt/smb cifs defaults,username=smbuser1,password=123145 0 0"。

而Windows系统则使用Win+R组合键打开"运行"对话框,输入"\\smb服务器地址"来连接共享,输入用户名和密码后单击"确定"按钮,如图6-11所示,就可以访问共享目录了,在这里可以添加、删除、上传或者下载文件,如图6-12所示。

图 6-11

图 6-12

6.2.3 FTP服务的搭建与访问

FTP服务器也是比较常用的,它可以通过FTP协议提供文件的下载、上传服务。在Linux中,可以通过安装vsftpd软件实现FTP功能。下面介绍FTP服务的搭建过程。

1. 安装FTP服务软件

可以通过命令查看是否已经安装了vsftpd软件,如果没有,则可以通过命令来进行安装,如图6-13所示。

2. 修改FTP配置文件

vsftpd的配置位于"/etc/vsftpd/vsftpd.conf"文件,在修改前先进行备

图 6-13

份。文档内容较多,文档中主要的参数及建议修改值如下,有些需要用户手动添加,或在文档中删除"#"来启用该行配置。

listen=YES:是否侦听IPv4,如果设置为YES,建议将listen_ipv6设置为NO。
local_enable=YES:允许本地账户登录(需启用)。
write_enable=YES:是否给予写权限(需启用)。
local_root=/var/ftp/:设置ftp的主目录(需添加)。
anonymous_enable=YES:是否允许匿名登录,NO是不允许,YES是允许,这里根据实际需要选择。如果允许匿名登录,还需要设置以下几个选项。
anon_root=/var/ftp/:匿名用户根目录(需添加)。
anon_upload_enable=YES:允许上传文件(需启用)。
anon_mkdir_write_enable=YES:允许创建目录(需启用)。
anon_other_write_enable=YES:开放其他权限(需输入)。

输入完毕后保存并退出即可。

3. 启动服务

接下来需要启动服务，并且将服务加入到开机启动中。为了以防万一，建议关闭防火墙以及SELinux强制模式。

```
[wlysy@localhost ~]$ sudo systemctl start vsftpd.service        //启动FTP服务
[wlysy@localhost ~]$ sudo systemctl status vsftpd.service
● vsftpd.service - Vsftpd ftp daemon
    Loaded: loaded (/usr/lib/systemd/system/vsftpd.service; disabled; preset: >
    Active: active (running) since Thu 2024-09-12 17:27:15 CST; 7s ago  //正常
……
[wlysy@localhost ~]$ sudo systemctl enable vsftpd.service       //加入开机启动
Created symlink /etc/systemd/system/multi-user.target.wants/vsftpd.
service → /usr/lib/systemd/system/vsftpd.service.
[wlysy@localhost ~]$ sudo systemctl stop firewalld.service      //关闭防火墙
[wlysy@localhost ~]$ sudo setenforce 0                          //关闭SELinux强制模式
```

4. 修改权限

在FTP的默认目录"/var/ftp"中，不建议直接修改ftp目录本身的权限，会造成无法登录及操作的情况，可以在其下创建用于测试的目录，然后修改该目录的权限。创建默认目录test，并在test中创建两个测试文件aaa及bbb，递归修改test目录及其下的子文件夹与文件的所有者和所属组均为ftp，代码如下：

```
[wlysy@localhost ~]$ sudo mkdir /var/ftp/test
[wlysy@localhost ~]$ sudo touch /var/ftp/test/aaa /var/ftp/test/bbb
[wlysy@localhost ~]$ sudo chown ftp:ftp -R /var/ftp/test
```

5. 访问 FTP 服务

在Linux中可以使用"文件"管理来访问FTP服务，格式为"ftp://FTP服务器IP地址"如图6-14所示。连接时，会提示认证方式，选中"匿名"单选按钮，单击"连接"按钮即可，如图6-15所示。进入test目录后，就可以进行管理和创建了。

图 6-14

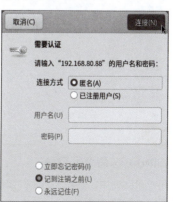

图 6-15

在终端窗口中，可以使用FTP命令来连接，如果没有安装FTP软件，在使用命令后会提示安装。使用命令模式登录时也需要提供。

```
[wlysy@localhost ~]$ ftp 192.168.80.88
bash: ftp: 未找到命令...                           //提示未找到命令
安装软件包"ftp"以提供命令"ftp"？ [N/y] y          //提示是否安装
 * 正在队列中等待...
 * 正在载入软件包列表。...
下列软件包必须安装：
 ftp-0.17-89.el9.x86_64     The standard UNIX FTP (File Transfer
Protocol) client
继续更改？ [N/y] y
……
[wlysy@localhost ~]$ ftp 192.168.80.88              //安装完毕重新执行
Connected to 192.168.80.88 (192.168.80.88).
220 (vsFTPd 3.0.5)                                  //显示FTP软件版本
Name (192.168.80.88:wlysy): ftp      //匿名用户也需要登录，默认用户名为FTP
331 Please specify the password.
Password:                                           //默认密码也是FTP
230 Login successful.                               //登录成功
Remote system type is UNIX.
Using binary mode to transfer files.
ftp> ls                                             //查看当前目录
227 Entering Passive Mode (192,168,80,88,60,51).
150 Here comes the directory listing.
drwxr-xr-x    2  0         0              6 Aug 20 08:47 pub
drwxr-xr-x    2  14        50            28 Sep 13 03:20 test
226 Directory send OK.
```

在Windows中，可以通过资源管理器访问。访问的格式是"ftp://服务器IP地址"，如图6-16所示。进入test文件夹后可以执行各种操作，如图6-17所示为创建文件夹。

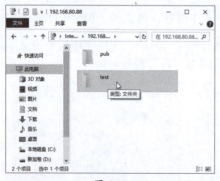

图 6-16

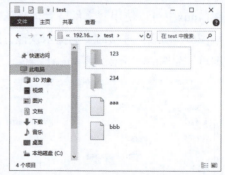

图 6-17

> **知识拓展**
>
> **Windows命令行登录**
>
> 在Windows中，还可以在CMD或者PowerShell中使用ftp命令登录服务器，如图6-18所示，默认用户名及密码都是ftp。

图 6-18

动手练 使用更安全的账户登录

如果要提高FTP服务器的安全性，可以配置"anonymous_enable=NO"，将配置文件中的所有匿名（anon开头）选项进行注释，使其失效，仅能使用认证的用户登录。

创建用户user1，并为user1配置密码来允许其登录。为方便测试，将测试目录test递归设置权限为777。最后重启vsftpd服务。

```
[wlysy@localhost test]$ sudo chmod 777 -R /var/ftp/test/
[wlysy@localhost test]$ sudo systemctl restart vsftpd.service
```

再次在Linux系统中登录FTP服务器，无法进行匿名登录了。选择"已注册用户"，输入用户名和密码后，即可连接，如图6-19所示。进入测试目录后可以进行各种操作。同样在Windows系统中登录时，也需要使用创建的用户进行登录，如图6-20所示。

图 6-19

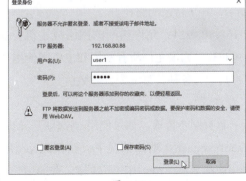

图 6-20

使用命令登录时，也无法使用匿名用户默认登录，需要使用创建的用户和密码登录，这样系统就可以记录该用户的各种操作。

6.2.4 NFS服务的搭建与访问

网络文件系统（Network File System，NFS）是一种分布式文件系统协议，允许设备通过网络共享其文件系统，在CentOS系统中搭建NFS服务器可以方便地实现文件资源的共享和访问，提高数据利用效率，下面详细介绍如何在CentOS系统上搭建NFS服务。

1. 安装NFS服务软件

可以使用sudo dnf install nfs-utils命令安装该软件，安装完毕后，可以查询是否安装成功。

```
[wlysy@localhost ~]$ sudo dnf install nfs-utils
上次元数据过期检查: 3:50:13 前, 执行于 2024年09月13日 星期五 09时38分44秒。
软件包 nfs-utils-1:2.5.4-27.el9.x86_64 已安装。
依赖关系解决。
无需任何处理。
完毕!
[wlysy@localhost ~]$ dnf list installed | grep nfs-utils
nfs-utils.x86_64                    1:2.5.4-27.el9                    @anaconda
```

2. 创建共享目录

创建NFS共享目录，为了方便演示，这里设置目录权限为777。

```
[wlysy@localhost ~]$ sudo mkdir /var/nfs
[sudo] wlysy 的密码:
[wlysy@localhost ~]$ sudo chmod 777 /var/nfs
```

3. 修改配置文件

NFS的配置在"/etc/exports"文件中，启动编辑，在其中添加共享的条目，格式如下：

```
/var/nfs 192.168.80.0/24(rw,sync,no_root_squash,no_subtree_check)
```

其中：

/var/nfs：共享目录的路径。

192.168.80.0/24：允许访问的网络或主机。这里是网络，如果是主机，则格式为192.168.80.0/32。如果允许所有网络和主机则使用"*"。

( )：其中为各种共享的配置参数。

rw：允许读写。

sync：数据同步传输。如果使用async就是异步传输，缓存数据会丢失。

no_root_squash：默认情况下，访问时root用户会被转换为nobody用户（权限丢失）。使用该参数后，root用户不转换，普通用户必须转换。如使用all_squash则所有用户都会转换。

no_subtree_check：关闭子目录检查，提高性能。

修改完毕后保存并退出，接着使用sudo exportfs -rv命令重新加载配置文件。

```
[wlysy@localhost ~]$ sudo vim /etc/exports
[sudo] wlysy 的密码：
[wlysy@localhost ~]$ sudo exportfs -rv
exporting 192.168.80.0/24:/var/nfs
```

4. 启动服务

启动服务前关闭有可能影响的防火墙和SELinux。启动服务nfs-server.service，启动后查看状态，接着将该服务设置为开机启动。

```
[wlysy@localhost ~]$ sudo systemctl start nfs-server.service
[wlysy@localhost ~]$ sudo systemctl status nfs-server.service
● nfs-server.service - NFS server and services
   Loaded: loaded (/usr/lib/systemd/system/nfs-server.service; disabled; pres>
   Active: active (exited) since Fri 2024-09-13 13:58:38 CST; 5s ago
[wlysy@localhost ~]$ sudo systemctl enable nfs-server.service
Created symlink /etc/systemd/system/multi-user.target.wants/nfs-server.
service → /usr/lib/systemd/system/nfs-server.service.
```

5. 查看共享目录

在同网络的其他主机上，使用命令即可查看该共享：

```
[wlysy@localhost ~]$ showmount -e 192.168.80.88
Export list for 192.168.80.88:
/var/nfs 192.168.80.0/24
```

动手练 挂载使用NFS共享

如果要使用NFS共享，需要将其挂载到Linux系统中。客户机同样需要安装nfs-utils软件，安装完毕后创建挂载点，然后通过命令挂载使用。

```
[wlysy@localhost ~]$ dnf list installed | grep nfs-utils     //查看是否已安装
nfs-utils.x86_64                    1:2.5.4-27.el9                    @baseos
[wlysy@localhost ~]$ sudo mkdir /mnt/nfs                     //创建挂载点
[sudo] wlysy 的密码：
[wlysy@localhost ~]$ sudo mount 192.168.80.88:/var/nfs /mnt/nfs  //挂载命令
[wlysy@localhost ~]$ cd /mnt/nfs                              //进入目录
[wlysy@localhost nfs]$ ls
[wlysy@localhost nfs]$ touch 123
[wlysy@localhost nfs]$ mkdir 234
[wlysy@localhost nfs]$ ls
123  234                                                      //可以正常使用
```

> **知识拓展**
>
> **开机自动挂载NFS**
>
> 如果要开机自动挂载NFS，需要修改/etc/fstab文件，将NFS挂载参数添加到文件中，如图6-21所示。

图 6-21

其中rw为读写；hard是在发生故障时，NFS客户端会一直尝试重新挂载；Intr是允许中断挂载操作。

6.2.5 DNS服务的搭建与使用

DNS（Domain Name System，域名系统）是一个用于将计算机和网络服务与域名层次结构中的名称进行映射的系统。在Internet上域名与IP地址是一一对应的，域名虽然便于人们记忆，但计算机之间只能识别IP地址，它们之间的转换工作称为域名解析。域名解析需要由专门的域名解析服务器来完成，当用户在应用程序中输入域名名称时，DNS服务可以将此名称解析为与之相关的其他信息，如IP地址。

在Linux中，可以实现DNS服务功能的软件有很多种，常见的软件及特点如下。

- **BIND**：目前最流行的DNS服务器软件，功能强大，稳定可靠。
- **PowerDNS**：轻量级、高性能的DNS服务器软件，适合中小型网络。
- **Nsd**：高性能、轻量级的DNS服务器软件，主要用于递归查询。

下面以最常见的BIND软件为例，介绍软件的安装和DNS服务的搭建过程。

1. 安装 BIND 软件

可以使用sudo dnf install bind命令安装该软件。如果已安装，可以查询软件的版本等信息，如图6-22所示。

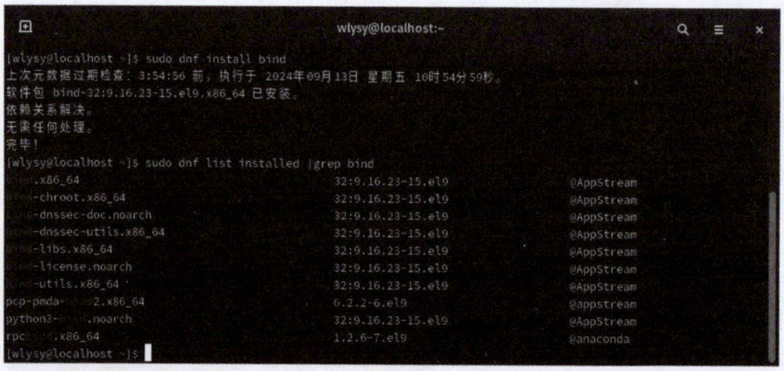

图 6-22

2. 修改配置信息

BIND的配置信息比较多，包括：主配置信息，主要内容是监听和访问的权限，以及各种文件路径；扩展配置信息，主要配置的是查询区域；解析配置信息，主要配置的是解析记录，如常见的主机记录以及对应的IP地址。

（1）主配置信息。BIND的主配置信息位于"/etc/named.conf"文件中，在该文件中，主要修改的是监听的地址，默认为127.0.0.1，加入当前监听网卡的IP地址。另一个是允许查询的主机范围，这里改为any即可。

```
options {
    listen-on port 53 { 127.0.0.1;192.168.80.88; };//添加当前监听网卡的IP地址
    listen-on-v6 port 53 { ::1; };
    directory       "/var/named";
    dump-file       "/var/named/data/cache_dump.db";
    statistics-file "/var/named/data/named_stats.txt";
    memstatistics-file "/var/named/data/named_mem_stats.txt";
    secroots-file   "/var/named/data/named.secroots";
    recursing-file  "/var/named/data/named.recursing";
    allow-query     { localhost;any; };                //改为any，允许所有主机
```

（2）扩展配置信息。修改后保存并退出named.conf文件，接下来需要修改另一个文件"/etc/named.rfc1912.zone"，在文档末尾处创建查询区域，包括正向区域与反向区域。

```
zone "test.com" IN {                        //设置区域名称
    type master;                            //设置区域类型
    file "test.com.zone";                   //该区域对应的查询文件
    allow-update { none; };                 //禁止客户端对区域更新
};
```

（3）解析配置信息。在扩展配置信息中配置了解析文件的名称，接下来就需要创建这些解析文件，在其中配置解析的地址。这些文件位于"/var/named"，可以先将示例文件复制后再进行修改。

```
[wlysy@localhost ~]$ sudo cp -p /var/named/named.localhost /var/named/test.com.zone
[wlysy@localhost ~]$ sudo vim /var/named/test.com.zone
```

主要修改及添加的内容如下：

```
$TTL 1D
@       IN SOA  ns1.test.com. admin.test.com. (
                                0       ; serial
                                1D      ; refresh
                                1H      ; retry
                                1W      ; expire
                                3H )    ; minimum
@       IN NS   ns1.test.com.
ns1     IN A    192.168.80.88
dns     IN A    192.168.80.88
www     IN A    192.168.80.88
                                              //主机记录的解析
```

```
ftp       IN A      192.168.80.88
web       IN CNAME www                                    //别名的解析
```

3. 启动服务

关闭防护墙及SELinux后，启动该服务并将服务加入开机启动中。

```
[wlysy@localhost ~]$ sudo systemctl status named.service
● named.service - Berkeley Internet Name Domain (DNS)
    Loaded: loaded (/usr/lib/systemd/system/named.service; disabled; preset: d>
    Active: active (running) since Fri 2024-09-13 16:43:20 CST; 5s ago
[wlysy@localhost ~]$ sudo systemctl enable named.service
Created symlink /etc/systemd/system/multi-user.target.wants/named.service
→ /usr/lib/systemd/system/named.service.
```

4. 验证效果

在客户端中打开"/etc/resolv.conf"文件，临时设置DNS服务器的IP地址为192.168.80.88。

```
[wlysy@localhost ~]$ sudo vim /etc/resolv.conf            //编辑临时文件

# Generated by NetworkManager
search 192.168.80.88
nameserver 192.168.80.88                                  //均改为DNS服务器IP地址
```

> **知识拓展**
>
> **永久修改DNS**
>
> 可以在图形界面的网络管理中修改，也可以通过命令或者修改NetworkManager的配置文件"ens160.nmconnection"，重启网络服务使其生效。

接下来可以使用nslookup命令查看解析是否正常：

```
[wlysy@localhost ~]$ nslookup www.test.com                //启动解析
Server:         192.168.80.88                             //解析的服务器
Address:        192.168.80.88#53                          //对应的IP地址及接口
Name:   www.test.com
Address: 192.168.80.88                                    //解析出的域名对应的IP地址
[wlysy@localhost ~]$ nslookup web.test.com
Server:         192.168.80.88
Address:        192.168.80.88#53
web.test.com    canonical name = www.test.com.            //可以看到是别名解析
Name:   www.test.com                                      //解析的其实是www
Address: 192.168.80.88                                    //解析的结果
```

动手练 使用其他方式验证DNS服务器

除了使用nslookup命令外，还可以直接使用"ping 域名"命令，系统会先将域名解析成IP地址，然后再进行ping操作。还可以使用dig命令进行解析测试。dig命令是一个用于查询DNS域名服务器的灵活工具。

```
[wlysy@localhost ~]$ ping www.test.com                          //直接ping域名
PING www.test.com (192.168.80.88) 56(84) 比特的数据。
64 比特，来自 192.168.80.88 (192.168.80.88): icmp_seq=1 ttl=64 时间=0.098 毫秒
64 比特，来自 192.168.80.88 (192.168.80.88): icmp_seq=2 ttl=64 时间=1.12 毫秒
64 比特，来自 192.168.80.88 (192.168.80.88): icmp_seq=3 ttl=64 时间=0.245 毫秒
^C                                          //会一直ping，使用Ctrl+C组合键终止
--- www.test.com ping 统计 ---
已发送 3 个包，已接收 3 个包，0% packet loss, time 2040ms    //显示统计结果
rtt min/avg/max/mdev = 0.098/0.486/1.117/0.449 ms
[wlysy@localhost ~]$ dig www.test.com                    //使用dig命令测试
; <<>> DiG 9.16.23-RH <<>> www.test.com
;; global options: +cmd                      //使用了一些全局选项
;; Got answer:                               //成功获取DNS服务器的响应
;; ->>HEADER<<- opcode: QUERY, status: NOERROR, id: 5228
;; flags: qr aa rd ra; QUERY: 1, ANSWER: 1, AUTHORITY: 0, ADDITIONAL: 1
;; OPT PSEUDOSECTION:
; EDNS: version: 0, flags:; udp: 1232
; COOKIE: 4b743b6880ddc06c0100000066e404b57ccb4c34356b3231 (good)
;; QUESTION SECTION:
;www.test.com.                  IN      A            //请求查询
;; ANSWER SECTION:                                   //显示查询结果
www.test.com.           86400   IN      A       192.168.80.88  //域名对应的IP地址
;; Query time: 1 msec
;; SERVER: 192.168.80.88#53(192.168.80.88)           //DNS服务器地址与端口
;; WHEN: Fri Sep 13 17:24:05 CST 2024
;; MSG SIZE  rcvd: 85
```

6.2.6　Web服务的搭建与使用

CentOS Stream 9中常用的Web服务器主要有Apache和Nginx。它们各有优劣，选择时可根据项目需求来定：Apache配置灵活，模块化程度高，适合各种类型的网站。Nginx高性能，轻量级，擅长处理静态文件和反向代理，适合高并发场景。

1. 安装Nginx软件

默认情况下CentOS Stream 9并未安装Nginx，需要使用以下命令进行安装：

```
[wlysy@localhost ~]$ sudo dnf install nginx
上次元数据过期检查: 0:25:25 前，执行于 2024年09月13日 星期五 17时14分34秒。
依赖关系解决。
================================================================================
 软件包                  架构            版本                 仓库          大小
================================================================================
安装:
 nginx                   x86_64          2:1.20.1-20.el9      appstream     36 k
安装依赖关系:
 nginx-core              x86_64          2:1.20.1-20.el9      appstream    570 k
 nginx-filesystem        noarch          2:1.20.1-20.el9      appstream    9.2 k
事务概要
================================================================================
安装  3 软件包
```

```
……
已安装：
  nginx-2:1.20.1-20.el9.x86_64            nginx-core-2:1.20.1-20.el9.x86_64
  nginx-filesystem-2:1.20.1-20.el9.noarch
完毕！
```

2. 修改配置文件

Nginx的所有相关配置文件都在"/etc/nginx/"目录中，Nginx的主要配置文件是"/etc/nginx/nginx.conf"，以及位于"/etc/nginx/conf.d/"目录中的虚拟主机配置文件。在主要配置文件中，可以设置监听的端口以及默认网站根目录的位置，如图6-23所示。

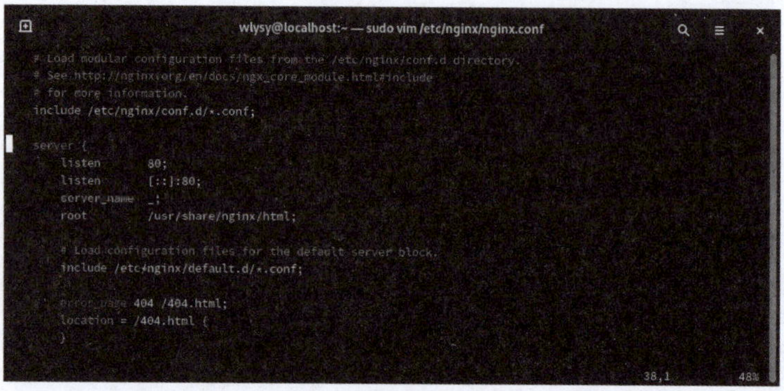

图 6-23

接下来需要配置虚拟主机配置文件。建议用户为每个服务（域名）创建一个单独的配置文件。每一个独立的Nginx服务配置文件都必须以.conf 结尾，并存储在/etc/nginx/conf.d目录中。用户可以根据需求创建任意多个独立的配置文件，并在其中添加虚拟主机的配置信息：

```
[wlysy@localhost ~]$ sudo vim /etc/nginx/conf.d/test.conf

server {
    listen 80;                                    //虚拟主机监听的端口
    server_name www.test.com;                     //虚拟机主机名称或IP地址
    root /var/www/test.com/html;                  //虚拟主机的主目录
    index index.html index.htm;                   //首页识别的顺序
}
```

3. 创建虚拟目录及首页文件

按照配置内容创建虚拟目录，并创建首页文件，进入后输入测试文字即可。

```
[wlysy@localhost ~]$ sudo mkdir /var/www/test.com/
[wlysy@localhost ~]$ sudo mkdir /var/www/test.com/html/
[wlysy@localhost ~]$ sudo vim /var/www/test.com/html/index.html
```

4. 测试开启服务

按照前面的例子，关闭防火墙及SELinux。接下来使用nginx -t命令进行Nginx配置文件的测试：

```
[wlysy@localhost ~]$ sudo nginx -t                          //测试配置文件
nginx: the configuration file /etc/nginx/nginx.conf syntax is ok
nginx: configuration file /etc/nginx/nginx.conf test is successful
```

开启Nginx服务，并将其添加到开机启动项目中：

```
[wlysy@localhost ~]$ sudo systemctl start nginx.service
[wlysy@localhost ~]$ sudo systemctl status nginx.service
● nginx.service - The nginx HTTP and reverse proxy server
   Loaded: loaded (/usr/lib/systemd/system/nginx.service; disabled;
preset: disabled)
   Active: active (running) since Sat 2024-09-14 09:24:03 CST; 2s ago
……
[wlysy@localhost ~]$ sudo systemctl enable nginx.service
Created symlink /etc/systemd/system/multi-user.target.wants/nginx.service
→ /usr/lib/systemd/system/nginx.service.
```

5. 测试网站的访问

在其他主机中打开浏览器，输入测试主机的IP地址进行测试。如果成功，则显示如图6-24所示的信息。

图 6-24

知识延伸：MySQL数据库的搭建

MySQL是一种开源的关系型数据库管理系统（RDBMS），广泛用于Web应用和企业级应用。MySQL数据库使用SQL语言进行数据操作和查询，具有高性能、可靠性和稳定性高等特点。MySQL支持多种操作系统和编程语言，包括Windows、Linux、macOS等，同时也支持多种编程语言的API。下面介绍如何在CentOS Stream 9中搭建该数据库。

1. 安装数据库软件

配置好软件仓库后，就可以使用命令来安装MySQL服务端程序了。

```
[wlysy@localhost ~]$ sudo dnf install mysql-server          //安装MySQL服务
上次元数据过期检查: 0:00:18 前，执行于 2024年09月14日 星期六 10时34分39秒。
……
安装:
 mysql-server          x86_64    8.0.36-1.el9         appstream     17 M
安装依赖关系:                                              //所需要的其他依赖包
 mecab                 x86_64    0.996-3.el9.4        appstream    356 k
 mysql                 x86_64    8.0.36-1.el9         appstream    2.8 M
 mysql-common          x86_64    8.0.36-1.el9         appstream     74 k
 mysql-errmsg          x86_64    8.0.36-1.el9         appstream    505 k
 mysql-selinux         noarch    1.0.10-1.el9         appstream     37 k
 protobuf-lite         x86_64    3.14.0-13.el9        appstream    232 k
```

```
......
安装  7 软件包
......
已安装:
  mecab-0.996-3.el9.4.x86_64                  mysql-8.0.36-1.el9.x86_64
  mysql-common-8.0.36-1.el9.x86_64            mysql-errmsg-8.0.36-1.el9.x86_64
  mysql-selinux-1.0.10-1.el9.noarch           mysql-server-8.0.36-1.el9.x86_64
  protobuf-lite-3.14.0-13.el9.x86_64
```

2. 启动服务并加入开机启动

启动MySQL服务，并将其添加到开机启动中。其服务名为mysqld。

```
[wlysy@localhost ~]$ sudo systemctl start mysqld
[wlysy@localhost ~]$ sudo systemctl status mysqld
● mysqld.service - MySQL 8.0 database server
     Loaded: loaded (/usr/lib/systemd/system/mysqld.service; disabled; preset: >
     Active: active (running) since Sat 2024-09-14 10:37:44 CST; 15s ago
[wlysy@localhost ~]$ sudo systemctl enable mysqld
Created symlink /etc/systemd/system/multi-user.target.wants/mysqld.
service → /usr/lib/systemd/system/mysqld.service.
```

3. 登录并配置密码

安装后，MySQL登录密码默认为空，用户可以登录后重新设置登录密码。

```
[wlysy@localhost ~]$ mysql -u root -p                      //登录MySQL
Enter password:                                            //初始密码为空
Welcome to the MySQL monitor.  Commands end with ; or \g.
Your MySQL connection id is 8
Server version: 8.0.36 Source distribution
Copyright (c) 2000, 2024, Oracle and/or its affiliates.
Oracle is a registered trademark of Oracle Corporation and/or its
affiliates. Other names may be trademarks of their respective
owners.
Type 'help;' or '\h' for help. Type '\c' to clear the current input
statement.
mysql> show databases;                                     //正常登录，可以执行命令
+--------------------+
| Database           |
+--------------------+
| information_schema |
| mysql              |
| performance_schema |
| sys                |
+--------------------+
4 rows in set (0.00 sec)
mysql> ALTER USER 'root'@'localhost' IDENTIFIED BY '123456'; //修改登录密码
Query OK, 0 rows affected (0.00 sec)
mysql> exit
Bye                                                        //退出后可以使用新密码登录
```

配置完成以后，就可以使用数据库管理软件来连接数据库并使用。

第7章
综合环境的搭建与应用

传统的服务软件都是独立的，而要实现更复杂的功能，则需要各种服务联动，来创建一个适用于多种网络应用工作的综合环境。Docker容器的部署打破了传统服务器的概念，通过该容器，可以快速完成多个系统、多种服务的创建，即装即用、高效稳定是其最大特点。本章将向读者介绍综合环境和Docker容器的部署和使用。

重点难点

- LNMP的部署
- Docker的部署

7.1 LNMP的部署

LNMP是一种常用的Web服务器架构,具有高性能、高可扩展性的解决方案,广泛应用于动态网站和Web应用程序。

7.1.1 认识LNMP

LNMP是指一组通常一起使用来运行动态网站或者服务器的自由软件名称首字母缩写。L指Linux,N指Nginx,M一般指MySQL,也可以指MariaDB,P一般指PHP,也可以指Perl或Python。通常来说,LNMP代表的就是Linux系统下Nginx+MySQL+PHP这种网站服务器架构。

> **知识拓展**
>
> **PHP**
>
> PHP(Hypertext Preprocessor)即"超文本预处理器",是在服务器端执行的脚本语言,尤其适用于Web开发,并可嵌入HTML中。PHP语法学习了C、Java和Perl多种语言的特色,并根据它们的长项进行改进、提升。PHP同时支持面向对象和面向过程的开发,使用非常灵活。

LNMP的工作步骤如下。

步骤01 用户在浏览器中输入域名或者IP地址访问网站。

步骤02 用户在访问网站时,向Web服务器发出http request请求,服务器响应并处理Web请求,返回静态网页资源,如CSS、picture、video等,然后缓存在用户主机上。

步骤03 服务器调用动态资源,PHP脚本调用fastCGI传输给php-fpm,然后php-fpm调用PHP解释器进程解析PHP脚本。

步骤04 如果出现大流量高并发的情况,PHP解析器也可以开启多进程处理高并发,将解析后的脚本返回给php-fpm,php-fpm再调用fast-cgi,将脚本解析信息传送给Nginx,服务器再通过http response传送给用户浏览器。

步骤05 浏览器再将服务器传送的信息进行解析与渲染,呈现给用户。

7.1.2 LNMP一键部署工具

在第6章已经介绍了Nginx和MySQL的部署,而要加入PHP,就需要手动安装PHP,并且要完成软件之间复杂的联动配置。这种环境的搭建需要输入大量命令,如果是配置生产环境,则需要耗费大量的时间,而且容易产生各种问题。于是开发者开发了LNMP的一键部署工具,该工具使用户无须一个一个地安装组件,输入命令即可一次性安装。在编译安装时,可以优化编译参数、提高性能,解决软件间依赖,特别对配置能自动优化。其主要特点如下。

- 支持自定义Nginx、PHP编译参数及网站和数据库目录。
- 支持生成免费的SSL证书。
- LNMP模式支持多PHP版本。
- 支持单独安装各组件。
- 提供一些实用的辅助工具的一键安装。
- 支持重置MySQL root密码、日志切割、SSH防护、备份等许多实用脚本。

LNMP可以在线部署与离线部署，建议在线部署。部署采用脚本安装方式，在线下载即可。而且安装过程采用会话模式，用户通过键盘输入数字进行选择。安装需要切换为root用户，具体部署步骤如下。

```
[wlysy@localhost ~]$ sudo su - root                          //切换到root用户
[sudo] wlysy 的密码：
[root@localhost ~]# wget https://soft.lnmp.com/lnmp/lnmp2.1.tar.gz -O
lnmp2.1.tar.gz && tar zxf lnmp2.1.tar.gz && cd lnmp2.1 && ./install.sh lnmp
                        //使用命令下载并解压解包，进入该目录后，启动安装脚本文件进行安装
+------------------------------------------------------------------------+
|         LNMP V2.1 for CentOS Linux Server, Written by Licess           |
+------------------------------------------------------------------------+
|       A tool to auto-compile & install LNMP/LNMPA/LAMP on Linux        |
+------------------------------------------------------------------------+
|             For more information please visit https://lnmp.org        |
+------------------------------------------------------------------------+

You have 11 options for your DataBase install.
1: Install MySQL 5.1.73
2: Install MySQL 5.5.62 (Default)
3: Install MySQL 5.6.51
4: Install MySQL 5.7.44
5: Install MySQL 8.0.37
6: Install MariaDB 5.5.68
7: Install MariaDB 10.4.33
8: Install MariaDB 10.5.24
9: Install MariaDB 10.6.17
10: Install MariaDB 10.11.7
11: Install MySQL 8.4.0
0: DO NOT Install MySQL/MariaDB
Enter your choice (1, 2, 3, 4, 5, 6, 7, 8, 9, 10, 11 or 0): 5  //选择安装版本
Using Generic Binaries [y/n]: y                        //是否以二进制方式安装
You will install MySQL 8.0.37 Using Generic Binaries.
==============================
```

```
Please setup root password of MySQL.
Please enter: 123456                                    //设置数据库密码
============================
Do you want to enable or disable the InnoDB Storage Engine?
Default enable,Enter your choice [Y/n]: y              //是否启用InnoDB引擎
```

接下来选择PHP版本，用户根据需要选择即可。

```
You have 9 options for your PHP install.
1: Install PHP 5.2.17
2: Install PHP 5.3.29
3: Install PHP 5.4.45
4: Install PHP 5.5.38
5: Install PHP 5.6.40 (Default)
6: Install PHP 7.0.33
7: Install PHP 7.1.33
8: Install PHP 7.2.34
9: Install PHP 7.3.33
10: Install PHP 7.4.33
11: Install PHP 8.0.30
12: Install PHP 8.1.28
13: Install PHP 8.2.19
14: Install PHP 8.3.7
Enter your choice (1, 2, 3, 4, 5, 6, 7, 8, 9, 10, 11, 12, 13, 14): 14
```

注意事项 PHP版本选择

选择PHP 7+版本时需要确认PHP版本是否与自己的程序兼容。

选择要安装的内存分配器，主要用于内存管理，用户可根据需要选择，默认为不安装。这里直接按回车键即可。

```
You have 3 options for your Memory Allocator install.
1: Don't install Memory Allocator. (Default)
2: Install Jemalloc
3: Install TCMalloc
Enter your choice (1, 2 or 3):
No input,You will not install Memory Allocator.
```

系统提示按任意键启动安装，按Ctrl+C组合键取消安装。按任意键启动安装即可。

```
Press any key to install...or Press Ctrl+c to cancel    //按任意键启动安装
```

LNMP脚本就会自动安装Nginx、MySQL、PHP、phpMyAdmin等软件及相关组件。安装完成后，会显示完成界面。

```
Install lnmp takes 12 minutes.                          //安装的总时间
Install lnmp V2.1 completed! enjoy it.                  //安装完成
```

动手练 检测运行环境

安装完毕，用户可以在局域网环境中通过IP地址访问服务器，如果部署成功，则会显示LNMP的欢迎界面，如图7-1所示。在该界面下方单击"探针"链接，如图7-2所示。

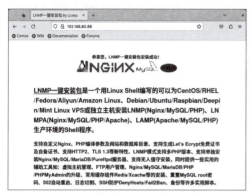

图 7-1

图 7-2

知识拓展

其他链接

在界面下方，还有其他的一些LNMP一键安装包信息、常见问题、反馈、交流、教程等链接信息，用户可以根据需要访问学习。

软件会通过PHP脚本的网页显示当前服务器的软硬件参数、版本、连接测试等，如图7-3所示。如果在图7-2中单击phpinfo链接，则会弹出PHP的相关信息、参数等，如图7-4所示。

图 7-3

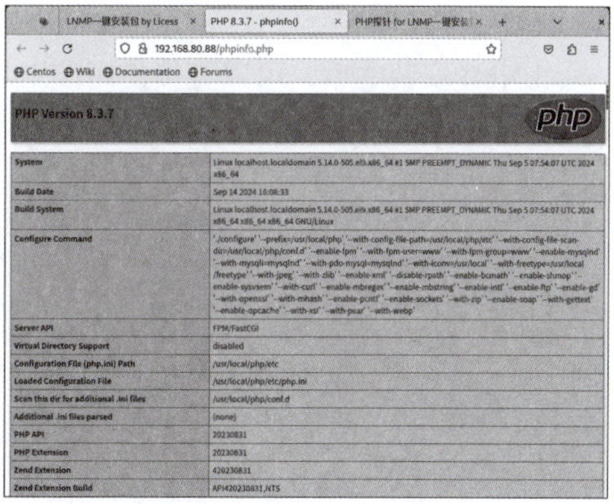

图 7-4

如果单击phpMyAdmin链接，则会弹出phpMyAdmin数据库网页端管理工具，如图7-5所示，即可登录和管理数据库，如图7-6所示。

图 7-5

图 7-6

7.1.3 虚拟主机

默认情况下，LNMP的主目录在"/home/wwwroot/default"中，用户可以切换到root用户进行查看。为了方便创建与管理，以下均需要切换为root用户后操作。

```
[wlysy@localhost ~]$ sudo su - root
[sudo] wlysy 的密码：
[root@localhost ~]# cd /home/wwwroot/default/
[root@localhost default]# ll
总用量 84
-rw-r--r--.  1 root root  3196  9月 14 16:12 index.html       //网页主文件
-rw-r--r--.  1 root root  5683  9月 14 16:12 lnmp.gif
-rw-r--r--.  1 root root 20256  9月 14 16:12 ocp.php          //opcache控制面板
-rw-r--r--.  1 root root    20  9月 14 16:12 phpinfo.php      //信息页面
drwxr-xr-x. 15 www  www   4096  9月 14 17:10 phpmyadmin       //PHP数据库管理工具
-rw-r--r--.  1 root root 42621  9月 14 16:12 p.php            //PHP探针
```

1. 创建虚拟主机

LNMP安装之后，可以直接使用该工具提供的命令来快速部署虚拟机主机。无须进行复杂的设置，使用lnmp vhost add命令启动该工具的创建向导，就可以快速完成虚拟主机的添加。

```
[wlysy@localhost ~]$ sudo su - root
[sudo] wlysy 的密码：
[root@localhost ~]# lnmp vhost add
+-------------------------------------------+
|    Manager for LNMP, Written by Licess    |
+-------------------------------------------+
|              https://lnmp.org             |
+-------------------------------------------+
Please enter domain(example: www.lnmp.org): www.test.com            //绑定域名
    Your domain: www.test.com
Enter more domain name(example: lnmp.org sub.lnmp.org): test.com    //绑定其他域名
    domain list: www.test.com test.com
Please enter the directory for the domain: www.test.com             //默认同名目录
```

```
Default directory: /home/wwwroot/www.test.com:              //直接按回车键或手动更改
Virtual Host Directory: /home/wwwroot/www.test.com          //提示已设置
Allow Rewrite rule? (y/n) y                 //伪静态可以使链接更加简洁，也利于SEO
Please enter the rewrite of programme,
wordpress,discuzx,typecho,thinkphp,laravel,codeigniter,yii2,zblog rewrite
was exist.
(Default rewrite: other): wordpress                //让wordpress使用该规则
You choose rewrite: wordpress
Enable PHP Pathinfo? (y/n) n               //是否启用pathinfo，一般不需开启
Disable pathinfo.
Allow access log? (y/n) y                         //是否启动日志记录
Enter access log filename(Default:www.test.com.log):   //设置日志名称，默认同名
You access log filename: www.test.com.log
Enable IPv6? (y/n) n                                //是否启用IPv6
Disabled IPv6 Support in current Virtualhost.
Create database and MySQL user with same name (y/n) n
               //创建同名数据库和用户等数据库相关参数，后续统一配置，这里不做处理
Add SSL Certificate (y/n) n                     //是否启用https，暂不开启
Press any key to start create virtul host...       //按任意键自动创建
dCreate Virtul Host directory......
set permissions of Virtual Host directory......
You select the exist rewrite rule:/usr/local/nginx/conf/rewrite/
wordpress.conf
Test Nginx configure file......
nginx: the configuration file /usr/local/nginx/conf/nginx.conf syntax is ok
nginx: configuration file /usr/local/nginx/conf/nginx.conf test is
successful
Reload Nginx......
Reload service php-fpm  done
==================================================
Virtualhost infomation:                              //虚拟主机详细信息
Your domain: www.test.com
Home Directory: /home/wwwroot/www.test.com
Rewrite: wordpress
Enable log: yes
Create database: no
Create ftp account: no
IPv6 Support: Disabled
==================================================
```

默认情况下创建的虚拟目录是空的，用户需要手动在其中创建主页文件并写入内容：

```
[root@localhost ~]# cd /home/wwwroot/www.test.com/
[root@localhost www.test.com]# ls
[root@localhost www.test.com]# vim index.html
```

2. 访问测试

写入正确的内容后，在客户机中就可以访问，访问效果如图7-7所示。

图 7-7

知识拓展

域名的解析

如果配置了DNS服务器，指向本虚拟主机，客户机又配置了DNS服务器地址，就可以正常地用域名访问虚拟主机。如果没有配置DNS服务器，客户机又需要进行域名解析，则可以修改系统中的hosts文件，添加IP地址和对应域名的映射关系，如图7-8所示。

图 7-8

hosts文件中的解析会在DNS查询前生效。也就是说客户机会先查看hosts文件，如果有解析关系则直接使用，否则再查询DNS。如果没有DNS服务器，则可以修改该文件进行解析。在Linux中，该文件一般位于"/etc/hosts"目录中。

3. 删除虚拟主机

如果虚拟主机不再使用，可以删除该虚拟主机。

```
[root@localhost ~]# lnmp vhost del
+----------------------------------------+
|     Manager for LNMP, Written by Licess |
+----------------------------------------+
|              https://lnmp.org          |
+----------------------------------------+
========================================
Current Virtualhost:
Nginx Virtualhost list:
www.test.com                                  //会列出所有虚拟主机
========================================
Please enter domain you want to delete: www.test.com   //输入要删除的虚拟主机
========================================
Domain: www.test.com has been deleted.        //提示该虚拟主机已删除
Website files will not be deleted for security reasons.
You need to manually delete the website files.   //提示目录未删除，要手动删除
========================================
```

动手练 删除默认目录

需要手动删除目录时，其中的隐藏文件需要删除其不可变的属性，这也是增加安全性的一种方式。

```
[root@localhost ~]# rm -rf /home/wwwroot/www.test.com/
rm: 无法删除 '/home/wwwroot/www.test.com/.user.ini': 不允许的操作   //无法操作
[root@localhost ~]# chattr -i /home/wwwroot/www.test.com/.user.ini   //删除属性
[root@localhost ~]# rm -rf /home/wwwroot/www.test.com/
[root@localhost ~]# ls /home/wwwroot/    //上条命令可执行，执行后只有默认目录
default
```

> **chattr 命令**
> 该命令用来修改文件的扩展属性和特殊权限。用户可以使用 "chattr -l 文件" 命令查看文件的属性信息。该命令的格式法如下。
> chattr [+-=] [属性] 文件名
> +：添加；-：取消；=：指定。
> 具体的属性及说明如下。
> a：使文件仅能追加数据，不允许修改或删除。
> i：文件不允许修改或删除。
> s：同步文件内容至硬盘，常用于关键文件的保护。
> u：当文件被删除时，将其内容保存在硬盘中，直到i属性被取消。
> c：自动压缩文件，在读取或访问时解压缩。

7.1.4 LNMP部署工具的命令及配置

LNMP部署工具除了使用方便外，还可以根据自身的情况进行设置。下面介绍LNMP部署工具的常用命令，以及其核心组件的配置位置。

1. 常用命令

在使用LNMP部署工具时，无须单独设置其各组件的配置，通过命令可以随时控制这些组件和功能的开关，还可以启动配置向导等。常用的命令及作用如下。

（1）LNMP状态管理：lnmp {start|stop|reload|restart|kill|status}。

（2）LNMP各组件的状态管理：lnmp {nginx|mysql|mariadb|php-fpm|pureftpd} {start|stop|reload|restart|kill|status}。

（3）虚拟主机管理：lnmp vhost {add|list|del}。

（4）数据库管理：lnmp database {add|list|edit|del}。

（5）FTP用户管理：lnmp ftp {add|list|edit|del|show}。

（6）已存在虚拟主机添加SSL：lnmp ssl add。

（7）通过DNS API方式生成证书并创建虚拟主机：lnmp dns {cx|dp|ali|...}。

（8）只通过DNS API方式生成SSL证书：lnmp onlyssl {cx|dp|ali|...}。

2. LNMP 组建安装目录

LNMP组件的默认安装目录如下，用户可以根据需要来查看和修改。

（1）Nginx 目录：/usr/local/nginx/。

（2）MySQL 目录：/usr/local/mysql/。

（3）MySQL数据库所在目录：/usr/local/mysql/var/。

（4）MariaDB 目录：/usr/local/mariadb/。

（5）MariaDB数据库所在目录：/usr/local/mariadb/var/。

（6）PHP目录：/usr/local/php/。

（7）多PHP版本目录：/usr/local/php5.5/，其他版本将版本号5.5换成相应版本号即可。

（8）PHPMyAdmin目录：0.9版本为/home/wwwroot/phpmyadmin/，1.0及以后版本为/home/wwwroot/default/phpmyadmin/。强烈建议将此目录重命名为不容易猜到的名字。phpmyadmin可从官网下载新版替换。

（9）默认网站目录：0.9版本为/home/wwwroot/，1.0及以后版本为/home/wwwroot/default/。

（10）Nginx日志目录：/home/wwwlogs/。

（11）/root/vhost.sh添加的虚拟主机配置文件所在目录：/usr/local/nginx/conf/vhost/。

（12）PureFtpd目录：/usr/local/pureftpd/。

（13）PureFtpd Web管理目录：0.9版本为/home/wwwroot/default/ftp/，1.0版本为/home/www root/default/ftp/。

（14）Proftpd目录：/usr/local/proftpd/。

（15）Redis目录：/usr/local/redis/。

3. LNMP 相关配置文件目录

用户可以修改这些组件的配置文件来设置各种参数，或实现更复杂的功能。

（1）Nginx主配置（默认虚拟主机）文件：/usr/local/nginx/conf/nginx.conf。

（2）添加的虚拟主机配置文件：/usr/local/nginx/conf/vhost/域名.conf。

（3）MySQL配置文件：/etc/my.cnf。

（4）PHP配置文件：/usr/local/php/etc/php.ini。

（5）php-fpm配置文件：/usr/local/php/etc/php-fpm.conf。

（6）PureFtpd配置文件：/usr/local/pureftpd/pure-ftpd.conf，1.3及更高版本：/usr/local/pureftpd/etc/pure-ftpd.conf。

（7）PureFtpd MySQL配置文件：/usr/local/pureftpd/pureftpd-mysql.conf。

（8）Proftpd配置文件：/usr/local/proftpd/etc/proftpd.conf，1.2及以前版本为/usr/local/proftpd/proftpd.conf。

（9）Proftpd 用户配置文件：/usr/local/proftpd/etc/vhost/用户名.conf。

（10）Redis 配置文件：/usr/local/redis/etc/redis.conf。

7.1.5　在LNMP环境中搭建网站

这种类型的网站的搭建不需要手动操作，只需要像安装程序一样进行简单安装即可。这类网站的运行均需要LNMP环境的支持。配置好LNMP环境后，用户只需下载并上传安装程序到网站目录，然后按照提示进行安装即可。

1. 安装 FTP 服务器

网站在安装时，需要远程将安装文件上传到网站目录中，一般会在网站中安装FTP

服务。而LNMP部署工具默认没有安装FTP服务，可以使用其自带的部署工具快速安装。

```
[root@localhost ~]# lnmp ftp show                    //查看FTP服务
+----------------------------------------+
|     Manager for LNMP, Written by Licess    |
+----------------------------------------+
|          https://lnmp.org              |
+----------------------------------------+
Pureftpd was not installed!                          //提示没有安装
[root@localhost ~]# ls
anaconda-ks.cfg  lnmp2.1  lnmp2.1.tar.gz  lnmp-install.log
[root@localhost ~]# cd lnmp2.1/                      //进入之前解压的lnmp目录
[root@localhost lnmp2.1]# ls
addons.sh    include       License       README       uninstall.sh
ChangeLog    init.d        lnmp.conf     src          upgrade1.x-2.1.sh
conf         install.sh    pureftpd.sh   tools        upgrade.sh
[root@localhost lnmp2.1]# ./pureftpd.sh              //执行FTP安装脚本
+--------------------------------------------------------------+
|          Pureftpd for LNMP, Written by Licess               |
+--------------------------------------------------------------+
|This script is a tool to install pureftpd for LNMP           |
+--------------------------------------------------------------+
|For more information please visit https://lnmp.org           |
+--------------------------------------------------------------+
|Usage: ./pureftpd.sh                                         |
+--------------------------------------------------------------+
Press any key to install...or Press Ctrl+c to cancel  //按任意键启动安装
......
Starting pureftpd...
Starting Pure-FTPd... done
+--------------------------------------------------------------+
| Install Pure-FTPd completed,enjoy it!                        //安装完毕
| =>use command: lnmp ftp {add|list|del|show} to manage FTP users.
+--------------------------------------------------------------+
| For more information please visit https://lnmp.org          |
+--------------------------------------------------------------+
```

2. 配置FTP

安装了FTP服务后，就可以创建FTP目录和访问的账户名和密码了。

```
[root@localhost ~]# lnmp ftp add
+----------------------------------------+
|     Manager for LNMP, Written by Licess    |
+----------------------------------------+
|          https://lnmp.org              |
+----------------------------------------+
Enter ftp account name: ftp                          //设置FTP账户名
Enter password for ftp account ftp: ftp              //设置访问密码
Enter directory for ftp account ftp: /home/wwwroot/www.test.com  //设置目录路径
```

```
Password:                                              //自动完成
Enter it again:                                        //自动完成
Created FTP User: ftp Sucessfully.                     //创建成功
[root@localhost ~]# lnmp ftp list                      //查看FTP目录列表
+----------------------------------------+
|     Manager for LNMP, Written by Licess |
+----------------------------------------+
|            https://lnmp.org             |
+----------------------------------------+
ftp              /home/wwwroot/www.test.com/./
List FTP User Sucessfully.                             //显示路径成功
```

3. 下载 WordPress 并上传

WordPress是一种非常流行的开源内容管理系统（CMS），用于创建各种类型的网站，从个人博客到大型企业网站。WordPress以易用性、灵活性以及庞大的插件生态系统而闻名。

WordPress是完全开源的，用户可以免费下载、使用和修改。即使没有编程经验，用户也可以通过直观的界面轻松创建和管理网站。该工具提供丰富的主题和插件，可以自定义网站的外观和功能。同时WordPress拥有庞大的社区，用户可以获得大量的帮助和支持。WordPress的核心代码非常安全，但需要定期更新插件和主题，以确保系统的安全性。用户可以到官网中下载该软件的部署包，如图7-9所示。

图 7-9

> **知识拓展**
>
> **WordPress能搭建哪些网站？**
>
> WordPress是一个功能强大的内容管理系统（CMS），可以用于创建各种类型的网站，包括但不限于：博客网站、企业官方网站、在线商店（通过WooCommerce插件）、会员制网站、社交网络或社区网站、论坛（例如通过bbPress插件）、作品展示网站（如个人作品集）、新闻和杂志网站等。

下载后解压到任意目录，通过前面介绍的方式访问FTP服务器。大多数情况会通过第三方的FTP工具来连接FTP服务器，并将本地解压的WordPress文件上传到网站根目录中，如图7-10所示。

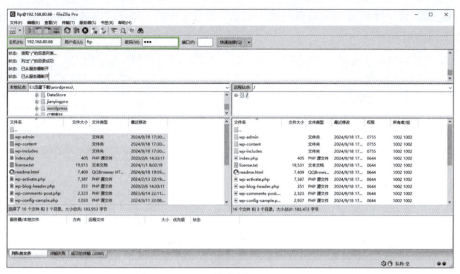

图 7-10

动手练 安装WordPress

安装方法非常简单,在安装文件上传完毕后,用户通过远程的浏览器访问该网站,或者使用"域名/index.php"的格式访问,即可使用WordPress的安装向导。接下来介绍具体的安装配置操作。

步骤01 欢迎界面显示了用户必须知道的一些LNMP参数,单击"现在就开始"按钮,如图7-11所示。

步骤02 选择安装WrodPress的数据库(不是数据库服务器)的名称,以及数据库管理员的用户名和密码(之前手动设置的)。数据库主机名称保持默认,表前缀保持默认,单击"提交"按钮,如图7-12所示。

图 7-11   图 7-12

步骤03 数据库检测通过后,会提示可以安装,单击"运行安装程序"按钮,如图7-13所示。

步骤04 接下来设置网站站点的相关信息，设置完毕后，单击"安装WordPress"按钮，如图7-14所示。

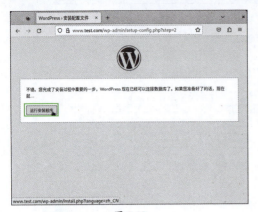
图 7-13

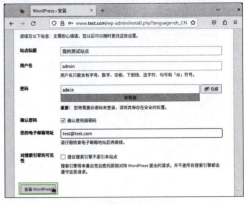
图 7-14

知识拓展

使用弱密码

如果确定需要使用弱密码，需要勾选"确认使用弱密码"复选框。

步骤05 安装成功后会弹出成功提示，单击"登录"链接，如图7-15所示。

步骤06 使用前面设置的登录名和密码登录后台进行网站管理，输入后单击"登录"按钮，如图7-16所示。

图 7-15

图 7-16

步骤07 登录后就可以设置网站的后台，包括界面、文章、插件等，如图7-17所示。

步骤08 如果要正常访问网站，可以在客户端的浏览器中输入网站的域名即可，如图7-18所示。

至此网站就搭建完毕，非常简单、方便、高效。除此之外，用户还可利用该环境安装如购物网站、博客、论坛等高级网站，如图7-19、图7-20所示。而且搭建过程无须考虑LNMP各组件之间的关联，LNMP一键部署工具已经帮助用户解决了这些问题。

图 7-17　　　　　　　　　图 7-18

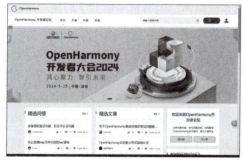 

图 7-19　　　　　　　　　图 7-20

7.2 Docker容器

很多时候，软件的正常运行与其开发环境是紧密相关的。有时开发环境比较复杂，造成了软件在其他环境中无法正常使用的情况，或者为了使用软件，需要进行复杂的配置过程，多个不同的软件需要配置多种环境。为了解决这一问题，Docker容器出现了。

7.2.1 认识Docker

Docker是一种开源的应用容器引擎，它可以让开发者打包他们的应用以及依赖库到一个轻量级、可移植的容器中。这个容器可以运行在任何支持Docker的机器上，从而实现应用的一致性部署。简单来说，Docker就是将应用程序及其所依赖的环境打包成一个独立的容器，这个容器可以在任何地方运行，无须担心环境配置的问题。另外Docker还解决了不同应用之间的依赖冲突问题。

> **知识拓展**
>
> **容器**
>
> 容器是计算机上的沙盒进程，与主机上的所有其他进程隔离。这种隔离利用内核命名空间和cgroups，是Linux中已经存在很长时间的一种功能。

1. Docker 的核心概念

Docker的核心概念有三个：镜像（image）、容器（container）和仓库（repository）。

（1）镜像。镜像是Docker中的基本构建块，它是一个轻量级、独立的可执行软件包，其中包含运行应用程序所需的所有内容，包括操作系统、代码、运行时、库、环境变量和配置文件等。镜像是只读的，意味着一旦构建完成，其内容不可更改。开发者可以使用Dockerfile定义镜像的构建规则，通过Docker命令将镜像构建出来。镜像可以用于创建Docker容器。

（2）容器。容器是基于镜像创建的运行实例。它是一个隔离的运行环境，可以在其中运行应用程序。容器包含镜像的副本，但它可以在镜像的基础上进行读写操作，因此容器是可变的。容器在运行时与宿主机操作系统隔离，但与宿主机共享内核。这使得容器能够快速启动，轻量级且可移植，同时提供高度的隔离性和安全性。

（3）仓库。仓库是用于存储Docker镜像的地方，它类似于代码库。仓库可以分为两种类型：公共仓库和私有仓库。公共仓库如Docker Hub，是供公众使用的，开发者可以将自己构建的镜像推送到公共仓库，也可以从公共仓库拉取其他开发者共享的镜像。私有仓库通常是企业内部使用的，用于存储私有镜像，保护公司的知识产权和应用程序代码。开发者可以通过Docker命令将镜像推送到私有仓库，并从私有仓库拉取镜像到自己的环境中使用。

2. Docker 的基本架构

在了解了Docker的核心概念后，下面讲解Docker的基本架构，如图7-21所示。Docker使用c/s架构，使用API远程管理和创建Docker容器。

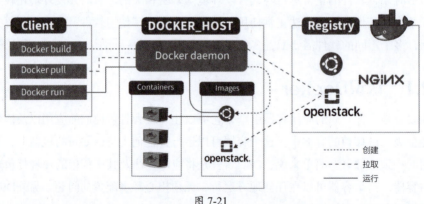

图 7-21

（1）Docker客户端（Client）。用于与Docker守护进程通信，发送命令以管理容器。Docker采用C/S架构。客户端和服务端既可以运行在一台计算机中，也可以通过Socket或者RESTful API进行通信。

（2）仓库（Registry）。用来保存镜像。该仓库中可以划分成更小的仓库，设置多个标签，每个标签对应一个镜像。通常一个仓库包含同一个软件不同版本的镜像，标签常用于对应软件的各个版本。可以通过"<仓库名>:<标签>"的格式指定具体是软件哪个版本的镜像。

（3）Docker主机（Docker_HOST）。一个物理的或者虚拟的设备，执行Docker守护进程和容器。其中包括：

① Docker守护进程（Docker daemon）：Docker采用 C/S架构，Docker daemon作为服务端接受来自客户端的请求，并进行处理（创建、运行、分发容器）。Docker daemon一般在宿主主机后台运行，等待接收来自客户端的消息。Docker客户端则为用户提供一系列可执行命令，用户用这些命令与Docker daemon实现交互。

② Docker镜像（Docker images）：Docker镜像是用于构建Docker容器的静态文件，它包含应用程序运行所需的所有文件、依赖项和配置信息。Docker镜像可以从Docker Hub或其他镜像仓库中获取，也可以通过Dockerfile自定义构建。

③ Docker容器（Docker container）：Docker容器是Docker镜像的运行实例，它包含应用程序及其依赖项，并在隔离环境中运行。每个容器都是一个独立的进程，拥有自己的文件系统、网络空间和进程空间。Docker容器通过Docker镜像来创建。容器与镜像的关系类似于面向对象编程中的对象与类。

3. Docker 的优势

与其他的虚拟化技术相比，Docker的主要优势如下。

- **快速部署**：容器的启动速度非常快，可以快速部署应用。
- **轻量级**：容器共享主机的内核，因此占用资源较少。
- **可移植性**：容器可在任何支持Docker的主机上运行，实现一次构建、到处运行。
- **隔离性**：每个容器都是相互隔离的，保证了应用的安全性。
- **高效利用资源**：多个容器可以共享主机的资源，提高了资源利用率。

4. Docker 的常见管理命令

Docker的管理命令根据作用对象的不同，可以分为以下几类，如表7-1～表7-3所示。

表 7-1

镜像管理命令	
命令	功能
docker images	列出本地所有的镜像； -a：显示所有镜像，包括中间层； -q：只显示镜像ID
docker pull <镜像名>:<标签>	从仓库拉取镜像
docker push <镜像名>:<标签>	将本地镜像推送到仓库
docker rmi <镜像ID或镜像名>	删除镜像
docker build -t <镜像名>:<标签>	根据Dockerfile构建镜像

表 7-2

容器管理命令

命令	功能
docker run -d <镜像名>	以守护进程的方式启动容器 -it：进入容器的交互式终端 -p <主机端口>:<容器端口>：映射端口 -v <主机路径>:<容器路径>：挂载本地目录
docker ps	列出正在运行的容器 -a：显示所有容器，包括已停止的
docker start <容器ID或容器名>	启动容器
docker stop <容器ID或容器名>	停止容器
docker restart <容器ID或容器名>	重启容器
docker rm <容器ID或容器名>	删除容器
docker exec -it <容器ID或容器名> <命令>	在运行容器中执行命令
docker inspect <容器ID或容器名>	查看容器的详细信息
docker logs <容器ID或容器名>	查看容器的日志
docker attach <容器ID或容器名>	附加到一个正在运行的容器
docker commit <容器ID> <新镜像名>	从一个容器创建一个新的镜像

表 7-3

Dockerfile指令

命令	功能
FROM	指定基础镜像
WORKDIR	设置工作目录
COPY	复制文件或目录到镜像中
ADD	类似COPY命令，但支持远程URL和自动解压
RUN	执行命令
CMD	指定容器启动时默认执行的命令
ENTRYPOINT	指定容器的入口点，类似CMD，但可以被覆盖
ENV	设置环境变量
EXPOSE	声明容器暴露的端口
VOLUME	创建挂载卷

7.2.2 部署Docker

Docker的部署比较方便简单，下面介绍具体的步骤。

步骤01 添加Docker仓库。

```
[wlysy@localhost ~]$ sudo dnf config-manager --add-repo https://download.
docker.com/linux/centos/docker-ce.repo
添加仓库自：https://download.docker.com/linux/centos/docker-ce.repo
```

步骤02 安装Docker组件，共3个，使用默认安装方式即可。

```
[wlysy@localhost ~]$ sudo dnf install -y docker-ce docker-ce-cli
containerd.io
//安装这3个组件，自动安装依赖包
Docker CE Stable - x86_64                        31 kB/s |  56 kB   00:01
依赖关系解决。
================================================================================
 软件包                          架构         版本             仓库              大小
================================================================================
安装:
 containerd.io                  x86_64       1.7.22-3.1.el9   docker-ce-stable  43 M
 docker-ce                      x86_64       3:27.2.1-1.el9   docker-ce-stable  27 M
 docker-ce-cli                  x86_64       1:27.2.1-1.el9   docker-ce-stable  8.0 M
安装弱的依赖：
 docker-buildx-plugin           x86_64       0.16.2-1.el9     docker-ce-stable  14 M
 docker-ce-rootless-extras      x86_64       27.2.1-1.el9     docker-ce-stable  4.4 M
 docker-compose-plugin          x86_64       2.29.2-1.el9     docker-ce-stable  13 M
事务概要
================================================================================
安装   6 软件包
总下载：109 M
安装大小：426 M
……
已安装:
  containerd.io-1.7.22-3.1.el9.x86_64
  docker-buildx-plugin-0.16.2-1.el9.x86_64
  docker-ce-3:27.2.1-1.el9.x86_64
  docker-ce-cli-1:27.2.1-1.el9.x86_64
  docker-ce-rootless-extras-27.2.1-1.el9.x86_64
  docker-compose-plugin-2.29.2-1.el9.x86_64
完毕！
```

步骤03 启动服务并将其加入开机启动项目中，查看运行状态。

```
[wlysy@localhost ~]$ sudo systemctl start docker
[wlysy@localhost ~]$ sudo systemctl enable docker
Created symlink /etc/systemd/system/multi-user.target.wants/docker.
service → /usr/lib/systemd/system/docker.service.
[wlysy@localhost ~]$ sudo systemctl status docker
● docker.service - Docker Application Container Engine
     Loaded: loaded (/usr/lib/systemd/system/docker.service; enabled; preset: d>
     Active: active (running) since Thu 2024-09-19 15:21:26 CST; 12s ago
……
[wlysy@localhost ~]$ sudo docker version
Client: Docker Engine - Community
    Version:           27.2.1
    API version:       1.47
```

```
          Go version:       go1.22.7
          Git commit:       9e34c9b
          Built:            Fri Sep  6 12:09:42 2024
          OS/Arch:          linux/amd64
          Context:          default
Server: Docker Engine - Community
……
```

> **注意事项** 无法直接安装
>
> 由于某些原因，Docker仓库服务器无法直接连接。用户在安装时需要为系统配置代理服务器，才能正确连接和使用。

7.2.3 Podman技术

在CentOS Stream 9中，默认安装了Podman，这是一个与Docker兼容的、更安全、更轻量级的容器引擎。如果用户对Docker生态系统非常熟悉，并且需要使用一些Docker特有的功能，可以考虑安装podman-docker，它提供与Docker兼容的命令行接口。

1. Podman 简介

Podman（POD管理器）是一个开源的Linux原生工具，旨在使用开放容器协议（OCI）容器和容器镜像轻松查找、运行、构建、共享和部署应用程序。它提供一个与Docker兼容的命令行界面，但其底层架构与Docker显著不同。两者的区别见表7-4所示。

表 7-4

特点	Docker	Podman
架构	客户端-服务器架构，需要一个守护进程(dockerd)	无守护进程架构，直接与容器交互
安全性	相对来说安全性较低，需要root权限	更安全，可以以非root用户运行
性能	性能优异，功能丰富	性能良好，更轻量级
生态系统	生态系统成熟，社区活跃	生态系统相对较新，但快速发展

2. 合理替换

从用户的角度，Podman与Docker的命令基本相似，都包括容器运行时、本地镜像、镜像仓库级别的命令。上面介绍的命令都适用于Podman。笔者不建议初学者在CentOS Stream 9中安装Docker。对于习惯使用Docker的读者，可以直接基于Podman定义Docker别名，以直接使用Podman的方式替换熟悉的Docker，而且仍然可以使用docker.io作为镜像仓库。

```
[wlysy@localhost ~]$ alias docker=podman            //设置别名
[wlysy@localhost ~]$ alias                          //查看别名
alias docker='podman'                               //添加成功
alias egrep='egrep --color=auto'
……
```

动手练 创建容器

因为已经默认集成了Podman,所以可以通过创建容器测试是否可以正常工作:

```
[wlysy@localhost ~]$ docker run hello-world                //运行容器
Resolved "hello-world" as an alias (/etc/containers/registries.conf.
d/000-shortnames.conf)                                     //解析成别名
Trying to pull quay.io/podman/hello:latest...
            //本地没有,自动到quay.io仓库拉取名为podman/hello、标签为latest的镜像
Getting image source signatures                            //从仓库自动下载
Copying blob 81df7ff16254 done   |
Copying config 5dd467fce5 done   |
Writing manifest to image destination
!... Hello Podman World ...!                     //镜像程序输出表示镜像运行成功
         .--"--.
        / -    - \
       / (O)  (O) \
    ~~~| -=(,Y,)=- |
     .---. /`  \   |~~
  ~/  o  o \~~~~.----. ~~
   | =(X)= |~  / (O (O) \
    ~~~~~~~  ~| =(Y_)=-  |
     ~~~~    ~~~|   U    |~~

Project:     https://github.com/containers/podman          //项目地址
......                      //还有官网地址、桌面版、文档、视频、社交媒体账号
```

接下来可以列出所有容器:

```
[wlysy@localhost ~]$ podman ps -a     //列出所有容器,使用Podman,支持补全
CONTAINER ID  IMAGE                          COMMAND             CREATED
              STATUS              PORTS      NAMES
df37d8cef8d1  quay.io/podman/hello:latest    /usr/local/bin/po...  15
minutes ago   Exited (0) 15 minutes ago      goofy_greider
396b3ddc4844  quay.io/podman/hello:latest    /usr/local/bin/po...  10
minutes ago   Exited (0) 10 minutes ago      intelligent_napier
```

这里显示了系统中存在的两个hello-world容器,基于同一个镜像创建。容器ID各不相同,当前这两个容器均为Exited(停止)状态。

7.2.4 部署Nginx容器

本小节将介绍如何使用容器来快速部署Nginx服务。为了方便演示和快速补全,这里使用原始命令Podman。Podman的命令格式和Docker命令是相同的,如果用户安装了Docker,将代码中的podman变为docker即可运行。

1. 下载镜像

用户可以手动下载镜像，也可以通过命令下载镜像。下载前，需要搭建网络环境，并设置CentOS Stream 9的网络代理，否则无法连接服务器。

因为当前有多个镜像满足要求，所以用户需要手动选择仓库。

```
[wlysy@localhost ~]$ podman pull nginx:latest
? Please select an image:
    registry.access.redhat.com/nginx:latest
    registry.redhat.io/nginx:latest
  ? docker.io/library/nginx:latest                    //选择该仓库，按回车键进行下载
```

接下来会自动连接并进行下载。

```
√ docker.io/library/nginx:latest
Trying to pull docker.io/library/nginx:latest...     //从选择的仓库中下载镜像
Getting image source signatures
Copying blob 095d327c79ae done   |
Copying blob 7bb6fb0cfb2b done   |
Copying blob 24b3fdc4d1e3 done   |
Copying blob bbfaa25db775 done   |
Copying blob 0723edc10c17 done   |
Copying blob a2318d6c47ec done   |
Copying blob 3122471704d5 done   |
Copying config 39286ab8a5 done   |
Writing manifest to image destination
39286ab8a5e14aeaf5fdd6e2fac76e0c8d31a0c07224f0ee5e6be502f12e93f3
```

下载完毕，可以查看下载到本地的Nginx镜像，包括仓库、版本、ID、时间、大小等。

```
[wlysy@localhost ~]$ podman images
REPOSITORY                  TAG        IMAGE ID       CREATED       SIZE
docker.io/library/nginx     latest     39286ab8a5e1   5 weeks ago   192 MB
```

2. 运行容器

镜像是静态的概念，无法进行修改，用户需要以镜像为基础创建一个容器实例。只有实例可以被操作。

```
[wlysy@localhost ~]$ podman run --name nginx-cs -p 8080:80 -d nginx
04b572004bdf3a96b6861a98daf8983b5ce1a0c157b6c3cea434896973f95721
```

--name nginx-cs：创建一个名为nginx-cs的容器。

-p 8080:80：端口映射，将本地的8080端口映射到容器内部的80端口。

-d nginx：设置容器在后台运行，并返回容器的ID值。下一行为容器的ID值，因为过长，使用时一般使用该ID值的前12个字符。

接下来查看现在运行的容器的相关信息。

```
[wlysy@localhost ~]$ podman ps
CONTAINER ID   IMAGE                                 COMMAND                  CREATED
```

```
STATUS              PORTS                           NAMES
04b572004bdf   docker.io/library/nginx:latest   nginx -g daemon o...   8
seconds ago    Up 9 seconds   0.0.0.0:8080->80/tcp, 80/tcp   nginx-cs
```

可以从中看到容器的ID值、容器使用的镜像、容器启动时运行的命令参数、创建时间、容器状态、容器的端口信息和使用的连接类型、容器的名称。

3. 测试容器

使用浏览器访问本地服务器（容器中的网站），带上端口号是8080，看是否可以正常访问，如图7-22所示。

4. 编辑容器

默认情况下容器内部的服务使用的是默认参数，如果想要和本机安装的服务一样去管理容器中的服务配置参数，需要进入容器中进行设置。

图 7-22

```
[wlysy@localhost ~]$ podman exec -it nginx-cs /bin/bash       //进入后台容器中
root@04b572004bdf:/# cd /usr/share/nginx/html/                //可以看到命令提示符的变化
root@04b572004bdf:/usr/share/nginx/html# ls                   //进入并查看网站主页面文件
50x.html  index.html
root@04b572004bdf:/usr/share/nginx/html# cat > index.html <<EOF
                //因为在该模式下，无法使用vim或vi来编辑文件，所以使用重定向进行输入
> Hello World
> EOF
root@04b572004bdf:/usr/share/nginx/html# cat index.html
Hello World                                                   //输入成功
root@04b572004bdf:/usr/share/nginx/html# nginx -s reload      //重启Nginx服务
2024/09/19 09:29:35 [notice] 36#36: signal process started
root@04b572004bdf:/usr/share/nginx/html# curl 127.0.0.1       //输入本主机的网页内容
Hello World                                     //输出成功，网页服务器工作正常
```

退出后可以用浏览器进行测试，如图7-23所示。

图 7-23

动手练 使用命令修改文件

除了进入容器内部管理和修改配置文件外，还可以在容器运行的宿主机上直接创建文件，并复制到容器的目标目录中使用。

```
[wlysy@localhost ~]$ vim index.html                          //创建并编辑网页文件
[wlysy@localhost ~]$ podman cp index.html nginx-cs:/usr/share/nginx/html/
[wlysy@localhost ~]$ sudo curl 127.0.0.1:8080                //复制后测试输出
TEST NGINX-CS                                                //编辑成功
```

打开浏览器测试Nginx的运行,如果工作正常,会显示如图7-24所示的内容。

图 7-24

🔬 知识延伸:Java环境的搭建

Java环境的搭建比较简单,首先检查系统中是否安装了Java,如果有,建议卸载。

```
[wlysy@localhost ~]$ java -version
openjdk version "1.8.0_362"                          //已安装了Java
OpenJDK Runtime Environment (build 1.8.0_362-b08)
OpenJDK 64-Bit Server VM (build 25.362-b08, mixed mode)
[wlysy@localhost ~]$ sudo dnf list installed | grep java //筛选已安装的软件包
[sudo] wlysy 的密码:
java-1.8.0-openjdk-headless.x86_64   1:1.8.0.362.b09-4.el9   @AppStream
javapackages-filesystem.noarch                 6.0.0-4.el9   @AppStream
tzdata-java.noarch                             2024a-2.el9   @AppStream
[wlysy@localhost ~]$ sudo dnf remove java-1.8.0-openjdk-headless-1:1.8.0.362.
b09-4.el9.x86_64                              //移除已安装的Java
依赖关系解决。
……
已移除:
  copy-jdk-configs-4.0-3.el9.noarch
  java-1.8.0-openjdk-headless-1:1.8.0.362.b09-4.el9.x86_64
……                                                            //移除成功
```

接下来安装Java-21版本。

```
[wlysy@localhost ~]$ sudo dnf install java-21
安装:
 java-21-openjdk         x86_64       1:21.0.2.0.13-2.el9    appstream    422 k
安装依赖关系:
 copy-jdk-configs       noarch        4.0-3.el9              appstream     28 k
……
已安装:
  copy-jdk-configs-4.0-3.el9.noarch
……
完毕!                                                         //安装成功
```

查看Java的版本,正常显示说明配置成功了。

```
[wlysy@localhost ~]$ java -version
openjdk version "21.0.2" 2024-01-16 LTS
OpenJDK Runtime Environment (Red_Hat-21.0.2.0.13-1) (build 21.0.2+13-LTS)
OpenJDK 64-Bit Server VM (Red_Hat-21.0.2.0.13-1) (build 21.0.2+13-LTS,
mixed mode, sharing)
```

第 8 章
安全与管理

相较于Windows系统，Linux系统的安全性相对较高。Linux系统的安全性由多个要素组成，如操作系统安全、文件系统安全、进程安全以及网络安全等。另外日常在管理及维护Linux服务器时，不一定都能在物理服务器旁，大部分情况需要进行远程管理。本章着重为读者介绍Linux系统安全性的相关知识，以及搭建远程管理平台的操作。

重点难点

- 进程管理
- 防火墙技术
- 远程管理Linux
- 系统状态监控

8.1 进程管理

进程管理是Linux系统管理的重要组成部分之一，Linux中所有的程序都是以进程的形式工作，接下来介绍Linux中进程管理的相关概念和操作。

8.1.1 认识进程

进程（Process）是正在执行的一个程序或命令，是计算机中的程序关于某数据集合的一次运行活动，是系统进行资源分配和调度的基本单位，是操作系统结构的基础。每一个进程都有一个运行的实体，都有自己的地址空间，并占用一部分系统资源（包括CPU、内存、磁盘和网络）。在早期面向进程设计的计算机结构中，进程是程序的基本执行实体；在当代面向线程设计的计算机结构中，进程是线程的容器。程序是指令、数据及其组织形式的描述，进程是程序的实体。

在用户空间，进程由进程号（Process Identification，PID）表示，PID是一串数字，每个新进程被分配唯一的PID来满足安全跟踪等需要。PID在进程的整个生命期间不会改变，但PID可以在进程销毁后被重新使用。

1. 进程的特征

系统进程有以下主要特征。
- **动态性**：指进程在操作系统中根据需要不断创建和终止，其生命周期随着程序执行的开始与结束而变化。
- **并发性**：任何进程都可以同其他进程一起并发执行。
- **独立性**：进程是一个能独立运行的基本单位，同时也是系统分配资源和调度的独立单位。
- **异步性**：由于进程间的相互制约，使进程具有执行的间断性，即进程按各自独立的、不可预知的速度向前推进。
- **结构特征**：进程由程序、数据和进程控制块三部分组成。
- **多个不同的进程可以包含相同的程序**：一个程序在不同的数据集里构成不同的进程，能得到不同的结果；但是执行过程中，程序不能发生改变。

进程的层次结构

进程可以形成树状的层次结构。父进程可以创建子进程，子进程又可以继续创建自己的子进程。

运行中的进程具有以下几种基本状态。

（1）就绪状态。进程已获得除处理器外的所需资源，等待分配处理器资源；只要分配了处理器进程就可执行。就绪进程可以按多个优先级来划分队列。例如，当一个进程由于时间片用完而进入就绪状态时，排入低优先级队列；当进程由I/O操作完成而进入就绪状态时，排入高优先级队列。

（2）运行状态。进程占用处理器资源；处于此状态的进程的数目小于或等于处理器的数目。在没有其他进程可以执行时（如所有进程都在阻塞状态），通常会自动执行系统的空闲进程。

（3）阻塞状态。由于进程等待某种条件（如I/O操作或进程同步），在条件满足之前无法继续执行。该事件发生前即使把处理器资源分配给该进程，也无法运行。

（4）创建状态。正在创建某个进程。可以通过直接执行一个程序来创建新的进程，可以通过系统调用（如fork命令）来创建一个新的进程。用户程序也可以通过库函数来创建进程。

（5）终止状态。进程结束运行。进入终止状态包括以下几种：正常退出：进程执行完毕；错误退出：进程遇到错误而终止；被其他进程杀死：如通过kill命令。

PCB

进程控制块（PCB）是操作系统用来管理进程的一个数据结构。它包含进程的各种信息，如进程ID、进程状态、程序计数器、内存地址、I/O设备等。

2. 进程与程序的关系

程序是指令和数据的有序集合，其本身没有任何运行的含义，是一个静态的概念。而进程是程序在处理机上的一次执行过程，是一个动态的概念。

- 程序可以作为一种软件资料长期存在，而进程是有一定生命期的。程序是永久的，进程是暂时的。
- 进程更能真实地描述并发，而程序不能。
- 进程由进程控制块、程序段、数据段三部分组成。
- 进程具有创建其他进程的功能，而程序没有。
- 同一程序同时运行于若干个数据集合上，将属于若干个不同的进程，即同一程序可以对应多个进程。
- 在传统的操作系统中，程序并不能独立运行，作为资源分配和独立运行的基本单元都是进程。

3. 进程优先级

进程优先级是指操作系统在调度进程时，赋予每个进程的一个相对重要性等级。优先级高的进程会优先获得CPU时间，而优先级低的进程则需要等待更长时间。设置进程的优先级，可以对以下内容进行优化。

- **资源分配**：对于资源竞争激烈的环境，通过设置优先级可以保证关键任务的及时完成。

- **服务质量**：对于实时系统或对响应时间要求较高的系统，高优先级的进程可以获得更好的服务。
- **系统负载均衡**：通过调整进程优先级，可以平衡系统负载，避免个别进程占用过多的CPU资源。

8.1.2 进程状态监测

进程状态监测可以让用户全面地了解系统中的进程信息，如进程的启动、状态、资源占用率等情况。可以通过进程的监测排查出异常的、影响系统效率和安全性的进程。常见的监测手段包括静态监测和动态监测两种。

1. 静态监测

静态监测主要用来了解当前系统中实时的进程信息。通常使用ps命令。ps命令是Linux/UNIX系统中用于报告当前系统中进程状态的命令，它可以显示系统中所有正在运行或曾经运行的进程的相关信息。通过ps命令，可以了解系统中有哪些进程在运行，它们的状态如何，以及占用了多少系统资源。

【命令格式】

```
ps [选项]
```

【常用选项】

-a：显示所有进程，包括终端信息及其他用户的进程。

-c：列出程序时，显示每个程序真正的指令名称，而不包含路径、参数或常驻服务的标识。

-e：效果和"-a"选项相同。

-l：长格式，可显示更加详细的信息。

-f：以进程树的形式显示程序间的关系。

-u：以用户为主的格式显示程序状况。

-x：显示所有程序，包括没有控制终端的进程。

【示例1】查看当前系统中的进程信息。

最常见的操作是使用"_aux"选项。执行效果如图8-1所示。

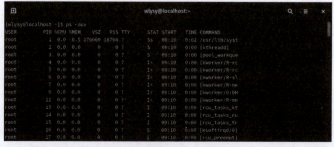

图 8-1

其中各列的含义如下。

USER：进程的所有者。
PID：进程号。
%CPU：占用CPU时间与进程总运行时间之比。
%MEM：占用内存与总内存之比。
VSZ：占用的虚拟内存大小，单位为KB。
RSS：占用的实际内存大小，单位为KB。
TTY：进程对应的终端，"？"表示该进程不占用终端。
STAT：该进程的状态。
START：进程开始的时间。
TIME：进程累计执行的时间。
COMMAND：所执行的指令。

> **知识拓展**
>
> **STAT列的状态**
>
> 在STAT列中，可以看到很多包括S、T等，其含义如下。D：不可中断睡眠状态；R：正在执行中；S：睡眠状态；T：暂停执行；Z：不存在但暂时无法消除；W：没有足够的内存可分配；<：高优先级的行程；N：低优先级的行程等。

2. 动态监测

相对于静态监测，动态监测可以持续监测进程的运行状态，以及进程动态变化的情况。这里需要使用top命令，就可以启动动态监测，如果要监测某个指定的进程，可以通过top -p PID命令来进行显示。

【示例2】动态显示当前系统中的进程信息。

直接使用top命令进行查看即可，此时会进入监测界面，如图8-2所示。

其中关键字段的含义如下。

（1）第一行：系统状态信息。包括系统的当前时间、已经运行的时间、当前登录的用户数量、平均负载值（1分钟、5分钟、15分钟）。

图 8-2

（2）第二行：进程状态信息。包括系统进程总数量、处于运行状态的进程数量、处于休眠的进程数、处于暂停状态的进程数、处于僵死状态的进程数。

（3）第三行：各类进程占用CPU时间的百分比。

（4）第四行：内存使用情况统计。包括总内存、空闲内存、已用内存以及缓存的大小。

（5）第五行：交换空间的统计信息。包括交换区总容量、可用容量、已用容量以及缓存交换空间的大小。

（6）第六行及以后：进程的项目标题行和详细信息。各列的含义如下。

PID：进程的进程号。
USER：进程所有者。
PR：进程优先级。
NI：nice值。负值表示高优先级，正值表示低优先级。
VIRT：进程使用的虚拟内存总量，单位为KB。
RES：进程使用的、未被换出的物理内存大小，单位为KB。
SHR：共享内存大小，单位为KB。

S：进程状态。D：不可中断的睡眠状态、R：运行状态、S：睡眠状态、T：跟踪/停止状态、Z：僵尸进程。
%CPU：上次更新到现在的CPU时间占用的百分比。
%MEM：进程使用的物理内存百分比。
TIME+：进程使用的CPU时间总计，单位为1/100秒。
COMMAND：进程名称（命令名/命令行）。

> **知识拓展**
>
> **交互按键**
>
> 在查看过程中，使用键盘的按键可以执行各种操作，主要的按键及作用如下。
>
> h：显示帮助画面，给出一些简短的命令总结说明。
> k：终止一个进程。
> i：忽略闲置和僵死的进程，这是一个开关式命令。
> q：退出程序。
> r：重新安排一个进程的优先级别。
> S：切换到累计模式。
> s：改变两次刷新之间的延迟时间（单位为秒），如果有小数，就换算成毫秒。输入0值则系统将不断刷新，默认值是5秒。
>
> f或者F：从当前显示中添加或者删除项目。
> o或者O：改变显示项目的顺序。
> l：切换显示平均负载和启动时间信息。
> m：切换显示内存信息。
> t：切换显示进程和CPU状态信息。
> c：切换显示命令名称和完整命令行。
> M：根据驻留内存大小进行排序。
> P：根据CPU使用百分比大小进行排序。
> T：根据时间/累计时间进行排序。
> W：将当前设置写入~/.toprc文件中，这是修改top配置文件的推荐方法。

8.1.3 进程的管理

进程的管理包括创建进程、调整进程优先级、挂起与激活进程、终止进程等。

1. 查看进程

查看当前进程一般使用"ps -l"命令，如果查看所有的进程信息，一般使用"ps -al"命令。

```
[wlysy@localhost ~]$ ps -l
F S   UID     PID    PPID  C PRI  NI ADDR SZ WCHAN  TTY          TIME CMD
0 S   1000   25030   24591  0  80   0 - 56199 do_wai pts/1    00:00:00 bash
0 R   1000   25073   25030  0  80   0 - 56375 -      pts/1    00:00:00 ps
[wlysy@localhost ~]$ ps -al
F S   UID     PID    PPID  C PRI  NI ADDR SZ WCHAN  TTY          TIME CMD
0 S   1000    6012    6003  0  80   0 - 128365 do_pol tty2    00:00:
```

```
gnome-sess
4 T       0   24706   24623  0  80   0 - 59997 -          pts/0   00:00:00 sudo
0 R    1000   25078   25030  0  80   0 - 56375 -          pts/1   00:00:00 ps
```

2. 创建进程

创建或者启动一个进程非常简单，就是在系统中启动一个程序或者执行一条命令。进程的启动分为前台启动与后台启动两种。

（1）前台启动。直接输入并执行命令即可，如sudo vim /etc/resolve，此时vim会在前台执行，进入程序界面并打开文件。

（2）后台启动。只要在执行的命令后加"&"符号，就不会进入程序界面中，会提示在后台运行，并弹出其PID。

```
[wlysy@localhost ~]$ sudo vim /etc/resolv.conf              //前台启动
[sudo] wlysy 的密码：                                        //校验密码后会打开vim界面
[wlysy@localhost ~]$ sudo vim /etc/resolv.conf &            //后台启动
[1] 20793                        //不会进入vim，只显示后台运行的序列号及其PID号
```

前台运行的进程一般是正在交互的程序，同一时刻，只能有一个进程在前台运行。通常情况下，可以让一些运行时间长，而且不接收终端输入的程序以后台方式运行，让操作系统调度它的执行。

3. 调整进程优先级

在系统中，每个进程都有其特定优先级，计算机在工作时，系统会根据进程优先级来分配资源。不仅如此，由于进程优先级的存在，进程并不是依次运算的，而是哪个进程的优先级高，哪个进程会在一次运算循环中被更多次地运算。用户可以按照要求，使用命令来调整进程的优先级。

调整优先级主要是调整进程的niceness值（NI）。该值的取值范围为-20～19，默认为0。通过该值与默认优先级（PRI，默认为80）的和运算，来决定最终的进程优先级。取值越低，优先级越高。改变进程优先级的常见命令有nice和renice，都是调整的niceness值，下面介绍两者的使用方法。

> **注意事项** 优先级的调整
>
> NI的范围是 -20～19，普通用户（不使用sudo）调整NI值的范围是 0～19，而且只能调整自己的进程。普通用户只能调高NI值，不能降低。如原本NI值为0，则只能调整为大于0。只有root用户才能设定进程NI值为负值，而且可以调整任何用户的进程。

（1）nice命令。nice命令是在创建进程时设置其优先级。

【命令格式】

```
nice [选项] 命令
```

【常用选项】

-n：指定进程的优先级，范围为-20～19，n越小，请求优先级越高，默认为0。

【示例3】启动进程并赋予优先级。

启动一个新的进程时，并为其设置一个初始的NI值，就是使用nice命令。

```
[wlysy@localhost ~]$ nice -n 10 vim&            //将NI值设置为10，后台启动vim
[1] 24684
[wlysy@localhost ~]$ ps -l
F S   UID    PID   PPID  C PRI  NI ADDR SZ WCHAN  TTY         TIME CMD
0 S   1000  24623  24591 0  80   0 -  56199 do_wai pts/0    00:00:00 bash
0 T   1000  24684  24623 0  90  10 -  57407 do_sig pts/0    00:00:00 vim
              //默认优先级是80，NI为10，最后总的PRI优先级为90，值越高，优先级越低
0 R   1000  24691  24623 0  80   0 -  56375 -      pts/0    00:00:00 ps
[wlysy@localhost ~]$ sudo nice -n -10 vim&   //将NI值设置为-10（sudo），后台启动vim
[2] 24706
[wlysy@localhost ~]$ ps -al
F S   UID    PID   PPID  C PRI  NI ADDR SZ WCHAN  TTY         TIME CMD
0 S   1000   6012   6003 0  80   0 - 128365 do_pol tty2    00:00:00 gnome-sess
0 T   1000  24684  24623 0  90  10 -  57407 do_sig pts/0    00:00:00 vim
4 T      0  24706  24623 0  80   0 -  59997 -      pts/0    00:00:00 sudo
4 T      0  24712  24706 0  70 -10 -  57382 -      pts/0    00:00:00 vim
              //默认优先级是80，NI为-10，最后总的PRI优先级为70，值越低，优先级越高
0 R   1000  24718  24623 0  80   0 -  56375 -      pts/0    00:00:00 ps
```

（2）renice

renice命令是在进程存在的情况下调整其优先级。

【命令格式】

```
renice [选项][对象选项]
```

【常用选项】

+/- n：调整进程优先级。

【对象选项】

-g 命令名。

-p 进程识别号。

-u 进程所有者。

【示例4】手动调整进程优先级。

手动调整进程优先级时，提高优先级需要root权限，而降低则不需要。

```
[wlysy@localhost ~]$ nice -n 10 vim&                      //创建进程，NI值加10
[1] 26207
[wlysy@localhost ~]$ ps -l
F S   UID    PID   PPID  C PRI  NI ADDR SZ WCHAN  TTY         TIME CMD
0 S   1000  25507  25357 0  80   0 -  56199 do_wai pts/1    00:00:00 bash
0 T   1000  26207  25507 0  90  10 -  57407 do_sig pts/1    00:00:00 vim
```

```
                                              //创建成功，NI值为10，PRI值为80+10=90
0 R  1000   26215   25507  0  80   0 - 56375 -       pts/1    00:00:00 ps
[1]+ 已停止                 nice -n 10 vim
[wlysy@localhost ~]$ renice -30 -p 26207      //修改进程26207的NI值为-30
renice: 设置 26207 的优先级失败(process ID): 权限不够  //增加优先级，需要使用sudo
[wlysy@localhost ~]$ sudo renice -30 -p 26207
[sudo] wlysy 的密码:
26207 (process ID) 旧优先级为 10，新优先级为 -20       //提示NI优先级
[wlysy@localhost ~]$ ps -l
F S   UID    PID    PPID  C  PRI  NI ADDR SZ WCHAN  TTY         TIME CMD
0 S  1000   25507   25357  0  80   0 - 56199 do_wai pts/1    00:00:00 bash
0 T  1000   26207   25507  0  60 -20 - 57407 do_sig pts/1    00:00:00 vim
                    //此时NI值为10-30，为-20，PRI的值为80-20=60，优先级提高成功
0 R  1000   26249   25507  0  80   0 - 56375 -       pts/1    00:00:00 ps
```

4. 挂起与激活进程

在后台运行程序也叫挂起，可以通过fg命令将挂起的程序恢复到前台运行。除了新建进程在后台运行外，进程在终端窗口执行时，可以使用Ctrl+Z组合键将该进程挂起，转到后台后会处于暂停状态，在合适的时机可再将其激活，恢复执行状态，激活进程可以使用bg命令。

（1）fg命令。fg命令可以将一个在后台运行的作业调到前台，使其继续在当前终端运行，例如执行编辑命令vim的挂起及激活过程如下：

```
[wlysy@localhost ~]$ vim&                   //直接创建进程并挂起
[1] 26611
[wlysy@localhost ~]$ vim 123.test           //编辑文件并使用Ctrl+Z组合键挂起
[1]- 已停止              vim
[2]+ 已停止              vim 123.test
[wlysy@localhost ~]$ fg        //使用fg命令将最后挂起的程序放到前台运行
vim 123.test                                //执行的程序
[2]+ 已停止              vim 123.test       //继续挂起到后台
[wlysy@localhost ~]$ jobs                   //查看当前的所有后台进程
[1]- 已停止              vim
[2]+ 已停止              vim 123.test
[wlysy@localhost ~]$ fg 1                   //恢复编号为1的进程
vim                                         //进程为vim
[1]+ 已停止              vim                //挂起
[wlysy@localhost ~]$ fg 2                   //恢复编号为2的进程
vim 123.test                                //进程为vim 123.test
[2]+ 已停止              vim 123.test       //继续挂起
```

> **知识拓展**
>
> **符号的含义**
>
> 在任务号后有"+"或"-"的符号，其中，"+"代表最后被切换到后台的进程，使用fg命令默认切换到前台的就是该进程。"-"代表倒数第二个被切换到后台的程序。"+""-"号随着进程增加或减少随时变化。最近处理的两个进程则不会标注符号。

（2）bg命令。bg命令将一个在后台暂停的作业重新在后台继续运行。如一个耗时较长的编译任务。不想一直等着它完成，想先去做其他事情，按Ctrl+Z组合键，这个程序就被暂停了，并且被放到了后台。如果想让这个暂停的程序继续在后台运行，而不占用终端，就可以使用bg命令。

```
[wlysy@localhost ~]$sudo gcc myprogram.c -o myprogram    //编译，然后按Ctrl+Z
[wlysy@localhost ~]$jobs
[1]+ 已停止 sudo gcc myprogram.c -o myprogram
[wlysy@localhost ~]$ bg 1                                //激活后在后台运行
```

动手练 终止进程

终止进程是管理员协调系统资源利用率的有效手段。如果某个进程发生僵死或占用大量CPU、内存资源时，可以通过终止进程将其关闭，释放资源。终止的方法有以下两种。

（1）使用快捷键终止。可以使用Ctrl+C组合键终止一个前台执行的进程。如果有需要终止的后台进程，可以将其调入到前台，再使用Ctrl+C组合键来终止该进程。

（2）使用命令终止。可以使用kill命令来终止某个进程，其会向一个进程发送特定信号，从而使进程根据该信号执行特定操作。信号可以使用信号名或者信号码表示。可以使用"kill -l"命令来查看其可以发送的所有信号，如图8-3所示。该命令的用法如下。

图 8-3

【命令格式】

```
kill [选项（信号）] 进程号
```

【常用选项】

-9：结束进程，其信号名为SIGKILL，用于强行终止某个进程的执行。

【示例5】结束vi进程。

先创建一个vi后台进程，查看其进程号后再结束该进程，执行效果如下：

```
[wlysy@localhost ~]$ vim 123.txt&                        //创建后台程序
[1] 28077
[wlysy@localhost ~]$ ps -l                               //查看进程信息
F S   UID   PID   PPID  C PRI   NI ADDR SZ WCHAN   TTY         TIME CMD
```

```
0 S  1000    27822    27789  0  80   0 - 56199 do_wai pts/0    00:00:00 bash
0 T  1000    28077    27822  0  80   0 - 57385 do_sig pts/0    00:00:00 vim
0 R  1000    28085    27822  0  80   0 - 56375 -      pts/0    00:00:00 ps
[1]+  已停止              vim 123.txt
[wlysy@localhost ~]$ kill -9 28077                   //终止vim进程
[1]+  已杀死              vim 123.txt                //提示已经终止
[wlysy@localhost ~]$ ps -l
F S   UID     PID    PPID  C PRI  NI ADDR SZ WCHAN  TTY          TIME CMD
0 S  1000    27822    27789  0  80   0 - 56296 do_wai pts/0    00:00:00 bash
0 R  1000    28101    27822  0  80   0 - 56375 -      pts/0    00:00:00 ps
                                                    //再次查看,已经没有该进程
```

8.2 Linux常见安全技术

Linux系统中集成了大量的安全技术措施,如防火墙、SELinux、iptables等。下面介绍这几种关键的安全技术。

8.2.1 防火墙简介

在前面介绍网络服务搭建时,为了排除防火墙的影响,在配置完毕后,会关闭防火墙。其实这是一种比较危险的操作,没有了防火墙的保护,系统非常容易受到各种网络攻击。所以正确的做法是为这些网络服务开启对应的防火墙防护机制,以使处于工作状态的防火墙不会对正常的网络服务及访问造成影响。

1. 认识防火墙

防火墙(Firewall)技术是通过有机结合各类用于安全管理与筛选的软件和硬件设备,在计算机的内、外网之间构建一道相对隔绝的保护屏障,以保护用户资料与信息安全性的一种技术。

防火墙技术的功能主要在于及时发现并处理计算机网络运行时可能存在的安全风险、数据传输等问题,其中处理措施包括隔离与保护,同时可对计算机网络安全当中的各项操作进行实时记录与检测,以确保计算机网络运行的安全性,保障用户资料与信息的完整性,为用户提供更好、更安全的计算机网络使用体验。

2. 更改防火墙的运行状态

默认情况下,Linux系统加载完毕会自动启动防火墙,如果要了解及更改防火墙状态,可以使用以下命令:

```
[wlysy@localhost ~]$ sudo systemctl status firewalld.service    //查看防火墙状态
● firewalld.service - firewalld - dynamic firewall daemon
   Loaded: loaded (/usr/lib/systemd/system/firewalld.service; enabled; preset>
```

```
         Active: active (running) since Mon 2024-09-23 09:16:35 CST; 15min ago
……                                              //默认开启,Linux会自动运行
[wlysy@localhost ~]$ sudo systemctl stop firewalld.service    //关闭防火墙服务
[wlysy@localhost ~]$ sudo firewall-cmd --state       //查看防火墙状态的另一命令
not running                                                       //显示已关闭
[wlysy@localhost ~]$ sudo systemctl start firewalld.service    //开启防火墙服务
[wlysy@localhost ~]$ sudo systemctl restart firewalld.service  //重启防火墙服务
[wlysy@localhost ~]$ sudo firewall-cmd --state
running                                                        //重新正常运行
```

3. 允许对应端口的访问

前面介绍的一些常见服务的搭建,将对应服务的侦听端口加入防火墙的允许列表中,其他设备就可以正常访问服务器对应的服务了。下面以常见的FTP和Samba服务为例,向读者介绍添加的方法。其他服务用户可以查询其所使用的端口,放行即可。

FTP服务使用的端口号是21,并且使用的TCP协议。而Samba服务使用的端口较多,如137、138、139、445,使用的也是TCP协议,所以在防火墙中,可以执行如下操作:

```
[wlysy@localhost ~]$ sudo firewall-cmd --permanent --add-port=21/tcp
                                              //添加端口,并注明其对应的协议
[sudo] wlysy 的密码:
success                                                            //添加成功
[wlysy@localhost ~]$ sudo firewall-cmd --permanent --add-port=137/tcp
success
[wlysy@localhost ~]$ sudo firewall-cmd --permanent --add-port=138/tcp
success
[wlysy@localhost ~]$ sudo firewall-cmd --permanent --add-port=139/tcp
success
[wlysy@localhost ~]$ sudo firewall-cmd --permanent --add-port=445/tcp
success
[wlysy@localhost ~]$ sudo firewall-cmd --reload         //添加完毕后重新加载
success
[wlysy@localhost ~]$ sudo firewall-cmd --list-all   //查看当前防火墙的配置列表
public (active)
    target: default
    icmp-block-inversion: no
    interfaces: ens160
    sources:
    services: cockpit dhcpv6-client ssh
    ports: 21/tcp 137/tcp 138/tcp 139/tcp 445/tcp            //放行的端口
    protocols:
    forward: yes
    masquerade: no
    forward-ports:
    source-ports:
    icmp-blocks:
    rich rules:
```

"--permanent"参数用于永久保存配置，重启系统后仍生效。"--reload"参数用于在修改配置后立即生效。firewall支持多种防火墙区域，每个区域可以有不同的安全策略。firewall-cmd命令提供丰富的选项，可以满足各种复杂的防火墙配置需求。如果要操作指定的区域，可以使用"--zone=区域名"选项及参数。除了对端口进行操作外，还可以对服务进行监管。防火墙常见的命令及功能如表8-1所示。

表 8-1

命令	功能
firewall-cmd --get-active-zones	查看当前激活的防火墙区域（通常是public）
firewall-cmd --list-all	列出所有防火墙规则
firewall-cmd --permanent --add-port=21/tcp	添加21端口的TCP服务
firewall-cmd --permanent --remove-port=21/tcp	删除21端口的TCP服务
firewall-cmd --get-active-interfaces	查看当前激活的网络接口
firewall-cmd --get-default-zone	查看默认的防火墙区域
firewall-cmd --zone=public --add-service=http --permanent	将HTTP服务添加到public区域
firewall-cmd --zone=public --remove-service=http --permanent	从public区域移除HTTP服务

8.2.2 iptables简介

除了直接操作防火墙外，还可以通过防火墙中的包过滤系统iptables来控制网络。

1. 认识iptables

iptables是IP信息包过滤系统。有利于在Linux系统上更好地控制IP信息包的过滤和防火墙配置。防火墙的各种功能，如包过滤、NAT、状态检测等，都是通过iptables规则来实现的。

防火墙在做数据包过滤决定时，有一套遵循和组成的规则，这些规则存储在专用的数据包过滤表中，而这些表集成在Linux内核中。iptables相当于构建防火墙的砖块，它提供最基本的规则设置功能。iptables提供一套灵活的规则集，可以对数据包进行细粒度的控制。防火墙则是由这些砖块搭建起来的整座建筑，用于保护网络安全。

在数据包过滤表中，规则被分组并放在所谓的链中。而iptables IP数据包过滤系统是一款功能强大的工具，可用于添加、编辑和移除规则。iptables其实是多个表的容器，每个表里包含不同的链，链中定义不同的规则，通过定义不同的规则来控制数据包在防火墙的进出。

2. iptables 命令

iptables命令根据预设的规则对每个数据包进行检查，决定是否允许其通过。这些规则可以基于IP地址、端口号、协议类型等多种条件。常见的iptables命令用法如下。

【命令格式】

```
iptables [-t 表名] 命令选项 [链名] [条件匹配] [-j 处理方式]
```

【表名】

filter：用于过滤数据包，是默认表。

nat：用于网络地址转换（NAT）。

mangle：用于修改数据包。

raw：用于跟踪连接。

【常用选项】

-A：新增规则（追加方式）到某个规则链中，该规则会成为规则链中的最后一条规则。

-D：从某个规则链中删除一条规则，可以输入完整规则，或直接指定规则编号来删除。

-R：取代现行规则，规则被取代后并不会改变顺序。

-I：插入一条规则，原本该位置上的规则将会往后移动一个位置。

-L：列出某规则链中的所有规则。

-F：删除某规则链中的所有规则。

-Z：将封包计数器归零。

-N：定义新的规则链。

-X：删除某个规则链。

-P：定义过滤政策。也就是未符合过滤条件之封包、预设的处理方式。

-E：修改某自定规则链的名称。

【链名】

INPUT：处理进入系统的数据包。

OUTPUT：处理从系统输出的数据包。

FORWARD：处理转发的数据包。

PREROUTING：在路由之前处理数据包。

POSTROUTING：在路由之后处理数据包。

【条件匹配】

-s source：源地址。

-d destination：目的地址。

-p protocol：协议类型。

--sport port：源端口。

--dport port：目的端口。

【处理方式】

ACCEPT：允许数据包通过。

DROP：直接丢弃数据包，不给任何回应信息。

REJECT：拒绝数据包通过，必要时会给数据发送一个响应的信息。

LOG：针对特定的数据包，在/var/log/messages文件中记录日志信息，然后将数据包传递给下一条规则。

3. iptables 规则的配置

在配置iptables规则时，需要设置基本规则和用户自定义的规则。

（1）配置基本规则。基本规则是在不满足用户设置的规则的情况下，最终决定数据包的处理方式，配置过程如下：

```
[wlysy@localhost ~]$ sudo iptables -F INPUT              //清空INPUT默认规则
[wlysy@localhost ~]$ sudo iptables -L                    //查看当前的默认规则
Chain INPUT (policy ACCEPT)                              //默认接收
target     prot opt source               destination
Chain FORWARD (policy ACCEPT)                            //默认接收
target     prot opt source               destination
Chain OUTPUT (policy ACCEPT)                             //默认接收
target     prot opt source               destination
[wlysy@localhost ~]$ sudo iptables -P INPUT DROP   //将INPUT默认规则改为丢弃
[wlysy@localhost ~]$ ping 127.0.0.1                      //测试默认规则
PING 127.0.0.1 (127.0.0.1) 56(84) 比特的数据。
^C
--- 127.0.0.1 ping 统计 ---
已发送 13 个包, 已接收 0 个包, 100% packet loss, time 12324ms  //已默认丢弃
[wlysy@localhost ~]$ sudo iptables -P FORWARD DROP//将FORWARD默认规则改为丢弃
[wlysy@localhost ~]$ sudo iptables -L                    //再次查看规则列表
Chain INPUT (policy DROP)                                //默认丢弃
target     prot opt source               destination
Chain FORWARD (policy DROP)                              //默认丢弃
target     prot opt source               destination
Chain OUTPUT (policy ACCEPT)                             //未更改，默认接收
target     prot opt source               destination
```

（2）配置自定义规则。默认规则配置完毕，可以添加用户自定义的各种规则了。系统会先读取用户的自定义规则，如果有对应的规则，则按对应的规则执行，否则最终执行的是上面配置的默认规则。如前面配置的规则禁止ping本地lo接口，接下来添加INPUT规则，让所有本地lo接口的ping包都能通过，执行效果如下：

```
[wlysy@localhost ~]$ sudo iptables -A INPUT -i lo -p ALL -j ACCEPT //配置规则
[sudo] wlysy 的密码：
[wlysy@localhost ~]$ ping 127.0.0.1                              //再次测试
PING 127.0.0.1 (127.0.0.1) 56(84) 比特的数据。
64 比特，来自 127.0.0.1: icmp_seq=1 ttl=64 时间=0.069 毫秒
```

```
64 比特，来自 127.0.0.1: icmp_seq=2 ttl=64 时间=0.062 毫秒
64 比特，来自 127.0.0.1: icmp_seq=3 ttl=64 时间=0.086 毫秒
^C
--- 127.0.0.1 ping 统计 ---
已发送 3 个包, 已接收 3 个包, 0% packet loss, time 2033ms    //Ping成功
rtt min/avg/max/mdev = 0.062/0.072/0.086/0.010 ms
```

除了基础配置外，用户还可以按照需要，配置一些更复杂的控制规则，配置过程如下。配置完毕，可以通过命令查看规则。

```
[wlysy@localhost ~]$ sudo iptables -A INPUT -i ens160 -p icmp --icmp-type
 8 -j ACCEPT                        //在所有网卡上打开ping功能，icmp类型设置为8
[wlysy@localhost ~]$ sudo iptables -A INPUT -i ens160 -s 192.168.80.0/24
-p tcp --dport 80 -j ACCEPT                       // "-s" 指定数据包的来源
[wlysy@localhost ~]$ sudo iptables -A INPUT -i ens160 -j LOG //将访问写入日志
[wlysy@localhost ~]$ sudo iptables -L --line-numbe
Chain INPUT (policy DROP)
num  target     prot opt source              destination
1    ACCEPT     all  --  anywhere            anywhere
2    ACCEPT     icmp --  anywhere            anywhere            icmp echo-
request
3    ACCEPT     tcp  --  192.168.80.0/24     anywhere            tcp dpt:http
4    ACCEPT     tcp  --  192.168.80.0/24     anywhere            tcp dpt:http
5    ACCEPT     icmp --  anywhere            anywhere            icmp echo-
request
6    ACCEPT     tcp  --  192.168.80.0/24     anywhere            tcp dpt:http
7    LOG        all  --  anywhere            anywhere            LOG level
warn
Chain FORWARD (policy DROP)
num  target     prot opt source              destination
Chain OUTPUT (policy ACCEPT)
num  target     prot opt source              destination
```

8.2.3 SELinux简介

在前面介绍服务时，除了关闭防火墙外，还会关闭SELinux。SELinux也是Linux系统中重要的安全组件，与防火墙和iptables的侧重点不同。

1. 认识 SELinux

SELinux（Security-Enhanced Linux）是一种安全增强型Linux，为Linux系统提供强制访问控制（Mandatory Access Control，MAC）机制。简单来说，SELinux会对系统中的每个进程和文件都打上一个标签，并根据这些标签决定进程是否可以访问特定的文件或资源。与iptables侧重于网络层不同，SELinux更侧重于系统层，控制对系统资源的访问。配置复杂度较高，且需要理解安全上下文等概念，才能提供更深层次的系统保护。

2. SELinux 的特点

相对于防火墙与iptables，SELinux的主要特点如下。

- **更细粒度的访问控制**：SELinux超越了传统的基于用户的访问控制，可以根据进程、文件类型等进行更精细的权限控制。
- **加强系统安全性**：通过限制进程的权限，SELinux可以有效地防止恶意软件的传播和破坏。
- **提高系统稳定性**：SELinux可以防止应用程序之间的冲突，从而提高系统稳定性。

3. SELinux 的工作原理

SELinux通过以下几个关键概念来实现其功能。

- **安全上下文（Security Context）**：每个进程和文件都关联一个安全上下文，它包含类型、用户、角色等信息。
- **类型强制访问控制（Type Enforcement）**：SELinux会根据进程和对象的类型来决定是否允许访问。
- **策略（Policy）**：SELinux的策略定义哪些类型可以访问哪些类型的对象。

4. SELinux 的优劣势

SELinux的主要优势如下。

- **高安全性**：SELinux提供比传统Linux更强的安全性，可有效地抵御各种攻击。
- **灵活性**：SELinux的策略可以根据不同的需求进行定制。
- **可扩展性**：SELinux可以与其他安全机制集成，提供更全面的安全保护。

SELinux的主要劣势如下。

- **配置复杂**：配置SELinux需要深入理解其工作原理，配置过程较为复杂。
- **性能影响**：在某些情况下，SELinux可能会对系统性能产生一定的影响。
- **学习曲线陡峭**：SELinux的概念比较抽象，学习曲线较陡。

> **知识拓展**
>
> **SELinux的主要应用**
>
> 服务器安全领域，可以保护服务器免受入侵和攻击；云计算安全领域，可以为云计算环境提供更强的安全保障；物联网安全领域，可以保护物联网设备免受攻击。

5. SELinux 的管理

SELinux的管理包括查看、设置状态和修改策略等。

```
[wlysy@localhost ~]$ sudo setenforce 0      //关闭SELinux，允许所有访问并记录日志
[sudo] wlysy 的密码：
[wlysy@localhost ~]$ getenforce                           //查看SELinux状态
Permissive                                //当前是Permissive模式，允许所有访问
```

```
[wlysy@localhost ~]$ sudo setenforce 1              //开启SELinux
[wlysy@localhost ~]$ getenforce
Enforcing                                            //当前是Enforcing模式，强制执行策略
```

对于修改SELinux的策略，可以使用semanage命令，但由于配置过于复杂，该内容不做过多介绍，有兴趣的读者可以自行研究学习。

8.3 远程管理Linux

作为服务器系统来说，除了本地管理外，还需要提供远程管理的功能。对于同一类型的服务器，一般会有专业的软件进行统一管理。而对于大多数普通用户来说，需要管理的服务器不多，可以使用SSH进行管理。如果是图形界面，还可以使用远程桌面程序进行远程登录来管理服务器。

8.3.1 使用SSH远程管理Linux

以前经常使用的远程管理工具是Telnet，但Telnet传输使用的是明文，存在巨大的安全性隐患，所以SSH出现并取代了Telnet。下面介绍使用SSH远程管理Linux的操作方法。

1. 认识SSH

SSH为Secure Shell的缩写，专为远程登录会话和其他网络服务提供安全性的协议。利用SSH协议可以有效防止远程管理过程中的信息泄露问题。传统的网络服务程序，如FTP、Pop和Telnet在本质上都是不安全的，因为它们在网络上用明文传送口令和数据，别有用心的人非常容易截获这些口令和数据。而且这些服务程序的安全验证方式也有其弱点，很容易受到"中间人"的攻击。

通过使用SSH，用户可以把所有传输的数据进行加密，还能够防止DNS欺骗和IP欺骗。使用SSH的另一个额外的好处是传输的数据是经过压缩的，所以可以加快传输的速度。

SSH提供两种安全验证的方法，分别是基于密码的验证和基于密钥的验证。基于密码的验证是使用服务器中的用户的登录名及密码进行登录验证。而基于密钥的验证需要先生成一堆密钥文件，再将公钥上传到服务器中的指定位置，远程连接时，使用密钥对进行验证和对应的加密/解密。

2. 配置SSH环境

CentOS Stream 9中默认已经安装了openssh服务，可以通过查看sshd服务状态了解其运行情况，如图8-4所示。如果未安装，可以通过命令来安装该服务。

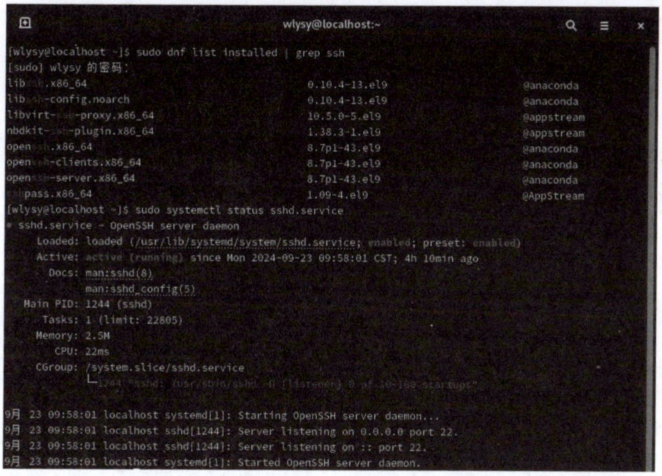

图 8-4

动手练 基于密码的SSH远程连接

基于密码的SSH远程连接配置方便，但很有可能被暴力破解，对于一些对安全等级要求不高的情况可以使用该方法。在服务器端安装完毕、SSHD正常运行的情况，就可以进行连接了。对于CentOS Stream 9等Linux系统，可以使用命令连接：

```
[wlysy@client ~]$ hostname         //查看当前客户机主机名称，当前用户名注意区分
client
[wlysy@client ~]$ ssh 192.168.80.88
                                  //远程连接命令，如为指定用户，则使用当前同名用户连接
The authenticity of host '192.168.80.88 (192.168.80.88)' can't be established.
ED25519 key fingerprint is SHA256:JDOqFWFKOHGM/
aCyS1fUITW0c/+3i8JT+ioNYzzWpTA.
This key is not known by any other names
Are you sure you want to continue connecting (yes/no/[fingerprint])? yes
Warning: Permanently added '192.168.80.88' (ED25519) to the list of known hosts.
wlysy@192.168.80.88's password:        //输入服务器上用户wlysy的对应密码
Activate the web console with: systemctl enable --now cockpit.socket
Last login: Mon Sep 23 14:37:16 2024 from 192.168.80.102
[wlysy@localhost ~]$ who am i                    //登录成功可以正常操作
wlysy    pts/2        2024-09-23 14:39 (192.168.80.102)
[wlysy@localhost ~]$ exit                        //退出登录
注销
Connection to 192.168.80.88 closed.
[wlysy@client ~]$ ssh root@192.168.80.88         //指定用户连接的格式
root@192.168.80.88's password:                   //输入该用户的登录密码
Activate the web console with: systemctl enable --now cockpit.socket
Last login: Mon Sep 23 14:36:15 2024 from 192.168.80.102
[root@localhost ~]# who am i                     //登录成功
root    pts/2        2024-09-23 14:39 (192.168.80.102)
```

Windows系统中的登录

Windows系统中的远程SSH登录可以使用命令提示符，步骤与在Linux中相同，指定登录用户即可，如图8-5所示。

如果出现警告提示，如图8-6所示，大部分原因是服务器的公钥发生了变化，而之前保存的私钥无法验证，就会弹出警告信息。此时可以在客户机的"C:\Users\用户名\.ssh\"中将"known_hosts"文件删除，并再次登录即可。

图 8-5

图 8-6

3. 配置基于密钥的 SSH

基于密钥的SSH更安全，且可以免交互式登录。当密码验证、密钥验证都启用时，服务器优先使用密钥验证。

（1）客户端生成密钥。这里以常见的root用户使用密钥进行远程SSH连接为例，需要先在客户端生成密钥。

```
[root@localhost ~]# ssh-keygen                              //生成密钥
Generating public/private rsa key pair.
Enter file in which to save the key (/root/.ssh/id_rsa):    //设置保存路径
Enter passphrase (empty for no passphrase):                 //设置密钥密码
Enter same passphrase again:                                //再次输入确认
Your identification has been saved in /root/.ssh/id_rsa
Your public key has been saved in /root/.ssh/id_rsa.pub
The key fingerprint is:
SHA256:U6sTjlICPePkD+3uiOanYidACXdWqhu7El2f8Fd6Msk root@localhost.localdomain
The key's randomart image is:
+---[RSA 3072]----+
|        ..       |
|.  ..o.          |
|..oo*    .       |
| o *o+ ...       |
|..o.=+ooS+.      |
|o .+ *+oE+.      |
|..o . +.++       |
|oo.+.+   .       |
|.=Bo..o          |
+----[SHA256]-----+
```

（2）上传到服务器。将客户端生成的公钥上传至服务器。当然这里的服务器指的是用户自己的服务器。如果是其他的服务器，请联系管理员操作。或者管理员程序会自动从网站的管理页面中给予用户SSH连接的密钥。

```
[root@localhost ~]# ssh-copy-id 192.168.80.88            //指定上传的服务器IP
/usr/bin/ssh-copy-id: INFO: Source of key(s) to be installed: "/root/.ssh/id_rsa.pub"
The authenticity of host '192.168.80.88 (192.168.80.88)' can't be established.
ED25519 key fingerprint is SHA256:JDOqFWFKOHGM/aCyS1fUITW0c/+3i8JT+ioNYzzWpTA.
This key is not known by any other names
Are you sure you want to continue connecting (yes/no/[fingerprint])? yes
/usr/bin/ssh-copy-id: INFO: attempting to log in with the new key(s), to filter out any that are already installed
/usr/bin/ssh-copy-id: INFO: 1 key(s) remain to be installed -- if you are prompted now it is to install the new keys
root@192.168.80.88's password:                           //输入服务器管理员密码
Number of key(s) added: 1
Now try logging into the machine, with:   "ssh '192.168.80.88'"
and check to make sure that only the key(s) you wanted were added.
```

（3）对服务器进行设置。接下来对服务器进行设置，使其只允许使用密钥验证方式，拒绝传统密码验证方式，修改完毕后，重启sshd服务。

```
[wlysy@localhost ~]$ sudo vim /etc/ssh/sshd_config
```

在文件中找到并启用PasswordAuthentication，将其值设置为no。

```
# To disable tunneled clear text passwords, change to no here!
PasswordAuthentication no                                //关闭密码认证方式
#PermitEmptyPasswords no
```

重启SSH服务。

```
[wlysy@localhost ~]$ sudo systemctl restart sshd.service
```

（4）测试远程访问。

```
[root@localhost ~]# ssh 192.168.80.88            //直接用root身份进行SSH远程连接
Activate the web console with: systemctl enable --now cockpit.socket
Last login: Mon Sep 23 15:11:21 2024
[root@localhost ~]# who am i                     //无需密码，直接登录
root     pts/3        2024-09-23 15:23 (192.168.80.88)
[root@localhost ~]# exit
注销
Connection to 192.168.80.88 closed.
[root@localhost ~]# ssh wlysy@192.168.80.88   //使用其他用户身份进行SSH远程连接
wlysy@192.168.80.88: Permission denied (publickey,gssapi-keyex,gssapi-with-mic).                                         //被拒绝，只能使用密钥登录
```

动手练 使用第三方的SSH客户端远程登录服务器

在Windows系统中，除了使用命令提示符或PowerShell外，还可以使用一些第三方的SSH客户端程序远程登录并管理服务器。这类软件比较多，如常见的PuTTY、MobaXterm、Xshell等。

PuTTY是一个集合了Telnet、SSH、rlogin、纯TCP以及串行接口连接的软件。随着Linux在服务器端应用的普及，Linux系统管理越来越依赖于远程服务。在各种远程登录工具中，PuTTY是出色的工具之一。用户可以到官网下载该软件的对应版本。

下面以常见的PuTTY为例，向读者介绍使用第三方的SSH客户端远程登录服务器的操作。

步骤01 在官网中下载PuTTY的单客户端文件绿色版即可，下载完毕并启动后，在主界面中输入目标的IP地址，端口为22，单击Open按钮，如图8-7所示。

步骤02 在安全提示中单击Accept按钮，如图8-8所示。

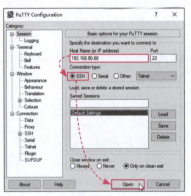
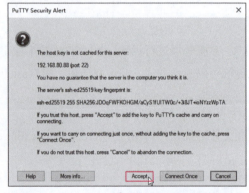

图8-7   图8-8

按照提示输入要登录的用户名及对应的密码，按回车键，就可以打开命令提示符了，如图8-9所示。

图8-9

知识拓展

其他常见的功能

在会话中，可以将经常使用的会话保存下载，这样下次可以直接登录。也可以在PuTTY中生成并上传密钥，或者配置密钥进行安全的密钥登录。

8.3.2 使用RDP远程管理Linux

如果Linux使用了桌面环境，则可以通过远程桌面进行直观的管理，例如使用常见的RDP服务进行远程管理。

1. 认识RDP

远程桌面协议（Remote Desktop Protocol，RDP）是一种网络通信协议，它允许用户通过网络远程登录到另一台计算机上，就像在本地操作一样。RDP广泛应用于远程办公、远程管理、远程协助等场景。RDP的工作原理如下。

步骤01 建立连接。客户端（如自己的电脑）向服务器端（远程计算机）发起连接请求，通常是通过TCP3389端口。

步骤02 身份验证。客户端提供用户名和密码进行身份验证，确保连接的安全性。

步骤03 会话建立。身份验证通过后，客户端和服务器之间建立一个会话，开始传输数据。

步骤04 数据传输。客户端的键盘、鼠标操作等信息被发送到服务器端，服务器端将桌面画面、应用程序等信息反馈给客户端，从而实现远程控制。

2. 配置 RDP 服务端

系统自带的RDP服务有很多弊端，这里建议安装xrdp服务，官方的软件源中没有对应的软件包，需要第三方的软件源，这里使用的是EPEL。

```
[wlysy@localhost ~]$ sudo dnf install epel-release-9-7.el9.noarch    //安装EPEL
……
已安装：
  epel-next-release-9-7.el9.noarch         epel-release-9-7.el9.noarch
完毕！                                                          //安装完成
[wlysy@localhost ~]$ sudo dnf clean all                         //删除软件源
18 个文件已删除
[wlysy@localhost ~]$ sudo dnf makecache                         //重新创建索引
CentOS Stream 9 - BaseOS                         8.8 MB/s | 8.3 MB     00:00
CentOS Stream 9 - AppStream                       16 MB/s |  20 MB     00:01
CentOS Stream 9 - Extras packages                 42 kB/s |  19 kB     00:00
Extra Packages for Enterprise Linux 9 - x86_64   3.2 MB/s |  23 MB     00:06
Extra Packages for Enterprise Linux 9 openh264   1.1 kB/s | 2.5 kB     00:02
Extra Packages for Enterprise Linux 9 - Next -   126 kB/s | 276 kB     00:02
元数据缓存已建立。
[wlysy@localhost ~]$ sudo dnf install xrdp                      //安装xrdp服务
……
已安装：
  dbus-x11-1:1.12.20-8.el9.x86_64                 imlib2-1.7.4-1.el9.x86_64
  tigervnc-server-minimal-1.14.0-3.el9.x86_64     xrdp-1:0.10.1-1.el9.x86_64
  xrdp-selinux-1:0.10.1-1.el9.x86_64
完毕！                                                          //安装成功
[wlysy@localhost ~]$ sudo systemctl start xrdp.service          //启动xrdp服务
```

```
[wlysy@localhost ~]$ sudo systemctl enable xrdp.service        //加入开机启动
Created symlink /etc/systemd/system/multi-user.target.wants/xrdp.service
→ /usr/lib/systemd/system/xrdp.service.
```

3. 远程桌面连接

在Windows中启动远程桌面连接工具，进行连接配置。

步骤01 使用root用户，单击"连接"按钮，如图8-10所示。

步骤02 在显示的安全提示中，单击"是"按钮，如图8-11所示。

图 8-10

图 8-11

步骤03 在弹出的xrdp对话框中输入root用户对应的登录密码，单击"OK"按钮，如图8-12所示。稍等片刻，就会进入远程桌面环境中，用户可以进行各种管理操作，如图8-13所示。

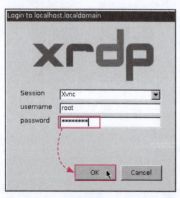

图 8-12

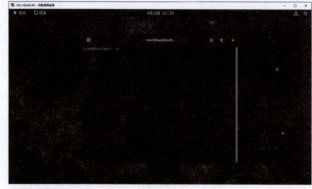

图 8-13

8.3.3 使用第三方工具进行远程桌面连接

RDP一般适用于局域网环境中，如果需要在广域网环境中使用，需要在本地配置端口映射、动态域名等，比较专业且烦琐。此时可以使用第三方的远程桌面工具，进行设置和连接，可以自动进行内网穿透，在便利性和适用性上更具优势。这类第三方的软件比较多，常见的有向日葵、ToDesk等，操作类似。下面以常见的向日葵远程控制为例，介绍使用第三方工具进行远程桌面连接的设置。

1. 向日葵远程控制简介

向日葵远程控制是由Oray公司自主研发的一款免费的远程控制软件，主要面向企业和专业人员进行远程PC管理和控制。与前辈TeamViewer、后起之秀ToDesk远程控制软件一样，无须端口映射，任何可连入互联网的地点，都可以轻松访问和控制安装了远程控制客户端的远程主机。

2. 服务器端配置

在服务器端中下载该软件并进行安装。

步骤01 进入官网，找到并选择"个人"中的"控制电脑"选项，如图8-14所示。

步骤02 在Linux的版本选项中，选择Centos选项卡，单击"点击下载"按钮，如图8-15所示，启动下载。

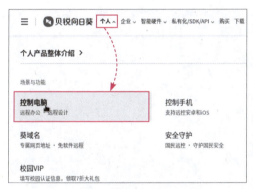

图 8-14

图 8-15

步骤03 直接启动安装会报错"缺少组件"，用户可以手动安装组件。

```
[wlysy@localhost 下载]$ ls                              //在"下载"中启动终端窗口
SunloginClient_15.2.0.63064_x86_64.rpm                  //下载的安装包
[wlysy@localhost 下载]$ sudo rpm -ivh SunloginClient_15.2.0.63064_x86_64.rpm
[sudo] wlysy 的密码：
错误：依赖检测失败：
    libXScrnSaver-devel 被 sunloginclient-15.2.0.63064-1.x86_64 需要
[wlysy@localhost 下载]$ sudo dnf install libXScrnSaver-devel-1.2.3-10.el9.
……                                                     //安装缺少的组件
[wlysy@localhost 下载]$ sudo rpm -ivh SunloginClient_15.2.0.63064_x86_64.rpm
Verifying...                    ################################# [100%]
准备中...                       ################################# [100%]
正在升级/安装...
   1:sunloginclient-15.2.0.63064-1 ################################# [100%]
……                                                     //再次安装就可以正常安装了
```

步骤04 安装完毕，就可以从列表中找到并启动该软件了，如图8-16所示。

步骤05 启动后，记录下设备识别码和验证码，如图8-17所示，并发给远程控制设备。

图 8-16

图 8-17

3. 主控端连接

在主控端输入设备识别码和临时密码，就可以远程控制该设备了，如图8-18所示。

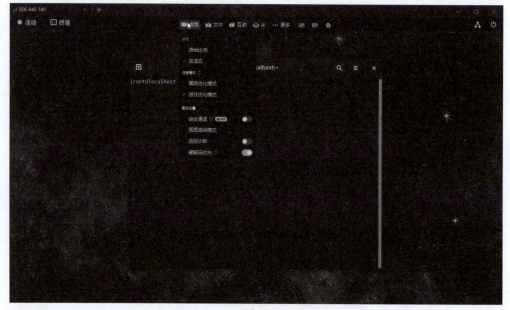

图 8-18

8.4 系统状态的监控

进程的动态监控可以发现系统的一些异常进程，除了进程外，还可以从系统日志、计划任务、系统资源的使用率方面来了解系统的状态，发现异常、排除异常。这也是系统管理员的重要工作之一。

8.4.1 系统日志

在Linux运行过程中产生的错误、故障、运行情况、详细信息等都会被记录在日志中，用户可以通过日志了解系统的运行状态，以便解决出现的故障等。常见的日志文件存储在/var/log目录中，如图8-19所示。

图 8-19

> **知识拓展**
>
> **日志使用小技巧**
>
> 使用日志分析工具，可以更方便地分析和可视化日志数据。配置日志级别，可以根据需要调整日志的详细程度。关注关键日志，如关注系统启动、服务运行、错误等关键日志。

1. 常见的日志及内容

常见的系统自带日志及其内容如以下几项。

- **boot.log**：系统启动信息日志。
- **btmp**：记录Linux登录失败的用户、时间以及远程IP地址。
- **cron**：cron作业执行日志。
- **cpus**：涉及所有打印信息的日志目录。
- **lastlog**：记录所有用户的最新信息。
- **messages**：系统通用日志，记录系统启动、运行时的各种信息，包括内核、守护进程、用户登录等。
- **/var/log/secure**：安全相关的日志，记录用户登录、认证失败、授权等信息。

如果安装了一些服务软件，有些服务软件也会在这里生成对应的日志，如：

- **httpd/error_log**：Apache服务器错误日志。
- **nginx/error.log**：Nginx服务器错误日志。
- **mysql/error.log**：MySQL数据库错误日志。

2. 日志的查看

可以通过前面介绍的命令或文件编辑器查看日志内容，如图8-20所示。

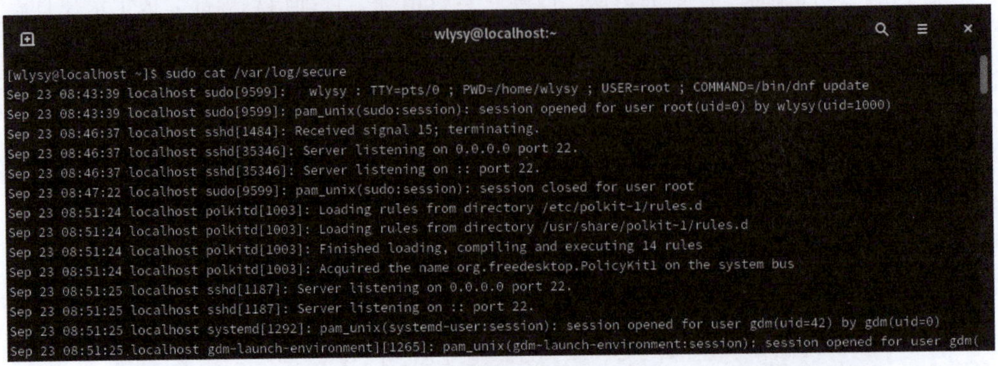

图 8-20

除了直接查看外，还可以使用命令查看一些特殊的日志，例如，查看systemd日志，可以用journalctl命令。

```
[wlysy@localhost ~]$ journalctl -n 10
9月 24 09:36:05 localhost.localdomain sudo[9893]:     wlysy : TTY=pts/0 ;
PWD=/home/wlysy ; USER=root ; COM>
9月 24 09:36:05 localhost.localdomain sudo[9893]: pam_unix(sudo:session):
session opened for user root(uid>
......
[wlysy@localhost ~]$ journalctl --since "2024-09-15"
9月 24 08:31:06 localhost kernel: Linux version 5.14.0-508.el9.x86_64
(mockbuild@x86-05.stream.rdu2.redhat>
9月 24 08:31:06 localhost kernel: The list of certified hardware and cloud
instances for Red Hat Enterpris>
......
```

> **知识拓展**
>
> **日志的筛选**
>
> 在查看日志时，可以通过"grep "关键字" 日志文件"的格式，从日志中筛选出需要的日志内容。也可以通过awk命令处理日志文件，提取特定字段。

3. 日志分析工具的使用

logwatch是一个强大的日志分析工具，可以自动分析系统日志，生成定制化的报告，并通过邮件等方式发送给管理员。它能帮助系统管理员及时发现系统问题，提高系统的安全性。该工具默认没有集成在CentOS Stream 9中，如果用户需要使用，则需要安装。

```
[wlysy@localhost ~]$ sudo dnf install logwatch
[sudo] wlysy 的密码：
上次元数据过期检查：1:01:31 前，执行于 2024年09月24日 星期二 09时05分44秒。
```

```
依赖关系解决。
……
安装:
 logwatch                noarch        7.5.5-6.el9         appstream         460 k
安装依赖关系:
……
[wlysy@localhost ~]$sudo /usr/bin/perl /usr/share/logwatch/scripts/
logwatch.pl
//安装完毕后,测试配置
 ################### Logwatch 7.5.5 (01/22/21) #####################
        Processing Initiated: Tue Sep 24 10:07:59 2024
        Date Range Processed: yesterday
                              ( 2024-Sep-23 )
                              Period is day.
        Detail Level of Output: 0
        Type of Output/Format: stdout / text
        Logfiles for Host: localhost.localdomain
 ##################################################################
 --------------------- dnf-rpm Begin ------------------------
 Packages Installed:
    dbus-x11-1:1.12.20-8.el9.x86_64
    epel-next-release-9-7.el9.noarch
 ……
                                          //配置正确,则会生成一份日志报告
```

logwatch通常会设置为每天自动执行,生成日报。系统会在/etc/cron.daily目录下创建一个脚本,用于每天运行logwatch。logwatch是一个非常实用的日志分析工具,可以帮助系统管理员更好地管理和维护系统。

> **知识拓展**
>
> **日志的安全**
>
> 日志文件对系统非常关键,所以建议只有root用户或具有相应权限的用户才能查看和修改日志文件。对于敏感信息,可以考虑进行加密。还需要定期审计日志,以便及时发现潜在的安全威胁。

4. 清理日志

系统会自动对日志文件进行轮转,以防止日志文件过大。用户也可以手动清理日志,删除日志前请谨慎,以免丢失重要信息。用户也可以用rm命令删除日志文件。

8.4.2 管理任务计划

任务计划也称为定时任务,是指在特定的时间或时间间隔自动执行一些命令或脚本的功能。这在系统维护、数据备份、自动化操作等方面非常有用。在CentOS Stream 9中,最常用的任务计划工具是crontab。使用该命令可以创建、查看、删除计划任务。

首先使用crontab -e命令进入计划编辑界面：

```
[wlysy@localhost ~]$ crontab -e
```

在计划文档中输入要定时执行的任务，格式为"＊＊＊＊＊command to be executed"，其中的含义是：

分钟（0～59）、小时（0～23）、日（1～31）、月（1～12）、星期（0～7，0/7表示星期日）。

例如每天凌晨3点执行备份的脚本，则输入如下内容：

```
0 3 * * * /path/to/your/backup.sh
```

完成后保存并退出，使用命令查看当前用户的计划任务：

```
[wlysy@localhost ~]$ crontab -l
0 3 * * * /path/to/your/backup.sh
```

如果要删除计划任务，可以使用crontab -r命令。

```
[wlysy@localhost ~]$ crontab -l
0 3 * * * /path/to/your/backup.sh
[wlysy@localhost ~]$ crontab -r
[wlysy@localhost ~]$ crontab -l
no crontab for wlysy                              //该用户已经没有计划任务了
```

> **知识拓展**
>
> **计划任务的注意事项**
>
> 确保命令中的路径是正确的。确保cron执行的脚本或命令有足够的权限。如果脚本有输出，可以将输出重定向到日志文件。cron执行的任务可能没有与交互式登录相同的环境变量，需要根据情况设置。

8.4.3 服务的查看与管理

服务（Service）是常驻系统中提供特定功能的应用程序（Deamon），一般认为Service和deamon是相同的。init是UNIX和类UNIX系统中用来产生其他所有进程的程序。init的进程号为1。systemd是负责init工作的一套程序，提供守护进程、程序库和应用软件等。目前绝大多数Linux发行版采用systemd代替init程序。systemd将deamon统称为服务单元（unit），不同的服务单元按功能分为不同类型。常见的基本类型包括系统服务、数据监听、socket、存储系统等类型。

可以使用"systemctl list-units"命令列出当前系统中正在运行的服务，执行效果如图8-21所示。

图 8-21

使用systemctl list-unit-files命令列出服务文件，执行效果如图8-22所示。

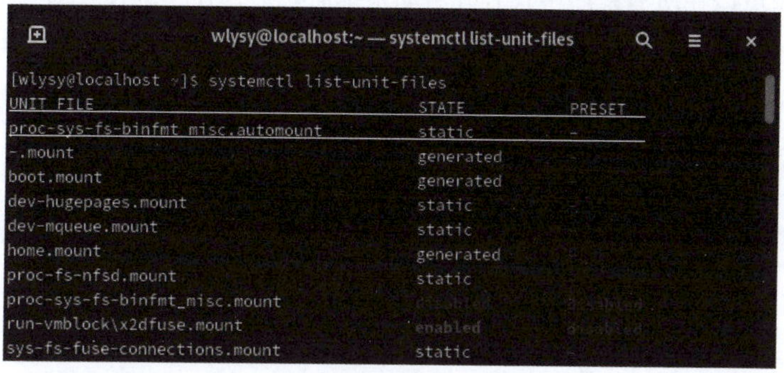

图 8-22

8.4.4 系统资源的监控

监控系统资源的使用情况，迅速掌握系统中硬件的使用情况，对于系统管理员来说是必不可少的技能。

1. 使用命令查看系统资源

使用命令查看系统资源一般是在终端窗口或虚拟控制台中使用。可以使用free命令查看内存的使用情况，如图8-23所示。可以从中查看系统物理内存的总大小、使用情况、剩余情况、共享内存、缓存以及高速缓存的使用情况等。

图 8-23

如果要查看系统的负载情况，可以使用uptime命令或vmstat命令。uptime命令用于显示系统的运行时间、当前登录用户数以及系统在过去1分钟、5分钟、15分钟内的平均负载。vmstat命令用于显示系统的虚拟内存统计信息。它可以提供关于进程、内存、交换分区、I/O 块设备、中断和上下文切换等信息。如图8-24所示。

图 8-24

2. 图形环境中查看系统资源

CentOS Stream 9在图形界面中提供了系统监视器，可以方便地了解系统的性能和使用状况，用户可以在所有程序中找到并启动系统监视器，在"进程"选项组中可以查看当前系统中运行的进程以及进程的信息，可以在此停止进程，如图8-25所示。

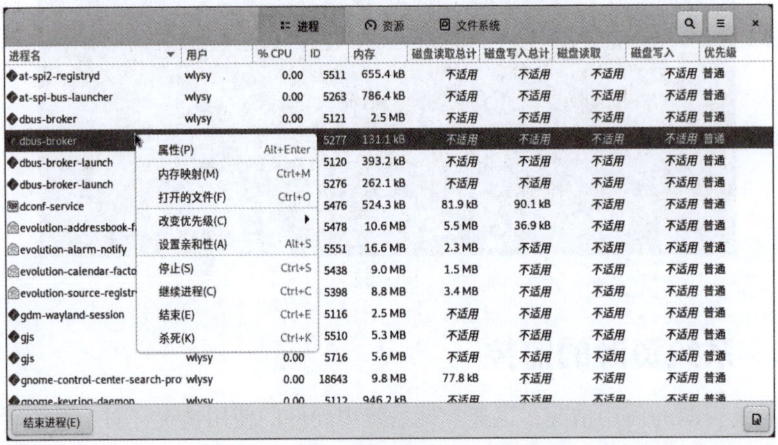

图 8-25

在"资源"选项组中，可以查看到当前CPU的使用率、内存的使用情况和网络的使用情况，如图8-26所示。

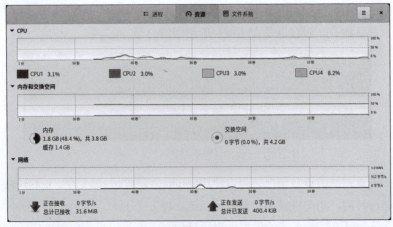

图 8-26

在"文件系统"选项卡中，可以查看当前系统硬盘的使用情况，相对于"磁盘"管理程序，更偏重于监控，功能较少，但更加直观，如图8-27所示。

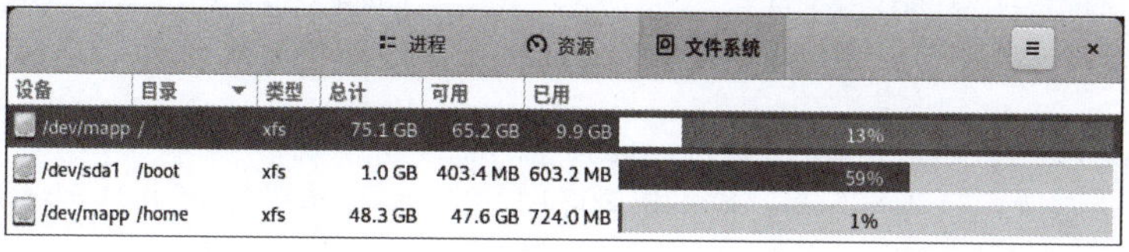

设备	目录	类型	总计	可用	已用	
/dev/mapp	/	xfs	75.1 GB	65.2 GB	9.9 GB	13%
/dev/sda1	/boot	xfs	1.0 GB	403.4 MB	603.2 MB	59%
/dev/mapp	/home	xfs	48.3 GB	47.6 GB	724.0 MB	1%

图 8-27

知识延伸：Linux杀毒工具的使用

在实际应用中，计算机经常会受到病毒、木马等恶意程序的威胁，因此会使用各种防毒、杀毒工具来进行抵御。虽然Linux安全性较高，但也不能忽视安全问题，所以很多用户会使用ClamAV来保护系统。

1. ClamAV 简介

ClamAV是Linux平台最受欢迎的杀毒软件之一。ClamAV属于免费开源产品，支持多种平台，如Linux/UNIX、macOS X、Windows、OpenVMS。ClamAV是基于病毒扫描的命令行工具，同时也有支持图形界面的ClamTK工具。

该工具的所有操作都通过命令行来执行，高性能扫描实际是可以很好利用CPU资源的多线程扫描工具。ClamAV可以扫描多种文件格式，并扫描压缩包中的文件，其支持多种签名语言，还可以作为邮件网关的扫描器使用。

2. 安装与更新

默认情况下ClamAV并没有集成在系统中，如果要使用，需要先进行安装，安装完毕后，需要更新其病毒库及病毒样本特征，才能扫描出最新的病毒。可以像安装软件一样安装ClamAV，安装之前需要添加EPEL源。另外为了升级，还需要安装clamav-update，安装的执行效果如下：

```
[wlysy@localhost ~]$ sudo dnf install clamav
[sudo] wlysy 的密码：
上次元数据过期检查：2:28:14 前，执行于 2024年09月24日 星期二 09时05分44秒。
依赖关系解决。
================================================================
 软件包                架构          版本              仓库        大小
================================================================
安装:
 clamav                x86_64        1.0.7-1.el9       epel        316 k
安装依赖关系:
 clamav-data           noarch        1.0.7-1.el9       epel        223 M
 clamav-filesystem     noarch        1.0.7-1.el9       epel         18 k
 clamav-lib            x86_64        1.0.7-1.el9       epel        2.3 M
```

```
......
已安装：
  clamav-1.0.7-1.el9.x86_64                    clamav-data-1.0.7-1.el9.noarch
  clamav-filesystem-1.0.7-1.el9.noarch          clamav-lib-1.0.7-1.el9.x86_64
完毕！
[wlysy@localhost ~]$ sudo dnf install clamav-update
上次元数据过期检查: 2:32:59 前，执行于 2024年09月24日 星期二 09时05分44秒。
依赖关系解决。
================================================================================
 软件包                  架构         版本             仓库            大小
================================================================================
安装:
 clamav-freshclam        x86_64       1.0.7-1.el9      epel            96 k
......
已安装：
  clamav-freshclam-1.0.7-1.el9.x86_64
完毕！
```

安装完毕后就可以升级病毒库了。如果正在运行该服务，则需要在升级病毒库前关闭ClamAV的服务，然后才能升级，执行效果如下：

```
[wlysy@localhost ~]$ sudo freshclam                                //执行升级
ClamAV update process started at Tue Sep 24 11:40:23 2024
daily database available for update (local version: 27388, remote
version: 27407)
Current database is 19 versions behind.
Downloading database patch # 27389...                              //下载升级包
Time:   21.7s, ETA:    0.0s [==========================>]
6.33KiB/6.33KiB
......
Testing database: '/var/lib/clamav/tmp.572fde3f35/clamav-
cbe97bba38c18b1a44f63079cd808cca.tmp-daily.cld' ...
Database test passed.
daily.cld updated (version: 27407, sigs: 2066994, f-level: 90, builder:
raynman)
main.cvd database is up-to-date (version: 62, sigs: 6647427, f-level: 90,
builder: sigmgr)
bytecode.cvd database is up-to-date (version: 335, sigs: 86, f-level: 90,
builder: raynman)                                                  //升级成功
[wlysy@localhost ~]$ sudo systemctl start clamav-freshclam.service //启动服务
[wlysy@localhost ~]$ sudo systemctl enable clamav-freshclam.service //开机启动
Created symlink /etc/systemd/system/multi-user.target.wants/clamav-
freshclam.service → /usr/lib/systemd/system/clamav-freshclam.service.
[wlysy@localhost ~]$ sudo systemctl status clamav-freshclam.service //查看状态
● clamav-freshclam.service - ClamAV virus database updater
     Loaded: loaded (/usr/lib/systemd/system/clamav-freshclam.service; enabled;>
     Active: active (running) since Tue 2024-09-24 13:21:22 CST; 13s ago
......                                                             //正常运行
```

ClamAV的进阶用法

ClamAV可以作为守护进程运行,实时监控文件系统。ClamAV可以集成到邮件服务器、文件服务器等,提供实时的病毒防护。可以编写更复杂的脚本,实现定制化的扫描需求。

3. 查杀病毒

对指定目录进行查杀,执行效果如下,如果要对指定目录及其下级目录进行查杀,则需要使用"-r"选项。

```
[wlysy@localhost ~]$ clamscan -r /home/wlysy/
Loading:      13s, ETA:     0s [=========================>]      8.70M/8.70M sigs
Compiling:     3s, ETA:     0s [=========================>]         41/41 tasks
/home/wlysy/.mozilla/firefox/b0zv9unk.default-default/times.json: OK
/home/wlysy/.mozilla/firefox/b0zv9unk.default-default/.parentlock: Empty file
/home/wlysy/.mozilla/firefox/b0zv9unk.default-default/compatibility.ini: OK
/home/wlysy/.mozilla/firefox/b0zv9unk.default-default/cookies.sqlite: OK
……
/home/wlysy/.viminfo: OK
----------- SCAN SUMMARY -----------          //查杀报告
Known viruses: 8698793
Engine version: 1.0.7
Scanned directories: 385
Scanned files: 3410
Infected files: 0
Data scanned: 375.96 MB
Data read: 320.87 MB (ratio 1.17:1)
Time: 59.504 sec (0 m 59 s)
Start Date: 2024:09:24 13:23:50
End Date:   2024:09:24 13:24:50
```

除了针对目录外,还可以针对某文件进行查杀,如果需要在查出病毒后删除该文件,则需要加上"--remove",执行效果如下:

```
[wlysy@localhost ~]$ clamscan --remove update_mirror.pl
Loading:      13s, ETA:     0s [=========================>]      8.70M/8.70M sigs
Compiling:     3s, ETA:     0s [=========================>]         41/41 tasks
/home/wlysy/update_mirror.pl: OK
----------- SCAN SUMMARY -----------
Known viruses: 8698793
……
```

使用ClamAV时的注意事项

请保持病毒库是最新的,才能有效地检测新出现的病毒。在删除感染文件之前,务必备份重要数据。ClamAV 可能存在误报的情况,需要仔细分析扫描结果。

第9章 Shell编程

前面介绍了Shell的基础知识,大部分Linux使用的Shell环境是Bash。在Linux的学习中,除了了解Linux的基本操作外,还可以通过Shell编程来创建Shell的脚本,通过脚本实现一些用户的个性化需要。本章将向读者介绍Shell编程的相关知识。

重点难点

- Shell编程简介
- Shell编程基础
- Shell控制结构
- Shell函数
- Shell条件测试

9.1 Shell编程简介

通过Shell编程可以创建Shell脚本。通过脚本可以实现Linux操作系统中的功能、操作和维护的自动化，减少管理员的重复工作，提高运维人员的工作效率。下面介绍Shell编程和Shell脚本的相关概念。

9.1.1 认识Shell编程

Shell编程是一种脚本编程语言，主要用于在操作系统的命令行环境中编写程序。它是解释执行的语言，通过编写一系列的命令和脚本来自动化实现任务和管理操作系统。Shell编程可以运行在各种UNIX和类UNIX操作系统中，如Linux、macOS X、Solaris等，也可以在Windows系统中通过一些特定的工具和软件实现。Shell编程与操作系统紧密结合，可以调用操作系统提供的各种工具、命令和系统函数，实现批处理任务、系统管理、网络编程、自动化测试等多种功能。

Shell本身就是一个命令解释器，合并了编程语言以控制进程和文件，以及启动和控制其他程序。它通过提示用户输入、向操作系统解释该输入、处理来自操作系统的任何结果输出来管理用户与操作系统之间的交互。Shell编程语言提供一种脚本化编程的方式，支持变量和数据类型的定义、条件判断与循环结构、输入和输出的重定向功能。这些特性使其成为系统管理员和开发人员的常用工具，广泛应用于自动化管理和脚本编写等任务之中。常见的Shell编程语言包括Bash（Bourne Again Shell）、csh（C Shell）、ksh（Korn Shell）等，它们在语法和功能上略有不同，但都是基于Shell的基本概念和特性进行扩展和改进的。

9.1.2 认识Shell脚本

通常在终端中进行操作都是一行一行输入命令，每输入一行命令，执行后根据结果再输入下一行命令。这种操作在简单使用或单次使用中没什么问题，但是如果需要进行复杂的工作，或是多次进行重复的操作就比较费时费力。这些情况下可以把要执行的操作命令写到一个文件中，让Shell读取文件，然后执行其中的命令，这就是Shell脚本。Shell脚本的编写和其他脚本语言编写程序很像，也支持变量、数组、条件选择、循环、函数、模块化等功能。

Shell脚本比Windows中的批处理更强大，比用其他编程工具编写的程序效率更高，它使用Linux/UNIX中的命令，不用编译即可运行。

Shell脚本本身就是一个文本文件，扩展名通常为".sh"，用户可以使用文本编辑器编辑或者创建Shell脚本。每个Shell脚本的第一行通常是"#!/bin/bash"或者"#!/bin/sh"，用于指定脚本使用的Shell解释器。

用户可以手动创建一个Shell脚本文件：

```
[wlysy@localhost ~]$ vim test.sh
```

在其中编写一个简单的脚本:

```
#!/bin/bash
echo "Hello, World!"
```

保存并退出后,该脚本编写完毕。

set -e语句

在很多Shell脚本中经常在较靠前位置看到 set -e 语句,它的作用是如果后面的命令执行遇到错误就立即退出脚本执行。

9.1.3 Shell脚本的运行

Shell脚本的运行方式主要有以下三种。

1. 为脚本添加可执行权限

通过添加可执行权限,当前的用户就可以实现Shell脚本的解释执行。

```
[wlysy@localhost ~]$ ls
公共  模板  视频  图片  文档  下载  音乐  桌面  test.sh       //普通文件(白色)
[wlysy@localhost ~]$ sudo chmod a+x test.sh                  //所有用户添加可执行权限
[sudo] wlysy 的密码:
[wlysy@localhost ~]$ ls
公共  模板  视频  图片  文档  下载  音乐  桌面  test.sh       //可执行文件(绿色)
[wlysy@localhost ~]$ ./test.sh                               //通过相对路径执行
Hello, World!                                                //正常输出结果
[wlysy@localhost ~]$ /home/wlysy/test.sh                     //通过绝对路径执行
Hello, World!                                                //正常输出结果
```

注意事项 执行注意事项

使用本方法执行Shell脚本,需要指定脚本路径,可以是相对路径,也可以是绝对路径。如本例相对路径使用了"./",如果没有指定,Linux会根据执行方法,到系统路径中查找test.sh,因为没有该文件所以会输出错误提示,所以需要特别注意。

2. 使用解释程序命令执行

可以使用bash或sh命令执行Shell脚本,两者都是Linux常见的解释程序。

```
[wlysy@localhost ~]$ bash test.sh
Hello, World!
[wlysy@localhost ~]$ sh test.sh
Hello, World!
```

知识拓展

使用输入重定向执行

除了直接执行外,还可以使用输入重定向来执行脚本:

```
[wlysy@localhost ~]$ bash < test.sh
Hello, World!
```

3. 使用 source 命令执行

source命令是Shell内置命令的一种,会读取脚本文件中的代码,并依次执行所有的语句和命令,且不用提前修改文件的权限。命令格式为"source 文件名",可以简写为".空格 文件名"。

```
[wlysy@localhost ~]$ source test.sh               //使用相对路径
Hello, World!
[wlysy@localhost ~]$ source /home/wlysy/test.sh   //使用绝对路径
Hello, World!
[wlysy@localhost ~]$ . test.sh                    //简写,注意空格
Hello, World!
[wlysy@localhost ~]$ . ./test.sh                  //简写结合路径
Hello, World!
```

以上几种方法存在一定的区别,前两种是在新进程中运行Shell脚本,最后一种方法是在当前进程中运行Shell脚本。

9.2 Shell编程基础

学习一门编程语言,首先要学习的内容就是该门语言的基础规则,只有掌握了规则后才能自由创作,Shell也是如此。下面着重介绍Shell编程的基础知识。

9.2.1 Shell变量

程序及数据是存储在内存空间里的,程序运行时,该内存空间的值是变化的,所以这个内存空间被称为变量。为了方便操作,为这个内存空间命令,就叫作变量名。也就是用固定的变量名表示不固定的值。在Shell中,共有以下3种比较常见的变量。

1. 环境变量

环境变量也被称为全局变量,可以在创建这些变量的Shell及其衍生出来的任意子进程Shell中使用。一般使用大写字母作为变量名。可以使用export命令显示所有已定义的环境变量。该命令还可以创建和修改变量。

```
[wlysy@localhost ~]$ export | grep PATH   //显示所有已定义的环境变量,筛选PATH
declare -x MANPATH="/usr/share/man:"
declare -x MODULEPATH="/etc/scl/modulefiles:/etc/scl/modulefiles:/usr/
```

```
share/Modules/modulefiles:/etc/modulefiles:/usr/share/modulefiles"
declare -x MODULES_RUN_QUARANTINE="LD_LIBRARY_PATH LD_PRELOAD"
declare -x PATH="/home/wlysy/.local/bin:/home/wlysy/bin:/usr/share/
Modules/bin:/usr/local/bin:/usr/local/sbin:/usr/bin:/usr/sbin"
declare -x __MODULES_SHARE_MANPATH=":1"
[wlysy@localhost ~]$ echo $PATH              //显示当前Shell的PATH环境变量
/home/wlysy/.local/bin:/home/wlysy/bin:/usr/share/Modules/bin:/usr/local/
bin:/usr/local/sbin:/usr/bin:/usr/sbin
```

2. 预定义变量

预定义变量也被称为内置变量，是Bash中定义好的变量，作用也是固定的，可以在Shell中直接使用。预定义变量包含位置变量，预定义变量的说明见表9-1。

表 9-1

预定义变量	功能
$0	脚本名，Shell本身的文件名
$*	所有的参数列表，以"$1$2…$n"的形式输出所有参数
$@	输出所有参数，每个参数作为一个单独的字符串
$#	参数的个数，添加到Shell
$$	Shell本身的PID
$!	Shell最后运行的后台进程的PID
$?	上一个命令的返回状态，0表示成功，非0表示失败
$-	使用Set命令设定的标志一览
$1-$n	添加到Shell的各参数值。$1是第一个参数，$2是第2个参数……

可以通过创建脚本来显示这些常见的内置变量，脚本代码如下：

```
#!/bin/bash
printf '$$ is %s\n' "$$"
printf '$! is %s\n' "$!"
printf '$? is %s\n' "$?"
printf '$- is %s\n' "$-"
printf '$* is %s\n' "$*"
printf '$@ is %s\n' "$@"
printf '$# is %s\n' "$#"
printf '$0 is %s\n' "$0"
printf '$1 is %s\n' "$1"
printf '$2 is %s\n' "$2"
```

执行后，显示的内容如下：

```
[wlysy@localhost ~]$ bash test1.sh a b       //a、b是传递给test1.sh的两个参数
$$ is 12900                                  //当前脚本运行时的PID为12900
$! is                                        //这里为空，说明在执行脚本时没有后台任务
```

```
$? is 0                                     //0 表示上一个命令成功执行
$- is hB            //显示当前Shell的选项, h:历史扩展功能开启, B:忽略后台作业
$* is a b           //将所有位置参数作为一个整体输出。这里虽然没有显式地传递参数,但由于
                    //前面可能有一些未显示的输出,导致 $* 被赋值为 "a b"。
$@ is a                                     //显示参数a
$@ is b                                     //显示参数b
$# is 2                                     //参数的个数为2
$0 is test1.sh                              //脚本本身的文件名
$1 is a                                     //第一个参数为a
$2 is b                                     //第二个参数为b
```

3. 自定义变量

可以理解为局部变量或者普通变量,只能在创建它们的Shell函数或脚本中使用(在当前Shell实例中有效)。用户变量一般使用小写字母来命名,用法见表9-2。

表 9-2

定义自定义变量	变量名=变量值。变量名必须以字母或下画线开头,区分字母大小写,不能使用Shell关键字
使用自定义变量	$变量名
查看自定义变量	echo $变量名
取消自定义变量	unset 变量名

9.2.2 变量的定义与访问

变量的定义其实就是变量的赋值,并可以设置变量的类型,而访问就是使用该变量。

1. 变量的赋值

变量赋值时不需要指明类型,直接赋值即可。默认每一个变量的值都是字符串,无论赋值是否添加了引号,都会以字符串的形式存储。使用declare关键字可以显式声明变量的类型。变量的赋值方式有很多,最常用的就是直接赋值。

直接为变量赋值的格式是"变量名=变量值",如var="Hello World!"。注意"="两侧不能有空格,这与常见的编程语言有所不同。如果变量值不包含空字符,也可以不使用引号。

```
[wlysy@localhost ~]$ test=goodmorning              //直接赋值
[wlysy@localhost ~]$ echo $test
goodmorning
[wlysy@localhost ~]$ test="goodmorning"            //使用双引号
[wlysy@localhost ~]$ echo $test
goodmorning
[wlysy@localhost ~]$ test='goodmorning'            //使用单引号
[wlysy@localhost ~]$ echo $test
goodmorning
```

```
[wlysy@localhost ~]$ test=good morning        //如果包含空字符，必须使用引号
bash: morning: 未找到命令...
```

2. 变量的访问

前面介绍赋值时，使用"echo $test"输出变量test的值，此时的"$test"就是获取当前test的值。如果要再次为test赋值，仍然使用"变量名=变量值"。在访问时，为了帮助解释程序准确地识别变量的边界，可以为变量名加上"{}"。

```
[wlysy@localhost ~]$ test=goodevening                    //重新赋值
[wlysy@localhost ~]$ echo $test
goodevening
[wlysy@localhost ~]$ test=Shell                          //再次赋值
[wlysy@localhost ~]$ echo "It's a $test Script file"     //变量独立，容易识别
It's a Shell Script file
[wlysy@localhost ~]$ echo "It's a ${test}Script file"    //在句子中使用{}
It's a ShellScript file
[wlysy@localhost ~]$ echo "It's a $testScript file"
It's a  file    //如果未带，则解释程序将$testScript识别为变量，为空，所以不显示
```

3. 引号的使用

前面介绍变量的赋值时，使用了单引号和双引号，其实还有"`"反引号（位于Esc下方的按键），三者的使用规则如下。

（1）单引号。单引号标识变量会直接输出，即使里面有变量或命令也不会考虑，比较适合定义显示纯字符串。

（2）双引号。双引号标识变量，在输出时不会直接输出，会先解析里面的变量和命令。

```
[wlysy@localhost ~]$ test=goodafternoon        //赋值
[wlysy@localhost ~]$ echo 'hello $test'        //单引号，直接输出
hello $test
[wlysy@localhost ~]$ echo "hello $test"        //双引号，需要先解析变量
hello goodafternoon
```

（3）反引号。反引号主要用于命令的替换。

```
[wlysy@localhost ~]$ test='hello $test'        //单引号赋值
[wlysy@localhost ~]$ echo $test
hello $test                                    //直接输出
[wlysy@localhost ~]$ test="hello $test"        //双引号赋值，赋值时会先解析
//$test，此时的值为hello $test，不会再解析，然后前面还有个hello再赋值
[wlysy@localhost ~]$ echo $test
hello hello $test
[wlysy@localhost ~]$ test="hello `echo $test`" //先运行反引号的公式，其中输
//出的值就是上面的内容，然后再加上一个hello，赋值给test
[wlysy@localhost ~]$ echo $test
hello hello hello $test
```

printf支持格式化输出，默认没有换行，如果需要，则添加"\n"。

```
[wlysy@localhost ~]$ printf "$test World!"
hello World![wlysy@localhost ~]$ printf "$test World! \n"  //直接输出为未换行
hello World!                                               //输出后换行
[wlysy@localhost ~]$
```

9.2.3　Shell数组

和其他编程语言一样，Shell也支持数组，数组可以用于存放多个值。但Bash Shell只支持一维数组。初始化时无须定义数组大小，元素索引从0开始。数组的定义格式如下：

`array_name=(value1 value2 ……)`

> **知识拓展**
>
> **使用索引定义数组**
>
> 也可以使用索引定义数组：array_name[0]=value1，array_name[1]=value2……。

常见的数组元素的访问格式和功能见表9-3。

表9-3

访问格式	功能
${array_name[index]}	读取数组元素
${array_name[@]}	获取数组中的所有元素
${array_name[*]}	获取数组中的所有元素
${#array_name[@]}	获取数组长度
${#array_name[*]}	获取数组长度

```
[wlysy@localhost ~]$ arraytest=(a b c)                      //定义数组
[wlysy@localhost ~]$ echo "First is ${arraytest[0]}"        //输出数组第一个元素
First is a
[wlysy@localhost ~]$ echo "Second is ${arraytest[1]}"       //输出数组第二个元素
Second is b
[wlysy@localhost ~]$ echo "Last is ${arraytest[2]}"         //输出数组最后一个元素
Last is c
[wlysy@localhost ~]$ echo ${arraytest[@]}                   //显示数组中全部元素
a b c
[wlysy@localhost ~]$ echo ${arraytest[*]}                   //显示数组中全部元素
a b c
[wlysy@localhost ~]$ echo ${#arraytest[@]}                  //统计数组的长度
3
[wlysy@localhost ~]$ echo ${#arraytest[*]}                  //统计数组的长度
3
```

9.2.4 Shell表达式

Shell表达式和其他语言的表达式差别较大：Shell不会自动计算表达式的值，需要使用命令计算。另外，Shell可以使用的命令及别名较多，用法也不相同，用法严格且容易混淆。下面介绍一些常见的表达式的使用方法。

1. 算术表达式

经常使用expr命令来求值，但格式比较难掌握。建议初学者使用以下的表达式来计算：

```
[wlysy@localhost ~]$ echo $[3*7]                    //需要使用$[]
21
[wlysy@localhost ~]$ echo $((90/5))                 //需要使用$(())
18
```

2. 逻辑表达式

Shell不会自动求解逻辑表达式的值，读者可以使用"[]"和"(())"等命令来计算逻辑表达式的值。"[]"是test命令的别名，要求较严格。"(())"是"[]"的增强版，支持采用与C语言较为类似的运算符，比较友好。

9.3 Shell控制结构

Shell的控制结构中包含分支结构和循环结构两类，下面详细介绍其中具有代表性的语句及用法。

9.3.1 分支结构：if语句

单if语句的格式为：

```
if condition
then
    语句
fi                                                  //使用fi结尾
```

condition是条件判断语句，当条件判断为true，则执行then后的语句。与其他语言存在较大区别。在condition中需要包含逻辑表达式指定运算命令。在实践中，一般用"(())"或"[]"来计算逻辑表达式的值，对于初学者，建议使用"(())"。也可以将then和if放在一行，格式为：

```
if condition; then
    语句
fi
```

if也可以和else配合使用，组成双分支语句，当condition为false时，执行else后面的语句。而且对于简单的例子，所有代码都可以写在一行中：

```
[wlysy@localhost ~]$ if ((3>2));then echo "very good";else echo "sorry";fi
very good
[wlysy@localhost ~]$ if ((3<2));then echo "very good";else echo "sorry";fi
sorry
```

Shell也支持多分支if语句，可以嵌套判断，其他的条件前需要使用elif，下面编写一个简单的判断输入，得出对应等级的例子。脚本内容如下：

```
#!/bin/bash
read score                                          //从键盘输入变量的值
if (($score>=0 && $score<60)); then                 //当输入的值小于60
    echo "C"                                        //输出等级为C
elif (($score>=60 && $score<90)); then              //范围为60~89
    echo "B"
elif (($score>=90 && $score<=100)); then            //范围为90~100
    echo "A"
else                                                //其他的输入值
    echo "输入有误"                                  //提示输入有误
fi                                                  //语句结束
```

脚本编写完成就可以执行了，执行效果如下：

```
[wlysy@localhost ~]$ . test1.sh
50
C
[wlysy@localhost ~]$ . test1.sh
95
A
[wlysy@localhost ~]$ . test1.sh
120
输入有误
```

9.3.2 分支结构：case语句

case语句相当于多分支if语句，但要比其更加简洁、工整。下面用case语句编写一个查看系统信息的脚本：

```
#!/bin/bash
echo "请选择操作："
echo "1. 查看系统信息"
echo "2. 退出"                                      //列出三行说明
read choice                                         //从键盘获取输入，赋予变量
case $choice in
    1)                                              //如果变量值等于1
        echo "正在查看系统信息..."                    //输出内容
```

```
        uname -a                              //执行命令
        ;;                                    //用";;"停止
    2)
        echo "退出脚本"
        exit 0
        ;;
    *)                                        //如果都不满足,执行"*)"后面的语句
        echo "无效选项"
        ;;
esac
```

执行的效果如下：

```
[wlysy@localhost ~]$ vim test2.sh
[wlysy@localhost ~]$ . test2.sh
请选择操作：
1. 查看系统信息
2. 退出
1
正在查看系统信息...
Linux localhost.localdomain 5.14.0-511.el9.x86_64 #1 SMP PREEMPT_DYNAMIC
Thu Sep 19 06:52:39 UTC 2024 x86_64 x86_64 x86_64 GNU/Linux
```

9.3.3 循环结构：for语句

for循环语句通常用于明确知道重复执行次数的情况，将循环次数通过变量预先定义好，实现使用计数方式控制循环，但不能用于守护进程及无线循环。Shell的for循环有以下两种使用形式。

（1）C语言风格的for循环。该风格的for循环语法格式如下：

```
for ((exp1; exp2; exp3))
do
    语句
done
```

其中exp1只在第一次循环时执行，也就是初始化语句。exp2一般是一个表达式，决定是否还要继续下次循环，也被称为"循环条件"。exp3一般是一个带有自增或自减的运算表达式，使循环逐渐变得"不成立"。这3个参数都是可选项，可以省略但";"必须保留。do和done是必须要有的关键字。例如计算1～100的和，脚本如下：

```
#!/bin/bash
sum=0                                         //赋予变量sum初始值0
for ((i=1;i<=100;i++))                        //用i控制语句循环,这里是1～100
do
    ((sum += i))                              //每次循环为sum加上此时i的值
done
```

```
echo 结果为:$sum                              //输出结果
```

执行结果如下:

```
[wlysy@localhost ~]$ vim test3.sh
[wlysy@localhost ~]$ . test3.sh
结果为:5050
```

(2)Python语言风格的for循环。该风格的for循环语法格式如下:

```
for variable in value_list
do
    语句
done
```

其中variable为变量,value_list为取值列表,in是关键字,每次循环从value_list中取出一个值赋予变量,然后执行循环体中的语句,直到取完value_list中所有的值后,循环才会退出。上面的例子修改如下:

```
#!/bin/bash
sum=0
for i in {1..100}
do
    sum=$((sum + i))
done
echo "结果为: $sum"
```

9.3.4 循环结构:while语句和until语句

while语句和until语句都是用于不断执行一系列命令,while是直到判断条件为false时终止循环,而until语句是直到判断条件为true时才终止循环。

while循环语句的语法格式如下:

```
while condition
do
    语句
done
```

until循环语句的语法格式如下:

```
until condition
do
    语句
done
```

注意事项 保证能退出循环

在循环体中必须有语句修改condition的值,以保证最终退出循环。

while语句的常见用法如下:

```
#!/bin/bash
sum=0
i=1                                              //初始化变量sum,用于存储累加的结果
                                                 //初始化计数器i,从1开始
while ((i<=100));                                //当i小于等于100时,一直循环
do
    sum=$((sum + i))                             //将i加到sum中
    ((i++))                                      //计数器i加1
done
echo "1到100的和为: $sum"
```

输出结果为:

```
[wlysy@localhost ~]$ . test6.sh
1到100的和为: 5050
```

使用until语句也可以实现该功能,脚本内容如下:

```
#!/bin/bash
sum=0
i=1
until ((i>100))                                  //当i超过100时,停止循环
do
    sum=$((sum + i))
    ((i++))
done
echo "1到100的和为: $sum"
```

执行结果为:

```
[wlysy@localhost ~]$ . test6.sh
1到100的和为: 5050
```

9.4 Shell函数

Shell函数类似于其他编程语言中的函数,它是一段可以重复使用的代码块,用于完成特定的任务。通过定义函数,可以将复杂的脚本分解为更小的、可管理的模块,提高代码的可读性、可维护性和复用性。

> **知识拓展**
>
> **函数和脚本的区别**
>
> 脚本是一系列命令的集合,而函数是脚本中的一个子程序,脚本可以包含多个函数。

9.4.1 Shell函数的定义

Shell函数在使用前必须先定义，Shell函数定义的语法格式如下：

```
[function] 函数名(){
    语句序列
    [return 返回值]
}
```

其中的function是Shell函数定义的关键字，{}中的内容为函数体，内容为语句序列。当调用函数时，实际就是执行函数体中的语句序列。return也是Shell关键字，"return 返回值"表示返回的函数值，当然如果不需要返回函数值，也可以省略。

> **知识拓展**
>
> **省略**
>
> 定义函数时，可以省略function，其他内容不变。如果带上function，函数名后的"()"可以省略。

如创建一个输出问候的脚本，在其中使用Shell函数：

```
#!/bin/bash
function greet() {                                          //定义函数
    echo "Hello, world!"
}
greet                                                       //调用函数
```

执行后结果如下：

```
[wlysy@localhost ~]$ . test6.sh                             //执行脚本
Hello, world!
[wlysy@localhost ~]$ greet                                  //执行后直接调用
Hello, world!
```

9.4.2 Shell函数的调用

Shell函数的调用根据是否传递参数分为两类，一类是不传递参数，直接给出函数名，调用方法是直接输入函数名；另一种是需要传递参数，函数后加上参数列表，参数之间以空格分隔。调用的形式就是"函数名 参数1 参数2……"。

> **注意事项** Shell函数的调用
>
> 在调用时函数后面不需要括号，另外在函数定义时不能指明参数，但在调用时可以传递参数。

Shell函数参数也属于位置参数的一种，可以使用$n在函数内部接收调用时传递参数，如$1代表第一个参数，$2代表第二个参数……。另外还可以使用$#获取传递参数的个数，通过$@或$*获取所有参数。

```bash
#!/bin/bash
function sum() {                                          //函数定义
    result=$(( $1 + $2 ))
    echo "The sum of $1 and $2 is: $result"
}
sum 5 3                                                   //函数调用
```

这个脚本定义了一个名为sum的函数，用于计算两个数之和。函数中使用了$(( ))这种算术表达式进行加法运算。脚本执行效果如下：

```
[wlysy@localhost ~]$ . test6.sh
The sum of 5 and 3 is: 8
```

如果想要使用$@接收多个参数，可以使用以下脚本：

```bash
#!/bin/bash
function multiply {
    result=1                //初始化一个变量 result，用于存储最终的乘积，初始值为1
    for num in "$@"; do
        result=$(( result * num ))     //在每次循环中，将result与当前遍历到的
//数字num相乘，并将结果重新赋值给result
    done
    echo "The product is: $result"
}
multiply 2 3 4 5                                          //调用函数，传入多个参数
```

这里是一个计算多个数值参数乘积的Shell函数脚本，使用$@来接收所有传入的参数，执行效果如下：

```
[wlysy@localhost ~]$ . test6.sh
The product is: 120
```

9.4.3　Shell函数的返回值

Shell函数的返回值通常用来表示函数执行的结果或状态。虽然Shell函数不像其他编程语言那样可以返回任意类型的数据，但它可以通过以下几种方式来传递信息。

（1）return语句。返回一个整数，通常用来表示函数的执行状态。范围是0～255，其中0通常表示成功，非零值表示失败。

```bash
#!/bin/bash
function check_file {
    if [ -f "$1" ]; then
        return 0                                          //若文件存在，返回0
    else
        return 1                                          //若文件不存在，返回1
```

```
    fi
}
check_file test7.sh                      //判断当前文件夹中是否有"test7.sh"存在
if [ $? -eq 0 ]; then
    echo "文件存在"
else
    echo "文件不存在"
fi
```

当前目录中不存在test7.sh，所以执行脚本效果如下：

```
[wlysy@localhost ~]$ . test6.sh
文件不存在
```

用户可以自行更改并添加一个存在的文件，测试输出。

（2）从函数内部输出结果。也就是通常使用echo来直接从函数内部输出，在前面的多个示例中已经使用过多次。可以返回任意类型的字符串、数字等内容。

（3）使用全局变量。在函数内部修改全局变量的值，从而间接返回结果。但需要注意的是过多使用全局变量可能导致代码难以维护。例如计算两个数的和，还可以使用以下脚本代码：

```
#!/bin/bash
result=""                                //定义全局变量
function calculate_sum {
    local sum=$(( $1 + $2 ))             //使用局部变量进行计算
    result=$sum                          //将计算结果赋值给全局变量
}
calculate_sum 5 3
echo "结果是: $result"
```

执行效果如下：

```
[wlysy@localhost ~]$ . test6.sh
结果是: 8
```

（4）使用内置变量。内置变量也可以返回函数的结果，如返回操作系统类型和机器类型的脚本：

```
function get_system_info {
    local info=()
    info+=($(uname -s))                  //操作系统
    info+=($(uname -m))                  //机器类型
    echo "${info[@]}"
}
system_info=($(get_system_info))
echo "操作系统: ${system_info[0]}"
```

```
echo "机器类型：${system_info[1]}"
```

${info[@]}表示数组 info 中的所有元素。这里内置变量和数组结合使用，输出效果如下：

```
[wlysy@localhost ~]$ . test6.sh
操作系统：Linux
机器类型：x86_64
```

9.5 Shell的条件测试

Shell会对指定的条件进行判断，执行条件测试表达式后，通常会返回true（真）或false（假），执行命令，返回值0表示true，非0表示false。常见的测试类型及对应的运算符有以下几种。

9.5.1 数值比较运算符

数值比较运算符用于数值的比较，比较常见的数值比较运算符和用法见表9-4。

表 9-4

运算符	功能
-gt	检测左边的数是否大于右边，如果是，返回true，否则返回false
-lt	检测左边的数是否小于右边，如果是，返回true
-eq	检测左右两边的数是否相等，如果相等，返回true
-ne	检测左右两边的数是否不相等，如果不相等，返回true
-ge	检测左边的数是否大于或等于右边的数，如果是，返回true
-le	检测左边的数是否小于或等于右边的数，如果是，返回true

下面以一个判断两次输入的数是否相等的脚本来展示数值比较运算符的用法：

```
#!/bin/bash
read -p "请输入第一个数字：" num1                      //获取用户输入的两个数字
read -p "请输入第二个数字：" num2
if [ $num1 -gt $num2 ]                                //左边的数如果大于右边的数
then
    echo "$num1 大于 $num2"                           //输出大于提示
elif [ $num1 -lt $num2 ]                              //左边的数如果小于右边的数
then
    echo "$num1 小于 $num2"                           //输出小于提示
else
    echo "$num1 等于 $num2"                           //否则输出等于
fi
```

执行后，可以按提示输入两个数字，脚本会自动进行比较。

```
[wlysy@localhost ~]$ . test6.sh
请输入第一个数字：5
请输入第二个数字：3
5 大于 3
```

9.5.2 逻辑运算符

常用的逻辑运算符及作用见表9-5。

表 9-5

运算符	功能
!	非运算，表达式为真则返回false，否则返回true
-o	或运算，有一个表达式为真则返回true
-a	与运算，两个表达式都为真才返回true

下面以判断某年是否为闰年为例，介绍逻辑运算符的使用。

```
#!/bin/bash
read -p "请输入一个年份：" year
if [ $(( $year % 4 )) -eq 0 -a $(( $year % 100 )) -ne 0 -o $(( $year % 400 )) -eq 0 ]; then
    echo "$year 是闰年"
else
    echo "$year 不是闰年"
fi
```

判断闰年的条件是：能被4整除但不能被100整除，或者能被400整除。$(($year % 4)) -eq 0：判断年份是否能被4整除，$(($year % 100)) -ne 0：判断年份不能被100整除。中间用逻辑运算符"-a"连接，两个条件应同时满足才返回true。$(($year % 400)) -eq 0：判断年份能被400整除。使用"-o"与前面连接，也就是满足前面两个条件或者能被400整除，都算闰年。

```
[wlysy@localhost ~]$ . test6.sh
请输入一个年份：2012
2012 是闰年
[wlysy@localhost ~]$ . test6.sh
请输入一个年份：2010
2010 不是闰年
```

9.5.3 字符串比较运算符

常用的逻辑运算符及作用见表9-6。

表 9-6

运算符	功能
=	判断两个字符串是否相等,相等则返回true
!=	判断两个字符串是否不相等,不相等则返回true
-z	判断字符串长度是否为0,为0则返回true
-n	判断字符串长度是否不为0,不为0则返回true

可以使用脚本检测用户输入的内容,脚本内容如下:

```
#!/bin/bash
read -p "请输入一个字符串: " str
if [ -z "$str" ]; then                              //如果字符串为空
    echo "你什么都没输入"
elif [ "$str" = "quit" ]; then                      //如果字符串为quit
    echo "退出程序"
    exit 0
else
    echo "你输入的字符串是: $str"
    if [[ $str == *[0-9]* ]]; then
        echo "字符串中包含数字"
    fi
fi
```

执行的结果如下:

```
[wlysy@localhost ~]$ . test6.sh
请输入一个字符串:
你什么都没输入
[wlysy@localhost ~]$ . test6.sh
请输入一个字符串: test123456
你输入的字符串是: test123456
字符串中包含数字
```

9.5.4 文件测试运算符

可以测试的内容的操作符及含义见表9-7。

表 9-7

运算符	功能
-d	测试是否为目录
-a	测试目录或文件是否存在
-f	测试是否为文件
-r	测试当前文件是否可读
-w	测试当前文件是否可写

（续表）

运算符	功能
-x	测试当前文件是否可执行
-e	判断文件名是否存在
-b	判断文件是否是一个块设备
-c	判断文件是否是一个字符设备

根据文件测试运算符编写一个脚本，用来判断一个文件的属性。

```bash
#!/bin/bash
read file
if [ -f "$file" ]; then
    echo "$file 是一个普通文件"
elif [ -d "$file" ]; then
    echo "$file 是一个目录"
elif [ -b "$file" ]; then
    echo "$file 是一个块设备"
elif [ -c "$file" ]; then
    echo "$file 是一个字符设备"
else
    echo "$file 不是上述任何一种类型"
fi
```

通过输入进行判断，执行效果如下：

```
[wlysy@localhost ~]$ . test6.sh
test1.sh
test1.sh 是一个普通文件
[wlysy@localhost ~]$ . test6.sh
下载
下载 是一个目录
```

知识延伸：CentOS Stream 9编译程序

CentOS Stream 9作为一款基于RHEL的Linux发行版，为用户提供非常稳定的开发环境。前面介绍了在该系统中安装软件的几种方法，其实还可以通过编译的方式进行配置和安装。在CentOS Stream 9中编译程序的步骤如下。

（1）安装编译工具。一般来说，CentOS Stream 9默认已经安装了基本的编译工具，如GCC、make等。因为不同的软件包的编译工具和库各不相同，根据具体需要，用户可以按照软件的要求，使用命令下载编译工具和其需要使用的各种库文件。

（2）获取源码包。可以从官方网站或开源社区下载源代码包，通常是.tar.gz或.zip格式。也可以使用wget或curl命令下载。如果项目托管在Github上，可以使用git clone命令克隆。下载到本地后，可以执行解压解包操作。

（3）配置编译选项。根据不同的源码包，配置选项各不相同。源代码目录下会有一个configure脚本，执行./configure --help命令可以查看可用的配置选项。如"./configure --prefix=/usr/local"中，--prefix用于指定安装路径，这里将安装到/usr/local目录下。

（4）编译与安装。不同的源码包需要构建不同的安装架构。一般会使用make命令进行编译，有些软件可以通过sudo make install命令进行安装，也可以不安装，直接运行。不同软件的编译与安装命令也各不相同。

下面介绍完整地从Github上下载源码包并进行编译及安装的过程。Github上的项目通常有对应的编译、安装及使用说明的文档，用户可以阅读学习。

步骤01 按照软件说明，检查系统中的编译环境（工具和库）是否满足软件所需条件，如不满足，请手动下载及安装对应的环境软件。如本例缺少构建工具cmake。

```
[wlysy@localhost ~]$ sudo dnf install cmake
[sudo] wlysy 的密码：
上次元数据过期检查：0:14:22 前，执行于 2024年09月27日 星期五 10时57分01秒。
依赖关系解决。
================================================================================
 软件包                   架构         版本             仓库           大小
================================================================================
安装:
 cmake                    x86_64       3.26.5-2.el9     appstream      8.7 M
安装依赖关系:
 cmake-data               noarch       3.26.5-2.el9     appstream      2.4 M
 cmake-filesystem         x86_64       3.26.5-2.el9     appstream      19 k
 cmake-rpm-macros         noarch       3.26.5-2.el9     appstream      11 k
……
已安装:
  cmake-3.26.5-2.el9.x86_64                  cmake-data-3.26.5-2.el9.noarch
  cmake-filesystem-3.26.5-2.el9.x86_64       cmake-rpm-macros-3.26.5-2.el9.noarch
完毕！
```

注意事项 编译注意事项

对于新手，构建编译环境非常烦琐，而且不同的软件需要的环境、平台、命令、软件包的名称各不相同。所以非必要的情况，不建议手动编译，成功率较低。

步骤02 在Github上找到源码包下载的地址，在CentOS Stream 9中启动终端窗口，使用命令下载源码包到本地。下载的格式为git clone URL。如本例为git clone https://github.com/cristianadam/HelloWorld，执行效果如下：

```
[wlysy@localhost ~]$ ls                                      //查看当前目录
公共    模板    视频    图片    文档    下载    音乐    桌面
[wlysy@localhost ~]$ git clone https://github.com/cristianadam/HelloWorld
正克隆到 'HelloWorld'...                                     //克隆到本地目录
```

```
remote: Enumerating objects: 137, done.
remote: Counting objects: 100% (40/40), done.
remote: Compressing objects: 100% (20/20), done.
remote: Total 137 (delta 8), reused 36 (delta 6), pack-reused 97 (from 1)
接收对象中: 100% (137/137), 21.80 KiB | 237.00 KiB/s, 完成.      //启动下载
处理 delta 中: 100% (30/30), 完成.                              //完成克隆
[wlysy@localhost ~]$ ls
公共  模板  视频  图片  文档  下载  音乐  桌面  HelloWorld      //目录正常
```

步骤03 进入目录，创建执行编译的目录，一般为build。先使用cmake命令生成构建文件。

```
[wlysy@localhost ~]$ cd HelloWorld/
[wlysy@localhost HelloWorld]$ ls
CMakeLists.txt  LICENSE.md  main.cpp  README.md
[wlysy@localhost HelloWorld]$ mkdir build              //创建编译目录
[wlysy@localhost HelloWorld]$ cd build
[wlysy@localhost build]$ cmake ..                      //开始构建编译文件
-- The C compiler identification is GNU 11.5.0
-- The CXX compiler identification is GNU 11.5.0
-- Detecting C compiler ABI info
-- Detecting C compiler ABI info - done
-- Check for working C compiler: /usr/bin/cc - skipped
-- Detecting C compile features
-- Detecting C compile features - done
-- Detecting CXX compiler ABI info
-- Detecting CXX compiler ABI info - done
-- Check for working CXX compiler: /usr/bin/c++ - skipped
-- Detecting CXX compile features
-- Detecting CXX compile features - done
-- Configuring done (0.4s)
-- Generating done (0.0s)
-- Build files have been written to: /home/wlysy/HelloWorld/build  //完成构建
[wlysy@localhost build]$ ls
CMakeCache.txt   CMakeFiles   cmake_install.cmake   CTestTestfile.cmake
Makefile                                               //Makefile构建成功
```

步骤04 本例无须进行编译选项的配置，使用make命令进行编译即可。注意不同的软件，不同的开发工具，命令也不同。

```
[wlysy@localhost HelloWorld]$ cd build
[wlysy@localhost build]$ make                          //执行编译
[ 50%] Building CXX object CMakeFiles/main.dir/main.cpp.o
[100%] Linking CXX executable main
[100%] Built target main
[wlysy@localhost build]$ ls
CMakeCache.txt   cmake_install.cmake   main
CMakeFiles       CTestTestfile.cmake   Makefile        //生成执行程序
```

完成后，可以在目录中直接运行，也可以复制或移动到/usr/local/bin/目录中随时运行。

```
[wlysy@localhost build]$ ./main                        //直接运行
Hello world
[wlysy@localhost build]$ sudo cp main /usr/local/bin/
[sudo] wlysy 的密码：
[wlysy@localhost build]$ main                          //随时运行
Hello world
```

> **知识拓展**
>
> **gcc编译C语言源码文件**
>
> 除了使用make外，还可以使用gcc编译C语言的源码文件：
>
> ```
> [wlysy@localhost ~]$ ls
> 公共  模板  视频  图片  文档  下载  音乐  桌面  hello.c      //源码文件hello.c
> [wlysy@localhost ~]$ gcc hello.c -o hello              //编译并生成可运行文件hello
> [wlysy@localhost ~]$ ls
> 公共  模板  视频  图片  文档  下载  音乐  桌面  hello  hello.c //编译成功
> [wlysy@localhost ~]$ ./hello                           //运行文件
> Hello, world!                                          //运行成功
> ```